锐捷网络学院系列教程
锐捷网络 1+X 职业技能等级证书配套系列教材

NETWORK INTERCONNECTION TECHNOLOGY

网络互联技术

实践篇

李畅 刘志成 张平安 / 主编
鲍建成 黄君羡 / 副主编
安淑梅 汪双顶 / 主审

人民邮电出版社
北京

图书在版编目（CIP）数据

网络互联技术. 实践篇 / 李畅, 刘志成, 张平安主编. -- 北京 : 人民邮电出版社, 2017.7（2024.1重印）
锐捷网络学院系列教程
ISBN 978-7-115-43506-4

Ⅰ. ①网… Ⅱ. ①李… ②刘… ③张… Ⅲ. ①互联网络－高等学校－教材 Ⅳ. ①TP393.4

中国版本图书馆CIP数据核字(2016)第243364号

内 容 提 要

《网络互联技术（实践篇）》一书是从数百个来自企业的网络工程项目中，筛选出 54 份典型网络工程项目文档整理而成。整理后的文档成为教学中使用的标准实验、实训文档，帮助读者学习网络专业实践技术，了解企业真实工程项目的实施过程。全书包括交换网络工程文档 12 份、路由网络工程文档 8 份、网络安全工程文档 13 份、WLAN 工程文档 9 份、WAN 网络工程文档 6 份，以及网络设备系统升级和备份文档 6 份。

本书可作为计算机及相关专业网络组网课程的核心教材，也可作为网络工程师及相关技术人员的参考用书。

◆ 主　　编　李　畅　刘志成　张平安
副 主 编　鲍建成　黄君羡
主　　审　安淑梅　汪双顶
责任编辑　桑　珊
执行编辑　左仲海
责任印制　焦志炜

◆ 人民邮电出版社出版发行　　北京市丰台区成寿寺路 11 号
邮编　100164　　电子邮件　315@ptpress.com.cn
网址　https://www.ptpress.com.cn
涿州市京南印刷厂印刷

◆ 开本：787×1092　1/16
印张：15.5　　2017 年 7 月第 1 版
字数：360 千字　　2024 年 1 月河北第 15 次印刷

定价：42.00 元

读者服务热线：(010)81055256　印装质量热线：(010)81055316
反盗版热线：(010)81055315
广告经营许可证：京东市监广登字 20170147 号

前　言 FOREWORD

本书详细介绍了构建中小型企业网过程中，所涉及的网络交换技术、网络路由技术、网络安全技术、无线局域网技术及广域网接入技术等领域的多个实训项目。这些实训项目文档是从来自数通企业的数百个网络工程项目中，筛选出**54**个具有典型工程项目整理、汇编而成的，可帮助读者理解、学习相关的工程技术实践内容。

书中涉及广泛应用的网络技术包括：TCP/IP、VLAN、STP/RSTP/MSTP、RIP、OSPF、PPP、ACL、WLAN、网络出口设计等，帮助读者理解网络基础知识，掌握网络组网技术，懂得网络设备的配置、调试和优化方法，了解企业网络在规划、搭建、配置、施工及调试过程，需积累网络故障排除经验，以便在实际工作中恰当地运用这些技术，解决实际工作中遇到的各种问题。

全书按照企业网工程施工流程，从"交换 → 路由 → 安全 → WLAN → WAN"实施过程，规划了5个单元模块，分别是：

交换单元模块：筛选了交换网络中的12个典型工程项目，帮助读者理解企业网构建过程中应用到的交换技术及其对应场景；

路由单元模块：筛选路由网络中的8个具有典型意义的工程项目，介绍企业网构建过程中，在不同子网中通过路由技术实现企业网互连互通的方法；

安全单元模块：筛选13个具有典型意义工程项目，介绍企业网构建过程中，在企业网中实施的网络安全技术；

广域网单元模块：筛选了广域网中常见的6个具有典型意义工程项目，介绍企业网和运营商网络互连时应用到的连接技术。

无线局域网单元模块：筛选了WLAN网构建中常见9个具有典型意义的工程项目，介绍在企业网构建过程中，WLAN是如何弥补有线网络接入的不足，详细介绍了WLAN技术应用场景。

此外，为了帮助读者更好地熟悉系统的维护，还特别增加了网络设备系统升级和备份扩展单元模块的操作。每个单元模块开始均提供"单元导语"和"科技强国知识阅读"，其中"单元导语"帮助读者了解本单元的实践内容及涉及的工程文档；"科技强国知识阅读"提供与课程内容相关的我国网络互联技术发展和自主产品应用等知识，突出"科技强国"主题，激发读者的民族自豪感和爱国情怀，增强民族自信，培养自主创新精神。

全书每一个工程项目的实施，都以一个生活中的网络需求开始，以来自企业真实组网案例为依托，描述技术在企业网络中发生的场景，并通过场景拓扑绘制、网络地址规划、应用设备列表、网络实施过程及网络测试的过程，来向读者介绍网络需求、网络规划、网络施工、网络测试、网络排除故障的过程。

为更好地实施这些工程项目，在学习本书内容时，还需准备相应硬件设施，以再现这些网络工程项目，包括二层交换机、三层交换机、模块化路由器、无线接入 AP 以及若干台测试计算机和双绞线（或制作工具）。也可以使用 Packet Tracer、GN3 或 EVE 模拟器工具，完成实验操作内容。

虽然本书选择的工程项目都来自厂商案例，但在规划中力求知识诠释和技术选择都具有通用性（遵循行业内的通用技术标准）。全书关于设备的功能描述、接口的标准、技术的诠释、命令语法、操作规程和拓扑绘制方法都使用行业内标准。

为提高就业竞争力，本书学习结束后可以参加基于厂商的职业资格认证：证明认证者了解如协议、网络硬件和具有解决网络疑难问题的能力。本课程对应的职业资格认证有网络管理员和网络工程师；对应的 1+X 职业资格认证为“网络设备安装与维护（中级）”。

本书的开发团队主要来自锐捷网络和部分院校的一线专业教师。他们都把多年来在各自领域中积累的网络技术教学经验和工作经验，以及对网络技术的深刻理解，诠释成书。承担全书开发的一线院校教师队伍主要包括以重庆电子工程职业技术学院武春岭教授的教学团队、成都航空职业技术学院王津教授的教学团队、福州职业技术学院饶绪黎教授的教学团队、南京信息职业技术学院李建林教授的教学团队、广东轻工职业技术学院的李洛教授的教学团队、广州番禺职业技术学院余明辉教授的教学团队等为代表的一线教学团队，按照网络工程师人才素质培养的要求，主导了本课程的知识体系和单元模块的开发任务，并按照课程技术实施的难易度，循序渐进地组织规划，以方便后续在大中专院校落地实施。

以汪双顶、安淑梅、赵兴奎等为代表锐捷网络工程师团队，积极发挥他们在企业的项目资源优势，筛选来自企业的工程项目和最新的行业技术，完成技术场景和工作场景的对接。并按照企业项目实施过程完成实践项目方案设计任务，把网络行业最新的技术引入到本课程中，保证技术和市场保持同步，课程和行业发展一致。

此外，在本书的编写过程中，还得到了其他一线教师、技术工程师、产品经理的大力支持。他们积累多年的来自工程一线的工作经验，为本书的真实性、专业性以及方便在学校教学、实施给予了有力的支持。

本书前后经过多轮修订，但课程组人员水平有限，疏漏之处在所难免，敬请广大读者指正（410395381@qq.com）。本课程在使用时有任何困难，都可以通过此邮箱咨询和联系作者。

创新网络教材编辑委员会
2017 年 4 月

使 用 说 明

为帮助读者全面理解网络技术细节，建立直观组网概念，在全书关键技术解释和工程方案实施中，会涉及一些网络专业术语和词汇，为方便大家今后在工作中的应用，全书采用业界标准的技术和图形绘制方案。

以下为本书中所使用的图标示例。

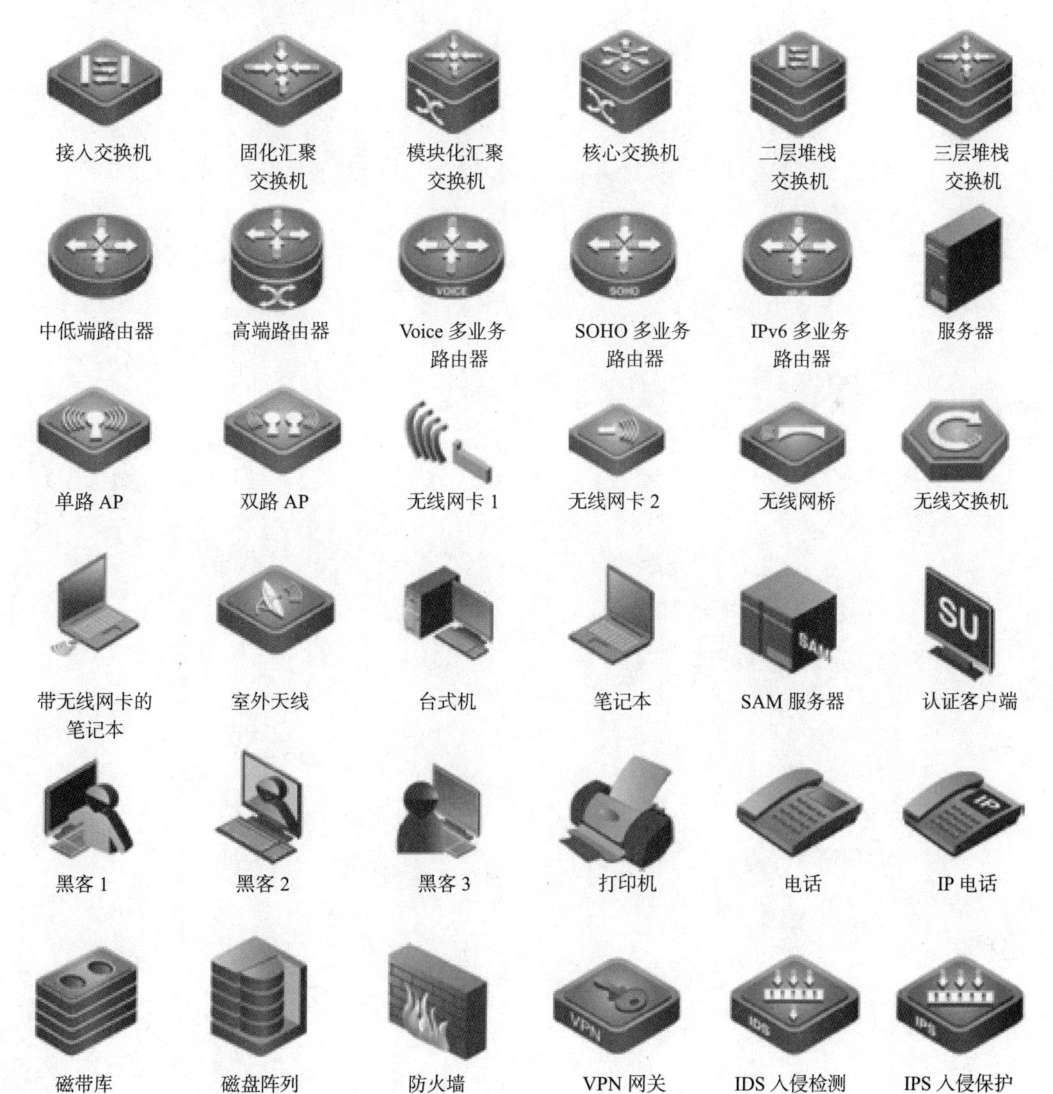

目录 CONTENTS

交 换 单 元

单元导语

交换（Switch）是企业网内部（如以太网络）通信过程中，用人工或设备自动技术，完成通信双方信息交换的方法。一般把要传输的信息送到符合要求的相应终端设备上的技术统称交换。而交换机（Switch）则是一种在网络通信系统中，完成信息交换功能的网络互连设备。

本单元主要筛选了构建交换网络中的12份基础工程文档，帮助读者理解企业网构建过程中交换技术的应用场景。读者在学习过程中，需要注意以下两点。

（1）以下几份工程文档主要包括：是交换技术基础实验操作内容，也是学习网络交换技术必须完成的基础实验，侧重二层交换技术，一般出现在企业网的接入层。“1-查看交换机基本配置”“2-配置交换机基本信息”“3-配置交换机远程登录功能”“4-配置交换机 VLAN 技术”“5-配置交换机 Trunk 干道技术”“8-配置交换机端口聚合”“9-配置交换机快速生成树”。

（2）以下几份工程文档主要包括：是交换技术提高实验内容，侧重三层交换技术，一般出现在企业网的汇聚层。“6-利用三层交换机 SVI 技术实现 VLAN 间通信”“7-利用单臂路由实现 VLAN 间通信”“10-配置交换机多生成树”“11-配置三层交换机自动获取地址”“12-配置交换机堆叠”。

科技强国知识阅读

【扫码阅读】中国的 IPv6 下一代互联网技术

实验1　查看交换机基本配置

【背景描述】

丰乐公司是一家电子商务销售公司，为了加强信息化建设，组建了互连互通的公司内部网络。小王是该公司新进网管，承担公司办公网络管理工作，希望通过日常的网络管理工作，优化和改善企业网环境，提高公司网络的工作效率。

小王上班后，首先熟悉公司网络设备，登录到公司交换机等网络互连设备上，查看交换机设备的以往配置信息。

【实验目的】

掌握交换机命令行各种操作模式，能使用帮助信息，查看交换机命令，了解交换机配置信息；能在多种配置模式间切换，使用命令进行基本配置。

【实验拓扑】

网络拓扑如图 1-1 所示，为普通个人计算机（Personal Computer，PC）配置成为交换机仿真终端设备工作场景。

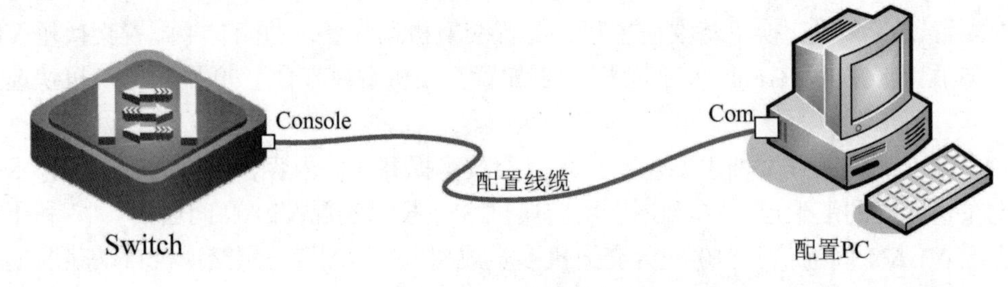

图 1-1　实验拓扑图

【实验设备】

交换机（1 台），配置线缆（1 根），网线（若干），PC（若干）。

【实验原理】

交换机的配置管理方式分为两种，分别为带内管理和带外管理。第一次配置、管理交换机设备时，必须通过交换机 Console 口方式管理交换机。这种配置模式因为不占用系统的网络宽带，因此又称为带外管理交换机。

带外配置交换机特点是：使用配置线缆，近距离配置网络设备。

交换机命令行操作模式包括用户模式、特权模式、全局配置模式、端口模式等。

（1）用户模式：进入交换机后第一个操作模式。该模式可查看交换机软、硬件版本信息，并进行简单测试。用户模式提示符为“**Switch >**”。

（2）特权模式：由用户模式进入下一级模式。该模式下对交换机配置文件管理，查看交换机配置信息，进行网络测试等。特权模式提示符为“**Switch #**”。

（3）全局配置模式：属于特权模式下一级模式。该模式可配置交换机全局参数（如主机名等）。全局模式提示符为“**Switch(config) #**”。

（4）端口模式：属于全局模式下一级模式。该模式下可对交换机端口参数进行配置。端口模式提示符为“**Switch(config-if) #**”。

Show 命令是查看交换机基本命令，可帮助使用者熟悉交换机工作状态，查看交换机系统和配置信息。一般在特权模式下使用该命令。经常使用的命令有如下几种。

（1）Show version：查看交换机版本信息，作为交换机操作系统升级时的参考依据。

（2）Show mac-address-table：查看交换机当前 MAC 地址表信息。

（3）Show running-config：查看交换机当前生效的配置信息。

【实验步骤】

（1）交换机各种操作模式之间的切换。

```
Switch > enable                          ！“enable”命令从用户模式进入特权模式
Switch # configure terminal              ！从特权模式进入全局配置模式
Enter configuration commands, one per line.  End with CNTL/Z.
                                   ！“configure terminal”命令执行后交换机的应答信息
Switch(config) #

Switch(config) # interface fastEthernet 0/1
                                   ！“interface”命令进入接口配置模式
Switch(config-if) #
！新版本进入接口配置模式提示符为“Switch(config-if-fastEthernet 0/1)#”
！本书为保证行业的通用性，继续采用业内通用的接口提示符信息，方便读者识别
Switch(config-if) # exit                 ！使用“exit”命令退回上一级操作模式
                                         ！使用“end”命令直接退回特权模式
Switch(config) #
```

（2）获得配置交换机帮助信息。

交换机命令行操作模式，支持命令简写、命令自动补齐、快捷键功能；通过“**?**”可以获取各种帮助信息。

```
Switch > ?                          ！显示当前模式下所有可执行命令
  disable                   Turn off privileged commands
  enable                    Turn on privileged commands
  exit                      Exit from the EXEC
  help                      Description of the interactive help system
  ping                      Send echo messages
  rcommand                  Run command on remote switch
  show                      Show running system information
  telnet                    Open a telnet connection
  traceroute                Trace route to destination

Switch # con?                       ！使用显示当前模式下所有以“con”开头命令
```

```
  configure   connect

  Switch(config) # interface ?   ！显示"interface"命令后可执行参数
   Aggregateport          Aggregate port interface
   Dialer                 Dialer interface
   FastEthernet           Fast IEEE 802.3
   GigabitEthernet        Gbyte Ethernet interface
   Loopback               Loopback interface
   Multilink              Multilink-group  interface
   Null                   Null interface
   Tunnel                 Tunnel interface
   Virtual-ppp            Virtual PPP interface
   Virtual-template       Virtual Template interface
   Vlan                   Vlan interface
   range                  Interface range command

  Switch > en  < 按[tab]键 >       ！使用[Tab]键补齐缺省命令单词
  Switch > enable

  Switch # conf  ter              ！使用"configure terminal"命令简写模式
  Switch(config) #
  Switch(config) # interface fastEthernet 0/1
  Switch(config-if) #  ^Z          ！使用快捷键[Ctrl+Z]直接退回到特权模式
  Switch #
```

交换机使用历史缓冲区技术，记录最近使用当前提示符下所有命令，使用[↑]方向键和[↓]方向键，将操作过的命令翻回去，重新使用。

```
  Switch# ↑                      ！按[↑]方向键
```

（3）查看交换机信息。

① 查看交换机版本信息。

```
  Switch # show version          ！查看交换机系统版本信息
  System description : Ruijie Dual Stack Multi-Layer Switch(S3760-24) By
Ruijie Network                   ！交换机描述信息（型号等）
  System start time         : 2008-11-25 21:58:44
  System hardware version : 1.0 ！设备的硬件版本信息
  System software version : RGNOS 10.2.00(2), Release(27932)
                                 ！操作系统版本信息
  System boot version      : 10.2.27014
  System CTRL version      : 10.2.24136
  System serial number     : 0000000000000
```

② 查看交换机端口的信息。

```
Switch # show interface fastethernet 0/3            ! 查看端口工作状态
FastEthernet 0/1 is down  , line protocol is down
Hardware is marvell FastEthernet
Interface address is: no ip address
  MTU 1500 bytes, BW 100000 Kbit                    ! 查看配置的速率
  Encapsulation protocol is Bridge, loopback not set
  Keepalive interval is 10 sec , set
  Carrier delay is 2 sec
  RXload is 1 ,Txload is 1
  Queueing strategy: WFQ
  Switchport attributes:
    interface's description:""
    medium-type is copper
    lastchange time:329 Day:22 Hour:11 Minute:13 Second
    Priority is 0
    admin duplex mode is AUTO, oper duplex is Full     ! 查看配置的双工模式
    admin speed is AUTO, oper speed is 100M
    ……
```

③ 查看交换机的 MAC 地址表。

```
Switch # show mac-address-table                 ! 查看交换机的 MAC 地址表
Vlan        MAC Address          Type        Interface
-------  ------------------  --------  --------------------------------
1          00d0.f888.2be2        DYNAMIC     Fa0/3
                        ! Fa0/3 端口上连接有 MAC 地址为 00d0.f888.2be2 的 PC 设备
```

④ 查看交换机管理中心（VLAN1）。

```
Switch # show vlan              !查看交换机管理中心 VLAN1
                                ! VLAN1 是交换机默认管理中心，所有接口都属于 VLAN1 管理
VLAN Name                    Status      Ports
---- ---------------------- --------- ------------------------------
1    default                active     Fa0/1 ,Fa0/2 ,Fa0/3,Fa0/4
                                       Fa0/5 ,Fa0/6 ,Fa0/7,Fa0/8
                                       Fa0/9 ,Fa0/10 ,Fa0/11,Fa0/12
                                       Fa0/13 ,Fa0/14 ,Fa0/15,Fa0/16
                                       Fa0/17 ,Fa0/18 ,Fa0/19,Fa0/20
                                       Fa0/21 ,Fa0/22 ,Fa0/23,Fa0/24
```

⑤ 查看交换机配置信息。

（4）Switch # **show running-config**：查看交换机的配置信息。该信息存储在 RAM，当交换机掉电，重新启动会生成新配置信息，配置信息由于设备不同而不同，此处省略。

【注意事项】

识别以下操作的过程中，系统出现的操作错误提示信息。

```
%Ambiguous command: "show c"
！用户没有输入足够多的字符，交换机无法识别唯一命令
% Incomplete command
！用户没有输入该命令必需的关键字或变量参数，交换机显示输入命令不足
% Invalid input detected at '^' marker
！用户输入命令错误，符号（^）指明产生错误位置
```

实验 2　配置交换机基本信息

【背景描述】

小王进入丰乐电子商务公司后，承担了公司办公网管理工作。在日常工作中，小王需要经常登录公司交换机，查看交换机的配置信息，并在此基础上，按照公司网络管理要求，完成交换机的配置、管理任务，以优化网络环境。

【实验目的】

掌握配置交换机基本命令，通过命令方式配置交换机设备基本信息。

【实验拓扑】

网络拓扑如图 2-1 所示，把 PC 配置成为交换机仿真终端设备工作场景，使用 PC 在现场配置和管理交换机设备。

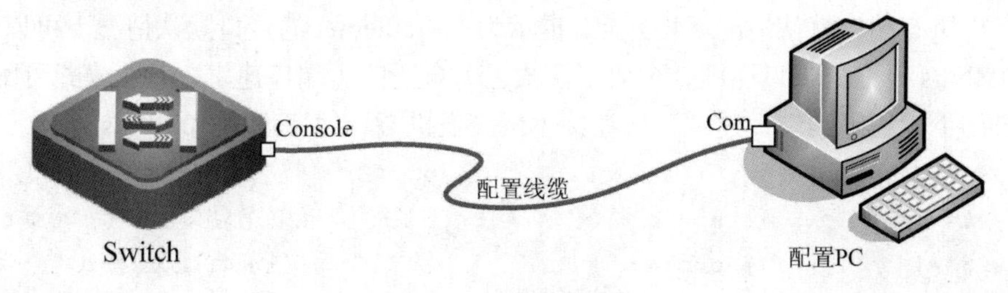

图 2-1　实验拓扑图

【实验设备】

交换机（1 台），配置线缆（1 根），网线（若干），PC（若干）。

【实验原理】

交换机是局域网最重要的连接设备。和集线器连接的网络不一样，交换机所连接的网络更智能，网络也更具有可管理性。

管理局域网中的交换机，使局域网更具有管理性和控制性。实际上，局域网的管理大多涉及交换机的管理。使用如下命令可以配置交换机的日常提示信息。

（1）Hostname 配置交换机的设备名称。

（2）当用户登录交换机时，告诉用户一些必要信息。通过设置标题达到这个目的。可以创建两种类型标题：每日通知和登录标题。

“Banner motd”配置交换机每日提示信息“motd message of the day”。

“Banner login”配置交换机登录提示信息，位于每日提示信息之后。

【实验步骤】

（1）进入交换机配置模式。

```
Switch> enable                      ! 使用“enable”命令进入特权模式
Switch# configure terminal          ! 使用“configure terminal”命令进入全局模式
```

```
Switch(config)#
```

（2）配置交换机名称。

```
Switch(config)# hostname S2926G          ! 使用“hostname”命令更改交换机名称
S2026G (config)#
```

（3）配置交换机管理地址。

VLAN1 默认是交换机管理中心，交换机所有接口都默认连接在 VLAN1 覆盖的广播域中。默认情况下，给 VLAN1 配置的 IP 就是相当于给交换机配置管理地址。

```
S2926G (config)#
S2926G (config)# interface vlan 1        ! 进入交换机管理接口配置模式
S2926G (config-if)# ip address 192.168.0.138 255.255.255.0
                                         ! 配置交换机管理 IP 地址
S2926G (config-if)# no shutdown          ! 开启交换机管理接口
S2926G (config-if)# exit
```

（4）配置交换机的端口。

交换机所有端口默认情况下均开启。提示为 Fastethernet 的接口默认情况下可以选择为 10M/100Mbit/s 自适应端口速度，全双工模式也为自适应（端口速率、双工模式可配置）。

通过如下配置限制端口速度，把连接主机交换机端口速率设为 10Mbit/s。

```
S2926G (config)# interface fastEthernet 0/1     ! 进入端口 F0/1 配置模式
S2926G (config-if)# speed 10                    ! 配置端口速率为 10Mbit/s
S2926G (config-if)# duplex full                 ! 配置端口双工模式为全双工
S2926G (config-if)# no shutdown                 ! 开启端口，使端口转发数据
```

以下配置命令配置端口描述信息，作为后续管理设备时的提示信息。

```
S2926G (config-if)# description " This is a access port."! 配置端口描述信息
S2926G (config-if)# exit
```

如果要将交换机端口的配置恢复为默认值，可以使用 default 命令完成。

```
S2926G (config)# interface fastEthernet 0/1
S2926G (config-if)# default bandwidth           ! 恢复端口默认的带宽设置
S2926G (config-if)# default description         ! 取消端口描述信息
S2926G (config-if)# default duplex              ! 恢复端口默认双工设置
S2926G (config-if)# end
```

（5）配置交换机每日提示信息。

```
S2926G (config)# banner motd $
! 使用 banner 设置交换机每日提示信息，参数 motd 指定以哪个字符为信息结束
```

```
Enter TEXT message.  End with the character '$'.
Welcome to SW-1, if you are admin, you can config it.
If you are not admin, please EXIT!
$
```

（6）保存交换机配置。

下面 3 条命令都可以保存配置。

```
S2926G # copy running-config startup-config
S2926G # write memory
S2926G # write
```

备注：在日常交换机的实验操作练习中，不建议使用以上 3 条命令来保存实验配置信息。这样可以保证交换机的系统能及时还原，方便下一次实验操作练习。

（7）查看交换机配置信息。

```
S2926G # show interfaces                ! 查看交换机接口信息
……
S2926G # show interfaces Fa0/1          ! 查看交换机接口 Fa0/1 信息
……
S2926G # show Vlan                      ! 查看管理 VLAN1 信息
……
S2926G # show running-config            ! 查看系统配置信息
……
```

（8）执行交换机重载。

在特权模式下，使用“reload”命令，可以执行交换机的重新启动操作。

```
S2926G # reload                         !执行交换机的热启动，重新启动交换机设备
……
```

【注意事项】

（1）默认情况下，VLAN1 是交换机的管理中心。如果管理员配置机器位于其他的 VLAN 中，可以把交换机的管理 IP 地址配置为相应的 VLAN，配置方法同上。

（2）一台二层的交换机设备只允许一个管理 IP 地址有效，后配置的管理 IP 地址会替代之前的配置，即交换机后配的管理 IP 地址才为有效并激活地址。

实验 3　配置交换机远程登录功能

【背景描述】

小王在丰乐公司承担公司办公网的管理工作，每天都需要保障公司内部网络设备的正常运行，并按照公司的网络管理要求，进行办公网的日常管理和维护工作。

由于安装在公司办公网中的交换机设备被放置在不同楼层的楼梯间，所以每次配置维护交换机时，小王都要带上笔记本电脑到交换机安装点，进行现场配置、调试，非常麻烦。因此小王想在交换机上开启交换机的远程（Telnet）登录方式管理功能。这样，小王通过 Telnet 技术，在办公室中就能远程维护和管理全公司的网络设备。

【实验目的】

学习在交换机上启用 Telent 功能，通过 Telnet 技术，远程访问交换机。

【实验拓扑】

如图 3-1 所示场景为交换机远程登录配置拓扑，注意接口连接标识，以保证和后续配置保持一致。

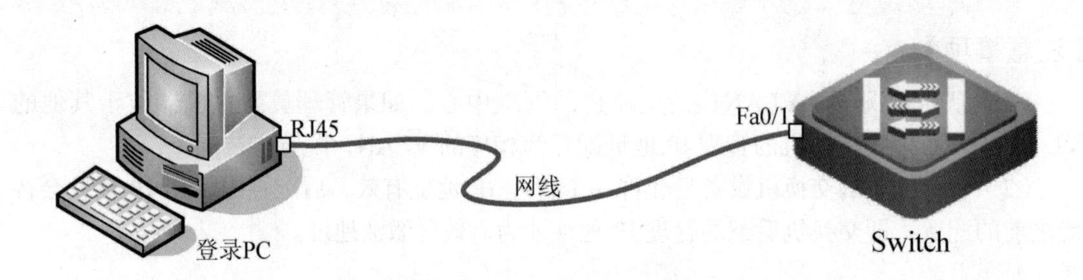

图 3-1　配置交换机远程登录拓扑图

【实验设备】

交换机（1 台），配置线缆（1 根），网线（1 根），配置 PC（1 台）。

【实验原理】

交换机的 VLAN1 是交换机的管理中心，给交换机配置管理 VLAN1 IP 地址，再开启交换机上 Telnet 功能；用普通网线将交换机 F0/1 端口和 PC 网口连接起来，就可以实现交换机的 Telnet 远程登录功能，通过远程配置管理交换机设备，提高工作效率。

【实验步骤】

（1）配置交换机管理 IP 地址。

```
Switch# configure terminal                  ! 进入全局配置模式
Switch(config)#
Switch (config)# interface vlan 1           ! 配置交换机管理 IP 地址
Switch (config-if)# ip address 192.168.1.1 255.255.255.0
```

```
Switch (config-if)# no shutdown
Switch (config-if)# end
```

（2）在交换机上配置远程用户的登录验证密码。

```
Switch (config)# enable secret level 1 0 ruijie   !配置 Telnet(即 level 1)
密码
Switch (config)#  enable secret level 15 0 ruijie ! 配置 enable（即 level
15）密码
```

（3）在交换机上启用远程登录功能。

```
Switch (config)# line vty 0 4                      ! 进入线程配置模式
Switch (config-line)# password 0 ruijie            ! 配置 Telnet 的密码
Switch (config-line)# login                        ! 启用 Telnet 用户密码进行验证
Switch (config-line)# exit
```

（4）使用“ping”命令测试网络连通情况。

在 PC 机器上配置和交换机同网段地址（如 192.168.1.2/24）:

打开 PC 机→“桌面”→“开始”→“CMD”→转到 DOS 工作模式，并输入以下命令。

```
ping 192.168.1.1
!!!!        ! 由于同网段网络连接，能 ping 通目标交换机，实现网络连通
```

（5）使用 Telnet 技术远程登录交换机。

打开 PC 机→“桌面”→“开始”→“CMD”→转到 DOS 工作模式，并输入以下命令。

```
telnet 192.168.1.1             ! 在本地机上远程登录交换机
Trying 192.168.1.1 ...
User Access Verification
Password: xxxxxx               ! 提示输入 Telnet 密码，输入设置的密码“ruijie”
Switch >enable
Password: xxxxxx               ! 提示输入 enable 的密码，输入设置的密码“ruijie”
Switch #                       ! 进入交换机配置模式
……
```

【注意事项】

（1）远程登录技术是配置交换机的重要技术。在交换机上启用远程登录技术，必须拥有最高的登录权限。部分学校中网络实验室中的学员用户，以“enable 14 ”权限登录配置交换机，用于权限的限制，不能正常完成实验配置。

（2）默认情况下，VLAN1 是交换机的管理中心。如果管理员配置机器位于其他的 VLAN 中，则需要把管理地址配置给相应的 VLAN，配置方法同上。

（3）同一台二层的交换机设备只允许一个管理 IP 地址有效，后续的配置会替代之前的配置，即后配的管理地址有效。

（4）如果是三层交换机设备，可以采用同上相同的配置方法。也可以给连接的三层交换机的对应的口配置 IP 地址，配置远程登录功能，管理交换机设备。

实验 4 配置交换机 VLAN 功能

【背景描述】

丰乐公司按照不同的工作部门分隔出多个办公区网络。销售部和技术部都在同一楼层办公，设备都连接在同一台 48 口交换机上，工作中，由于病毒等原因会造成部门之间的设备交互感染，部门网络的安全也得不到保障。因此，公司要求网管小王，按照部门划分不同部门子网。在二层交换机上无法实现子网划分功能，但交换机上的 VLAN 技术可以通过二层技术实现三层子网的功能，实现部门网络之间的安全隔离。

【实验目的】

配置交换机虚拟局域网技术（Virtual Local Area Network，VLAN），理解基于 Port 端口的 VLAN 技术配置原理。通过 VLAN 隔离交换机端口，实现不同部门网络的安全隔离。

【实验拓扑】

如图 4-1 所示拓扑为丰乐公司销售部和技术部场景。组建如图 4-1 所示的网络，注意接口标识，以保证和后续配置一致。

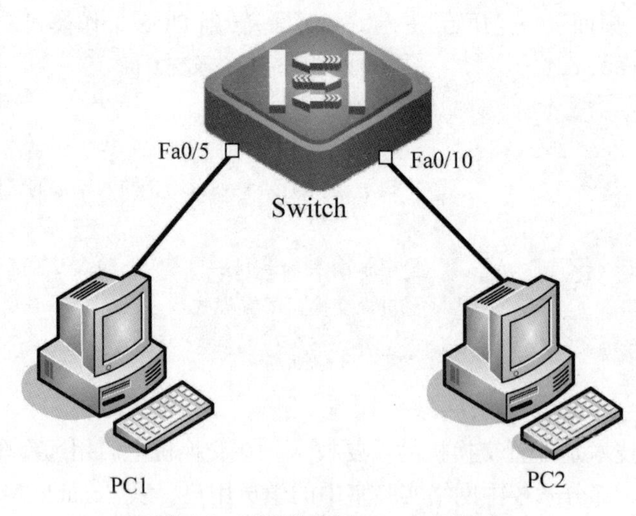

图 4-1 配置交换机 VLAN 拓扑图

【实验设备】

交换机（1 台），配置线缆（1 根），网线（若干），配置 PC（若干）。

【实验原理】

VLAN 技术把一个物理网段从逻辑上划分成若干个虚拟局域网，通过二层技术实现三层子网功能，从而把一个大的网络划分为多个子网络的效果，实现网络隔离。

VLAN 技术不受物理位置的限制，按照实现网络的需要灵活地划分子网段，划分出单个 VLAN 具有和一个真实的物理网段所具备相同的特性。同一个 VLAN 的内主机可互相直接访问，不同 VLAN 间的主机不能互相访问。一台设备上发出的广播数据包，只在本地的 VLAN 内传播，不能传输到其他 VLAN 中，从而实现网络隔离效果。

基于 Port 端口划分 VLAN 的方法是实现 VLAN 技术最常见的方式之一，Port VLAN 利用交换机端口进行 VLAN 划分，一个端口只能属于一个 VLAN。

【实验步骤】

（1）组建网络，测试网络连通情况。

① 配置办公室设备 IP 地址。按照表 4-1 规划地址信息，配置办公室 PC1、PC2 设备的 IP 地址。

表 4-1　办公网设备 IP 地址

设备	接口地址	网关	备注
PC1	192.168.1.2/24	\	销售部 PC 设备
PC2	192.168.1.3/24	\	技术部 PC 设备

② 使用 ping 命令测试网络连通情况。测试的过程为：

打开销售部 PC1 机→“开始”→“CMD”→转到 DOS 工作模式，并输入以下命令。

```
ping 192.168.1.3
!!!!          ! 由于是连接在同一办公网络中，能 ping 通销售部设备 PC2
```

（2）在交换机上按照端口创建 VLAN。

```
Switch>enable
Switch#configure terminal
Switch(config)#
Switch(config)# Vlan 10                        ! 创建 VLAN 10
Switch(config-vlan)# name test10
                             !将 Vlan10 命名为“test10”，起标识功能，可省略
Switch(config-vlan)# exit
Switch(config)# Vlan 20                        ! 创建 VLAN 20
Switch(config-vlan)# name test20               ! 将 VLAN 20 命名为“test20”
Switch(config-vlan)# exit

Switch# show vlan                              ! 查看已配置完成的 VLAN 信息
```

创建结果如下。

```
VLAN Name                          Status     Ports
---------------------------------------------------------------------
1    default                       active    Fa0/1 ,Fa0/2 ,Fa0/3
                                             Fa0/4 ,Fa0/5 ,Fa0/6
                                             Fa0/7 ,Fa0/8 ,Fa0/9
```

```
                                                Fa0/10,Fa0/11,Fa0/12
                                                Fa0/13,Fa0/14,Fa0/15
                                                Fa0/16,Fa0/17,Fa0/18
                                                Fa0/19,Fa0/20,Fa0/21
                                                Fa0/22,Fa0/23,Fa0/24
10   test10       active
20   test20       active   ! 默认情况下所有接口都属于交换机管理中心 VLAN1
```

（3）将部门接口分配到不同 VLAN 中。

```
Switch# configure terminal
Switch(config)# interface fastethernet0/5
Switch(config-if)# Switchport access vlan 10 ! 将 Fa0/5 端口加入 VLAN 10 中
Switch(config-if)# no shutdown
Switch(config-if)# interface fastethernet0/10
Switch(config-if)# Switchport access vlan 20 ! 将 Fa0/10 端口加入 VLAN 20 中
Switch(config-if)# no shutdown

Switch# show vlan                                ! 查看配置完成的 VLAN 信息
```

输出结果如下。

```
VLAN Name                       Status     Ports
-----------------------------------------------------------------------
1    default                    active     Fa0/1 ,Fa0/2 ,Fa0/3
                                           Fa0/4 ,Fa0/6 ,Fa0/7
                                           Fa0/8 ,Fa0/9 ,Fa0/11
                                           Fa0/12,Fa0/13,Fa0/14
                                           Fa0/15,Fa0/16,Fa0/17
                                           Fa0/18,Fa0/19,Fa0/20
                                           Fa0/21,Fa0/22,Fa0/23
                                           Fa0/24
10   test10                       active     Fa0/5
20   test20                       active     Fa0/10
```

（4）测试网络连通情况。

测试网络是否连通的步骤为：

打开销售部 PC1 机→“开始”→“CMD”→转到 DOS 工作模式，并输入以下命令。

```
ping 192.168.1.3
      ! 由于 Vlan 技术实现隔离，造成网络不通，不能 ping 通销售部 PC2
      ! 进入交换机，删除 VLAN 信息，即可实现网络正常通信
```

【注意事项】

（1）交换机所有的端口默认情况下属于 ACCESS 端口，可以直接将端口加入 VLAN。

（2）VLAN1 属于系统默认 VLAN，不可以被删除。

（3）删除某个 VLAN，使用“no”命令，如“Switch(config)#no VLAN 10”。创建的 VLAN 被删除后，其下的端口自动还原到交换机的管理中心 VLAN 1 中。在一些旧版本的交换机系统下，VLAN 被删除后，其下的端口不能自动还原到交换机的管理中心 VLAN 1 中。这时，可以使用如下命令恢复。

```
Switch(config)# interface fastethernet0/5
Switch(config-if)# Switchport access vlan 1
```

（4）如果创建的 VLAN 被配置了管理 IP 地址，使用“no VLAN ID”命令是无法将其删除的。这时，可先清除其管理地址，释放其子接接口，过程如下。

```
Switch(config)# interface Vlan 10
Switch(config-Vlan)# no ip address      ！清除该 VLAN 上的地址
Switch(config-Vlan)# exit
Switch(config)# no interface vlan 10    ！释放该 VLAN 子接口
Switch(config)# no vlan 10              ！再删除 VLAN
```

（5）使用“Ping”命令测试网络连通情况时，应该关闭双方 PC 机自带防火墙功能，否则会影响连通情况测试。

实验 5　配置交换机 Trunk 干道技术

【背景描述】

丰乐公司按照公司业务的不同，在交换机上使用 VLAN 技术，分隔出了多个办公网络区，实现部门安全隔离。因为办公区的机位紧张，销售部的计算机除连接在 3 楼交换机外，部分计算机还和技术部在同一区域办公，和技术部计算机连接在同一台交换机上。

由于销售部的计算机连接在两台不同交换机上，VLAN 技术造成了销售部部门计算机不能互相通信。为了实现销售部门内计算机，能跨交换机之间相互通信，需要在交换机上做配置 VLAN 干道技术，来实现同一 VLAN 中的设备，跨交换机通信这一目标。

【实验目的】

在交换机上划分基于端口 VLAN，能实现部门网络的隔离。在交换机之间互连端口上配置干道（trunk）技术，通过跨越多台交换机，实现同一部门的 VLAN 内设备通信。

【实验拓扑】

如图 5-1 所示的网络拓扑为丰乐公司办公网多区域的工作场景。连接图 5-1 所示的网络，注意接口连接标识，以保证和后续配置保持一致。

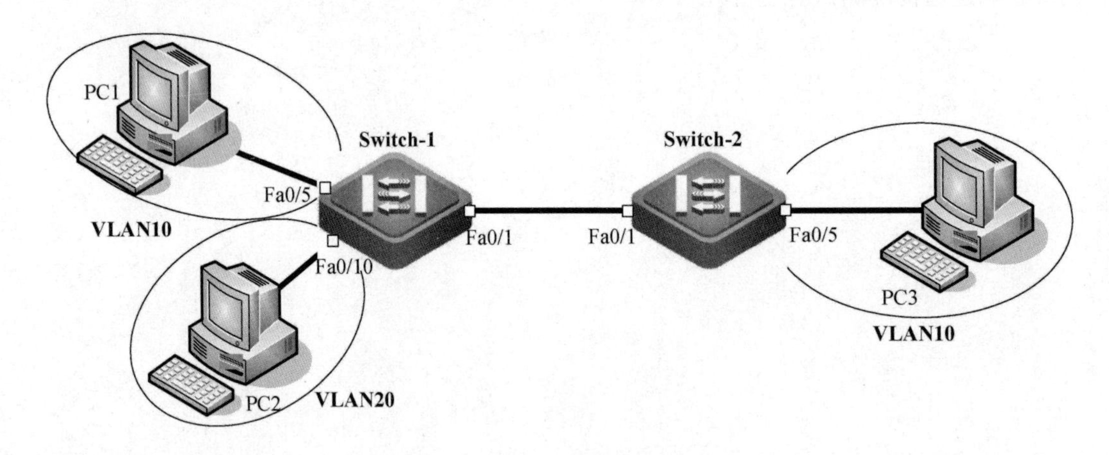

图 5-1　Trunk 干道技术实验拓扑

【实验设备】

交换机（2 台），配置线缆（1 根），网线（若干），配置 PC（若干）。

【实验原理】

Port VLAN 是实现 VLAN 划分的重要方式之一。交换机上的一个端口只能属于一个 VLAN。默认情况下，该端口也被称为 Access 接入口。

如果希望实现一个端口能属于多个 VLAN 所共有通信接口，需要在该接口上启用 IEEE802.1q 协议配置。该端口也被称为 Trunk 接入口。

一个端口属于多个 VLAN 所有，需要在通信过程中增加标签 Tag 信息。Tag VLAN 技术遵循 IEEE802.1q 协议，通过标识不同 VLAN，实现跨交换机相同 VLAN 内主机之间的访问。

配置完成 Tag VLAN 接口也称为 trunk 干道端口。利用 trunk 干道端口实现数据传输时，需要在数据帧中添加 4 个字节 802.1q 标签信息，标识该数据帧属于哪个 VLAN，便于对端交换机接收到数据帧后，进行准确过滤转发。

【实验步骤】

（1）配置 Switch-1 交换机设备 VLAN 信息。

```
Switch# configure terminal
Switch(config)# hostname Switch-1                 ! 修改交换机设备名称
Switch-1 (config)#
Switch-1 (config)# vlan 10                        ! 创建 VLAN 10
Switch-1 (config-vlan)# name xiaoshou             ! 把 VLAN 10 命名为销售部
Switch-1 (config-vlan)# vlan 20                   ! 创建 VLAN 20
Switch-1 (config-vlan)# name jishu                ! 把 VLAN 20 命名为技术部
Switch-1 (config-vlan)# exit
Switch-1 (config)#

Switch-1 (config)# interface range fastEthernet 0/2-6
        ! 将端口 Fa0/2 至 Fa0/6 划分到 Vlan 10，如果是不连续端口，使用“,”分隔
Switch-1 (config-if-range)# switchport access vlan 10
Switch-1 (config-if-range)# exit
Switch-1 (config)# interface range fastEthernet 0/10-15
        ! 将端口 Fa0/10 至 Fa0/15 划分到 Vlan 20
Switch-1 (config-if-range)# switchport access vlan 20
Switch-1 (config-if-range)# end

Switch-1 (config)# show  vlan                     ! 查看交换机 1 的 VLAN 配置信息
……                                                ! 显示结果信息此处省略
```

（2）设置交换机 Switch-1 的 Trunk 干道链路。

```
Switch-1 (config)#
Switch-1 (config)# interface fastEthernet 0/1
Switch-1 (config-if)# switchport mode trunk    !把 F0/1 端口设置为干道端口
Switch-1 (config-if)# exit
```

（3）配置 Switch-2 交换机设备 VLAN 信息。

```
Switch# configure terminal
Switch(config)# hostname Switch-2                  ! 修改交换机设备名称
Switch-2 (config)#
```

```
Switch-2 (config)# vlan 10                       ! 创建 VLAN 10
Switch-2 (config-vlan)# name xiaoshou            ! 把 VLAN 10 命名为销售部
Switch-2 (config-vlan)# exit
Switch-2 (config)#

Switch-2 (config)# interface range fastEthernet 0/2-6
……                                          ! 将端口 Fa0/2 至 Fa0/6 划分到 Vlan 10
Switch-2 (config-if-range)# switchport access vlan 10
Switch-2 (config-if-range)# end

Switch-2 (config)# show  vlan               ! 查看交换机 2 的 VLAN 配置信息
……                                          ! 显示结果信息此处省略
```

（4）设置交换机 Switch-2 的 Trunk 干道链路。

```
Switch-2 (config)#
Switch-2 (config)# interface fastEthernet 0/1
Switch-2 (config-if)# switchport mode trunk    !把 F0/1 端口设置为干道端口
Switch-2 (config-if)# end
```

（5）查看交换机 Switch-1 的 VLAN 和 Trunk 的配置。

① 如下代码可查 Switch-1 的 VLAN 信息。

```
Switch-1 # show vlan                    ! 查看 Switch-1 的 VLAN 的配置信息
```

代码运行后，会显示如下配置信息。

```
VLAN Name                               Status    Ports
---- ---------------------------------- --------- -------------------------------
1    default                            active    Fa0/1 ,Fa0/2 ,Fa0/3
                                                  Fa0/4 ,Fa0/5 ,Fa0/11
                                                  Fa0/12,Fa0/13,Fa0/14
                                                  Fa0/15,Fa0/16,Fa0/17
                                                  Fa0/18,Fa0/19,Fa0/20
                                                  Fa0/21,Fa0/22,Fa0/23
                                                  Fa0/24
10   xiaoshou                           active    Fa0/1 ,Fa0/2 ,Fa0/3
                                                  Fa0/4 ,Fa0/5 ,Fa0/6
20   jishu                              active    Fa0/1 ,Fa0/10 ,Fa0/11
                                                  Fa0/12 ,Fa0/13 ,Fa0/14
                                                  Fa0/15
```

② 如下代码可查 Trunk 的配置信息。

```
Switch-1 # show interfaces fastEthernet 0/1 switchport
          ! 查看设置为干道端口 F0/1 端口信息
          ! 以同样方式查看交换机 Switch-2 的 VLAN 和 Trunk 的配置
```

程序运行后，会显示如下配置。

```
Interface  Switchport Mode     Access  Native   Protected  VLAN lists
--------- --------- -------- ------ ------- -------- ------------------
Fa0/1      Enabled   Trunk     1      1       Disabled    All
```

（6）验证配置。

① 配置办公室设备 IP 地址。按照表 5-1 的规划地址，配置办公室 PC1、PC2 和 PC3 设备的 IP 地址，

配置过程为：“网络”→“本地连接”→“右键”→“属性”→“TCP/IP 属性”→使用文中的 IP 地址。

表 5-1　办公网设备 IP 地址规划

设备名称	IP 地址	备注
PC1	192.168.1.1/24	销售部 PC
PC2	192.168.1.2/24	技术部 PC
PC3	192.168.1.3/24	销售部 PC

② 使用 ping 命令测试网络连通情况。网络连通过程为：打开销售部 PC1 机→“开始”→“CMD”→转到 DOS 工作模式，并输入以下命令。

```
Ping 192.168.1.2          ! 测试和技术部的计算机连通情况
……                        ! 销售部和技术部属于不同 VLAN，不能连通
Ping 192.168.1.3          ! 测试和销售部同部门计算机连通情况
!!!!                      ! 同一 VLAN 中设备，跨交换机通过干道技术能连通
```

【注意事项】

（1）交换机所有端口默认都属于 ACCESS 端口，可直接将端口加入某一 VLAN 中。

（2）利用“switchport mode access/trunk”命令，更改端口为 VLAN 模式。

（3）两台交换机之间相连的端口，一般都应该设置为“tag VLAN”模式。

（4）Trunk 接口在默认情况下支持所有 VLAN 的传输。

（5）将多个不连续的端口一次性划分同一 VLAN 中，使用“,”分隔，如下所示。

```
Switch-1(config)# interface range fastEthernet 0/2-6,0/8,0/10
Switch-1(config-if-range)# switchport access vlan 10
```

实验 6　利用三层交换机 SVI 技术实现 VLAN 之间通信

【背景描述】

丰乐公司按照部门业务不同，规划出多个不同 VLAN，实现部门之间的网络隔离。

安全隔离后的部门网络虽然在安全和干扰问题上得到暂时解决，但也造成了两个网络之间不能互联互通，造成公司内部公共资源不能共享，因此，公司希望能实现所有部门之间网络的安全通信。

通过在交换机上配置 VLAN 干道技术，能实现同一部门 VLAN 内设备跨交换机通信。如果要实现不同的 VLAN 之间互相通信，就需要利用三层交换机路由技术，三层路由技术能实现所有部门之间子网互连互通。

【实验目的】

在办公网中引入三层交换机，给三层交换机创建对应的 VLAN，并设置 IP 地址，作为二层交换机上 VLAN 对应的网关，以此作为不同的 VLAN 之间通信的三层接口。

通过启用三层交换机 SVI（Switch virtual interface，交换机虚拟接口）虚拟端口技术，能产生 VLAN 间三层路由，实现不同 VLAN 之间互相通信。

【实验拓扑】

图 6-1 所示的网络拓扑为丰乐公司办公网工作场景。组建和连接网络时，需注意接口连接标识，以保证和后续配置保持一致。

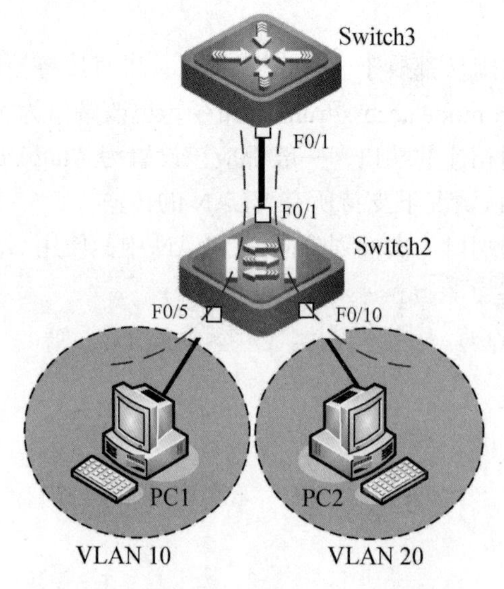

图 6-1　丰乐公司办公网的工作场景拓扑

【实验设备】

三层交换机（1 台），二层交换机（1 台），测试 PC（若干），网线（若干）。

【实验原理】

VLAN 技术对一个物理网络进行逻辑划分，不同 VLAN 之间无法直接访问。如果需要连通，必须通过三层路由设备。三层交换机和路由器具备网络层的路由访问功能，利用直连路由实现不同 VLAN 之间的互相访问。

在三层交换机上采用 SVI（交换虚拟接口）方式，是实现 VLAN 间互通的主要技术，其实现 VLAN 互访原理是：创建三层交换机虚拟接口，给 SVI 三层虚拟接口配置 IP 地址，生成直连路由；利用三层交换机路由功能，通过识别数据包中 IP 地址，查找路由表进行选路转发，实现不同 VLAN 之间互相访问。

【实验步骤】

（1）配置二层交换机 Switch-2 设备 VLAN 和干道信息。

```
Switch# configure terminal
Switch(config)# hostname Switch-2                 ! 修改交换机设备名称
Switch-2 (config)#
Switch-2 (config)# vlan 10                        ! 创建 VLAN 10
Switch-2 (config-vlan)# name xiao_shou            ! 把 VLAN 10 命名为销售部
Switch-2 (config-vlan)# vlan 20                   ! 创建 VLAN 20
Switch-2 (config-vlan)# name ji_shu               ! 把 VLAN 20 命名为技术部
Switch-2 (config-vlan)# exit
Switch-2 (config)#

Switch-2 (config)# interface  Fa0/5               ! 将端口 Fa0/5 划分到 VLAN 10
Switch-2 (config-if)# switchport access vlan 10
Switch-2 (config-if)# exit
Switch-2 (config)# interface  Fa0/10              ! 将端口 Fa0/10 划分到 VLAN 20
Switch-2 (config-if)# switchport access vlan 20
Switch-2 (config-if)# exit
Switch-2 (config)#

Switch-2 (config)# interface fastEthernet 0/1
Switch-2 (config-if)# switchport mode trunk         ! 将 Fa0/1 口设置为干道端口

Switch-2 (config)# show  vlan                       ! 查看交换机 VLAN 配置信息
……
```

（2）配置三层交换机 Switch-3 设备 VLAN 基本信息。

```
Switch# configure terminal
Switch(config)# hostname Switch-3                   ! 修改交换机设备名称
Switch-3 (config)#
Switch-3 (config)# vlan 10                          ! 创建 VLAN 10
Switch-3 (config-vlan)# vlan 20                     ! 直接创建 VLAN 20
```

```
Switch-3 (config-vlan)# exit
Switch-3 (config)#

Switch-3 (config)# interface fastEthernet 0/1
Switch-3 (config-if)# switchport mode trunk    ! 将端口 Fa0/1 设置为干道端口

Switch-3 (config)# show  vlan                  ! 查看交换机 VLAN 配置信息
……
```

（3）在三层交换机 Switch-3 上配置 SVI 端口的虚拟网关。

```
Switch-3# configure terminal
Switch-3(config)# interface vlan 10    ! 激活 VLAN10 的 SVI 端口配置 IP 地址
Switch-3 (config-if)# ip address 192.168.10.1 255.255.255.0
Switch-3 (config-if)# no shutdown
Switch-3 (config-if)# exit
Switch-3(config)# interface vlan 20    ! 激活 VLAN20 的 SVI 端口配置 IP 地址
Switch-3 (config-if)# ip address 192.168.20.1 255.255.255.0
Switch-3 (config-if)# no shutdown
Switch-3 (config-if)# exit
```

（4）查看三层交换机 Switch-3 产生直连路由。

```
Switch-3 # show ip route             ! 查看三层交换机 SVI 端口产生路由表
```

上述程序运行后，将显示如下结果。

```
Codes:  C - connected, S - static,  R - RIP B - BGP
        O - OSPF, IA - OSPF inter area
        N1 - OSPF NSSA external type 1, N2 - OSPF NSSA external type 2
        E1 - OSPF external type 1, E2 - OSPF external type 2
        i - IS-IS, L1 - IS-IS level-1, L2 - IS-IS level-2, ia - IS-IS inter area
        * - candidate default
Gateway of last resort is no set
C    192.168.10.0/24 is directly connected, Vlan 10
C    192.168.10.1/32 is local host.
C    192.168.20.0/24 is directly connected, Vlan 20
C    192.168.20.1/32 is local host.
```

可以看到，VLAN 虚拟端口配置 IP 地址，其网段成为三层交换机直连路由。相关实例代码如下。

```
Switch-3# show interfaces vlan 10          ! 查看 VLAN 10 的 SVI 端口
……
Switch-3# show interfaces vlan 20          ! 查看 VLAN 20 的 SVI 端口
……
```

（5）验证配置。

① 配置办公室设备 IP 地址。按照表 6-1 规划地址，配置办公网 PC1 和 PC2 设备的 IP 地址。

表 6-1　办公网设备 IP 地址规划

设备名称	IP 地址	网关	备注
VLAN10	192.168.10.1/24		销售部 PC 虚拟网关
PC1	192.168.10.2/24	192.168.10.1/24	销售部 PC
VLAN20	192.168.20.1/24		技术部 PC 虚拟网关
PC2	192.168.20.2/24	192.168.20.1/24	销售部 PC

② 使用 Ping 命令测试网络连通情况。打开销售部 PC1 机→“开始”→“CMD”→转到 DOS 工作模式，并用“Ping”命令测试网络是否连通，相关实例代码如下。

```
Ping 192.168.10.1         ! 和销售部 PC 虚拟网关接口连通
!!!!                      ! 二层销售部 PC 通过干道能和虚拟网关连通
Ping 192.168.20.1         ! 和技术部 PC 虚拟网关接口连通
!!!!                      ! 销售部 PC 通过干道并经过三层路由能和技术部虚拟网关连通
Ping 192.168.20.2         ! 和技术部 PC 连通
!!!!                      ! 销售部 PC 通过 SVI 虚拟网关实现和技术部 PC 连通
```

【注意事项】

（1）两台交换机之间相连端口，应该设置为“tag VLAN”模式。

（2）给三层设备的 SVI 端口设置完 IP 地址后，一定要使用“**no shutdown**”命令激活，否则无法正常使用。

（3）如果创建的 VLAN 内没有激活端口，则三层交换机上相应的 VLAN 的 SVI 端口也将无法被激活，无法正常显示路由表信息。

（4）测试 PC 信息需要设置网关，网关为相应 VLAN 的 SVI 接口地址。

（5）使用“Ping”命令测试网络连通时，应该关闭双方 PC 机自带防火墙功能，否则会影响连通情况测试。

（6）也可按照图 6-2 所示的场景，直接在三层交换机上启用 SVI 技术，实现 VLAN 之间连通，实验配置如上做简化修改，代码命令更简单。

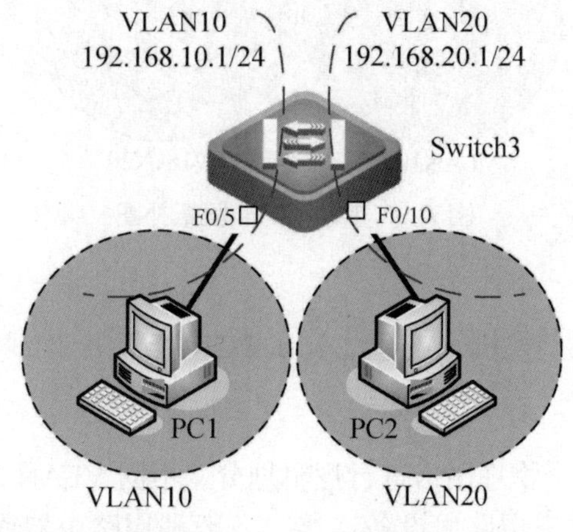

图 6-2　三层交换机 SVI 技术实现 VLAN 通信

实验 7　利用单臂路由实现 VLAN 间通信（可选）

【背景描述】

丰乐公司按照业务的不同，分隔了多个办公区。为了减少部门之间的干扰，按办公区规划了不同 VLAN，实现了部门之间的安全隔离。

公司的办公网早期在组建的过程中，由于没有三层交换机，就临时使用公司中现有的 1 台旧的路由器设备来连接办公网的二层交换机，并通过路由器设备把部门网络接入到 Internet。同时公司希望在路由器上做适当配置，实现全公司所有部门的 VLAN 网络之间安全通信。

【实验目的】

掌握路由器上单臂路由配置技术，通过在端口上划分子接口技术，学会给子接口封装 Dot1Q（IEEE 802.1Q）协议，能给相应 VLAN 设置 IP 地址，实现 VLAN 间路由通信。

【实验拓扑】

如图 7-1 所示的网络拓扑，为丰乐公司办公网多部门、分区域的工作场景。组建和连接网络时，需注意接口连接标识，以保证和后续配置保持一致。

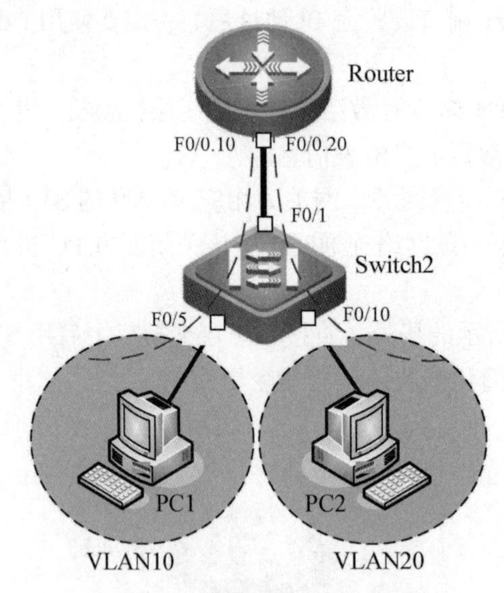

图 7-1　单臂路由实验拓扑图

【实验设备】

路由器（1 台）、二层交换机（1 台）、测试 PC（若干）、网线（若干）。

【实验原理】

VLAN 技术通过对一个物理网络进行逻辑划分，不同 VLAN 之间无法直接访问。如果需要实现连通，必须通过三层路由设备连接。一般利用路由器或三层交换机来实现不同 VLAN 之间的互相安全访问。

将路由器和二层交换机相连，在路由器的物理接口上使用 IEEE 802.1Q 来封装，实现和二层交换机 Trunk 干道端口的对等连接。再在路由器上启动一个子接口（物理接口划分为多个逻辑的、可编址的接口），形成了单臂路由技术。

在路由器上启动的子接口虽然为虚拟接口，但和真实物理接口一样作用：在路由器的子接口上也启用 IEEE 802.1Q 协议，和启动干道模式二层交换机接口对等通信，给激活的子接口配置 IP 地址，并映射到二层设备的 VLAN 中，作为二层 VLAN 中设备转发网关。

路由器利用配置子接口网关，实现从一个 VLAN 接收数据包，并将这个数据包转发到另外的一个 VLAN，就可以利用路由器单臂路由技术实现 VLAN 之间通信。

【实验步骤】

（1）配置二层交换机 Switch-2 设备基本 VLAN 信息。

```
Switch# configure terminal
Switch(config)# hostname Switch-2            ! 修改交换机设备名称
Switch-2 (config)#
Switch-2 (config)# Vlan 10                   ! 创建 VLAN 10
Switch-2 (config-vlan)# name xiao_shou       ! 把 VLAN 10 命名为销售部
Switch-2 (config-vlan)# Vlan 20              ! 创建 VLAN 20
Switch-2 (config-vlan)# name ji_shu          ! 把 VLAN 20 命名为技术部
Switch-2 (config-vlan)# exit
Switch-2 (config)#

Switch-2 (config)# interface Fa0/5           ! 将端口 Fa0/5 划分到 VLAN 10
Switch-2 (config-if)# switchport access vlan 10
Switch-2 (config-if)# exit
Switch-2 (config)# interface  Fa0/10         ! 将端口 Fa0/10 划分到 VLAN 20
Switch-2 (config-if)# switchport access vlan 20
Switch-2 (config-if)# exit
Switch-2 (config)#
Switch-2 (config)# interface fastEthernet 0/1
Switch-2 (config-if)# switchport mode trunk    ! 将 Fa0/1 口设置为干道端口

Switch-2 (config)# show vlan                 ! 查看二层交换机 VLAN 配置信息
……
```

（2）配置路由器设备单臂路由技术。

```
Router # configure terminal
Router(config)# interface Fa1/0
Router(config-if)# no ip address             ! 去掉路由器 Fa1/0 主接口的 IP 地址
Router(config-if)# no shutdown
Router(config-if)# exit
```

```
Router(config)# interface fastEthernet 0/0.10
                                   ! 进入子接口 Fa0/0.10，子接口名称自定义
Router(config-subif)# encapsulation dot1Q 10
                                   ! 指定子接口 Fa0/0.10 对应 Vlan 10，并配置干道模式
Router(config-subif)# ip address 192.168.10.1 255.255.255.0
             ! 配置子接口 Fa0/0.10 的 IP 地址
Router(config-subif)# exit
Router(config)# interface fastEthernet 0/0.20      ! 进入子接口 Fa0/0.20
Router(config-subif)# encapsulation dot1Q 20
                                   ! 指定子接口 Fa0/0.20 对应 Vlan 20，并配置干道模式
Router(config-subif)# ip address 192.168.20.1 255.255.255.0
                                   ! 配置子接口 Fa0/0.20 的 IP 地址
Router(config-subif)# end
```

（3）查看路由器产生路由表。

```
Router# show ip route                        ! 查看路由器路由表
```

上述程序运行后，显示的结果如下。

```
Codes:  C - connected, S - static,  R - RIP B - BGP
        O - OSPF, IA - OSPF inter area
        N1 - OSPF NSSA external type 1, N2 - OSPF NSSA external type 2
        E1 - OSPF external type 1, E2 - OSPF external type 2
        i - IS-IS, L1 - IS-IS level-1, L2 - IS-IS level-2, ia - IS-IS inter
area
        * - candidate default
Gateway of last resort is no set
C    192.168.10.0/24 is directly connected, FastEthernet 0/0.10
C    192.168.10.1/32 is local host.
C    192.168.20.0/24 is directly connected, FastEthernet 0/0.20
C    192.168.20.1/32 is local host.
```

（4）验证配置。

① 配置办公室设备 IP 地址。

按照表 7-1 规划地址，配置办公网 PC1 和 PC2 设备的 IP 地址。

表 7-1 办公网设备 IP 地址规划

设备名称	IP 地址	网关	备注
FastEthernet 0/0.10	192.168.10.1/24		销售部 PC 网关接口
PC1	192.168.10.2/24	192.168.10.1/24	销售部 PC
FastEthernet 0/0.20	192.168.20.1/24		技术部 PC 网关接口
PC2	192.168.20.2/24	192.168.20.1/24	销售部 PC

② 使用 Ping 命令测试网络连通情况。在销售部的 PC1 上，使用“Ping”命令，测试网络连通情况，相关实例代码如下。

```
Ping 192.168.10.1                ! 测试销售部 PC 网关接口连通情况
!!!!                             ! 二层销售部 PC 通过干道能和网关连通
Ping 192.168.20.1                ! 和技术部 PC 网关接口的连通
!!!!                             ! 销售部 PC 通过干道并经过三层路由能和技术部网关连通
Ping 192.168.20.2                ! 测试和技术部 PC 连通情况
!!!!                             ! 销售部 PC 通过单臂路由实现和技术部 PC 连通
```

【注意事项】

（1）给路由器子接口配置 IP 地址之前，一定要先封装 dot1q 协议。

（2）各个 VLAN 内主机，要以相应 VLAN 子接口 IP 作为网关。

（3）由于企业网中大规模使用三层交换技术，本技术的使用范围日渐减少，因此本实验可作为学习选做实验，简单了解该项技术背景即可。

实验 8　配置交换机端口聚合

【背景描述】

丰乐公司按照业务的不同，划分了多个不同的工作部门 VLAN，分隔了多个办公区。公司的销售部和技术服务部都连接在一台二层交换机上，并通过干道链路和网络中心三层交换机连接，组成企业互连互通的办公网。

由于办公网中的所有数据流量，都通过网络中心的三层交换机转发，因此，需要提高交换机之间传输带宽，优化办公网的传输效率。

在不改变现有网络连接的情况下，在两台骨干交换机之间采用复合链路连接，并将连接的链路端口聚合为一个高带宽的逻辑端口，实现骨干链路高带宽传输目标。

【实验目的】

在两台骨干交换机之间采用冗余链路，可以提供网络的健壮性。在冗余链路上配置端口聚合技术，可以实现核心网络带宽的传输目标。

聚合完成的链路形成骨干链路上的逻辑端口 AG 口（Aggregate-port，端口聚合）。该聚合端口具有真实的端口一样的功能，如设置 Trunk 端口，升级为三层端口等，优化网络传输。

【实验拓扑】

如图 8-1 所示的网络拓扑，为丰乐公司办公网多区域的工作场景。组建和连接网络时，注意接口连接标识，以保证和后续配置保持一致。

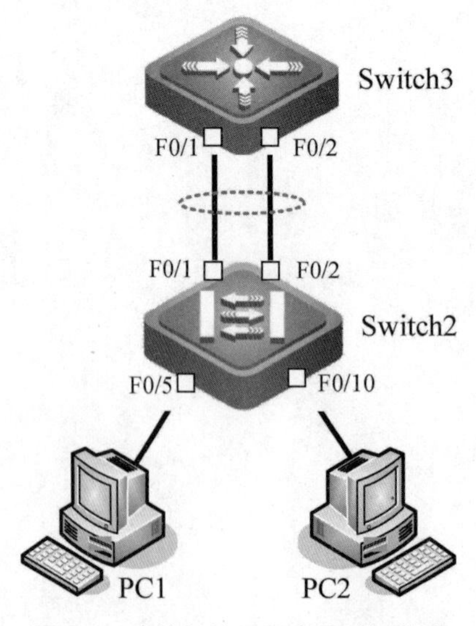

图 8-1　交换机端口聚合实验拓扑图

【实验设备】

交换机（2 台），网线（若干），PC（若干）。

【实验原理】

端口聚合（Aggregate-port）又称链路聚合，是指两台交换机之间在物理上将多个端口连接起来，实现多条链路聚合成一条逻辑链路。从而增大链路带宽，解决交换网络中因带宽引起的网络瓶颈问题。

多条物理链路之间聚合能够实现相互冗余和备份，其中任意一条链路断开，不会影响其他链路正常转发数据，另外还能增加物理带宽。

端口聚合遵循 IEEE 802.3ad 协议标准。

【实验步骤】

（1）在两台交换机上配置聚合端口。

```
Switch# configure terminal
Switch(config)# hostname Switch-2
Switch-2(config)# interface range fastEthernet 0/1-2
Switch-2(config-if-range)# port-group 1
              ! 将端口 Fa0/1~2 加入聚合端口 AG1，同时创建该聚合端口 AG1
Switch-2 (config-if-range)# exit
Switch-2 (config)#

Switch# configure terminal
Switch(config)# hostname Switch-3
Switch-3(config)# interface range fastEthernet 0/1-2
Switch-3(config-if-range)# port-group 1
                         !将端口 Fa0/1~2 加入聚合端口 1,同时创建该聚合端口 AG1
Switch-3 (config-if-range)# end

Switch-3 # show Vlan
              ! 查看交换机 VLAN 信息，生成了新的 AG1 端口，该端口是 1 口和 2 口的聚合
```

（2）将聚合端口设置为 Trunk。

```
Switch-2 (config)# interface aggregateport 1 ! 打开聚合端口 AG1
Switch-2 (config-if)# switchport mode trunk  ! 设置聚合端口 AG1 为 trunk 端口
Switch-2 (config-if)# no shutdown
Switch-2 (config-if)# exit

Switch-3 (config)# interface aggregatePort 1
Switch-3 (config-if)# switchport mode trunk
Switch-3 (config-if)# no shutdown
Switch-3 (config-if)# exit
```

（3）设置聚合端口的负载平衡方式。

```
Switch-3 (config)# aggregateport load-balance ?
              ! 查看交换机支持负载平衡方式
```

上述命令运行后，显示的结果如下。

```
dst-ip            Destination IP address
dst-mac           Destination MAC address
ip                Source and destination IP address
src-dst-mac       Source and destination MAC address
src-ip            Source IP address
src-mac           Source MAC address
```

另外，还可进行以下补充设置。

```
Switch-3 (config)# aggregateport load-balance dst-mac
            ！设置负载平衡方式为依据目的地址进行，默认是依据源和目的地址
Switch-3 (config)# exit

Switch-2 (config)# aggregatePort load-balance dst-mac
            ！设置负载平衡方式为依据目的地址进行，默认是依据源地址
Switch-2 (config)# exit
```

（4）查看三层交换机的聚合端口的配置，验证配置。

```
Switch-3# show aggregatePort load-balance
……
Switch-3# show aggregatePort summary
……
Switch-3# show interfaces aggregateport 1
……
```

【注意事项】

（1）只有同类型端口才能聚合为一个 AG 端口。

（2）所有物理端口必须属于同一个 VLAN。

（3）在锐捷交换机上最多支持 8 个物理端口聚合为一个 AG。

（4）在锐捷交换机上最多支持 6 组聚合端口。

（5）也可将多个不连续的端口聚合为聚合端口，使用“,”分隔，如下所示。

```
Switch-3(config)# interface range fastEthernet 0/2-6,0/8,0/10
Switch-3(config-if-range)# port-group 1
```

（6）如果需要把聚合的端口删除，可以打开端口，再删除，命令如下。

```
Switch-3(config)# interface range fastEthernet 0/2-6,0/8,0/10
Switch-3(config-if-range)#no port-group 1
```

（7）需要注意的是，不同的交换机版本，对聚合端口的显示方式不同。老版本的交换机的操作系统中，生成聚合端口 AG1 后，原有的端口还显示在“show VLAN”信息中。此时要进行干道端口配置，必须对原有的端口和聚合后的 AG1 端口都进行干道处理。新版本的操作系统中，生成聚合端口 AG1 后，原有的端口消失，包含在聚合端口中，干道技术处理只针对 AG1 端口即可。

实验9 配置交换机快速生成树

【背景描述】

丰乐公司为增强公司内网中骨干链路的稳定性，在两台交换机之间采用双链路连接，实现骨干链路的冗余备份。这不仅提高了网络的可靠性，还可以通过聚合提高网络带宽。但交换机之间的冗余链路易引发广播风暴、多帧复制及地址表的不稳定等网络故障发生，因此，需要在交换上启用生成树协议，以避免网络环路干扰。

【实验目的】

两台交换机以双链路互联，需要启用RSTP生成树协议，以避免产生环路，在提供链路冗余备份的同时，能保证网络的健壮功能。

理解快速生成树协议RSTP工作原理，掌握在交换机上配置快速生成树。

【实验拓扑】

如图9-1所示的网络拓扑，为丰乐公司办公网的骨干网络链路的连接工作场景。组建和连接网络时，注意接口连接标识，以保证和后续配置保持一致。

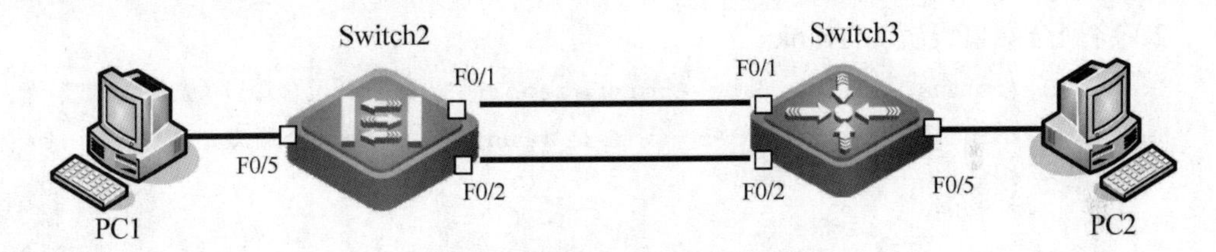

图9-1 办公网冗余备份实验拓扑图

【实验设备】

交换机（2台），网线（若干），测试PC（若干）。

【实验原理】

生成树协议（spanning-tree）在交换网络中提供冗余备份链路，解决交换网络中出现环路问题。生成树协议利用SPA算法（生成树算法），在交换网络中生成一个没有环路的树形网络。运用该算法将交换网络冗余备份链路从逻辑上断开，当主要链路出现故障时，能够自动切换到备份链路，保证数据正常转发。

生成树协议常见版本有STP（生成树协议IEEE 802.1d）、RSTP（快速生成树协议IEEE 802.1w）、MSTP（Multi-service Transfer Platform，多生成树协议IEEE 802.1s）。

快速生成树（Rapid Spanning Tree Protocol，RSTP）协议802.1w由802.1d发展而成。该协议在网络拓扑发生变化时，能更快地收敛网络。802.1w比802.1d多了两种端口类型，分别为预备端口类型（alternate port）和备份端口类型，从而能使网络的收敛速度在1秒内完成。

【实验步骤】

（1）在两台交换机上配置聚合端口。

```
Switch# configure terminal
Switch(config)# hostname Switch-2        ！配置办公网二层接入交换机
Switch-2(config)# interface range fastEthernet 0/1-2
Switch-2(config-if-range)# port-group 1
          ！将端口 Fa0/1~2 加入聚合端口 1，同时创建该聚合端口
Switch-2 (config-if-range)# exit
Switch-2 (config)#

Switch# configure terminal
Switch(config)# hostname Switch-3        ！配置办公网三层汇聚交换机
Switch-3(config)# interface range fastEthernet 0/1-2
Switch-3(config-if-range)# port-group 1
          ！将端口 Fa0/1~2 加入聚合端口 1，同时创建该聚合端口
Switch-3 (config-if-range)# exit
Switch-3 (config)#
```

（2）将聚合端口设置为 Trunk。

```
Switch-2 (config)# interface aggregateport 1 ！打开聚合端口 AG1
Switch-2 (config-if)# switchport mode trunk   ！设置聚合端口 AG1 为 trunk 端口
Switch-2 (config-if)# exit

Switch-3 (config)# interface aggregatePort 1
Switch-3 (config-if)# switchport mode trunk
Switch-3 (config-if)# exit
```

（3）在两台交换机上启用 RSTP。

```
Switch-2 (config)# spanning-tree              ！启用二层交换机生成树协议
Switch-2 (config)# spanning-tree mode rstp
！修改生成树协议的类型为 RSTP

Switch-3 (config)# spanning-tree              ！启用三层交换机生成树协议
Switch-3 (config)# spanning-tree mode rstp
！修改生成树协议的类型为 RSTP
```

（4）查看生成树信息。

启用 RSTP 之后，使用“show spanning-tree”命令观察交换机生成树工作状态，命令格式如下。

```
Switch-3# show spanning-tree
```

以上程序运行后，显示的结果如下。

```
StpVersion : RSTP
```

```
SysStpStatus : ENABLED
MaxAge : 20
HelloTime : 2
ForwardDelay : 15
BridgeMaxAge : 20
BridgeHelloTime : 2
BridgeForwardDelay : 15
MaxHops: 20
TxHoldCount : 3
PathCostMethod : Long
BPDUGuard : Disabled
BPDUFilter : Disabled
BridgeAddr : 00d0.f821.a542
Priority: 32768
TimeSinceTopologyChange : 0d:0h:0m:9s
TopologyChanges : 2
DesignatedRoot : 8000.00d0.f821.a542
RootCost : 0
RootPort : 0
```

以上信息显示：两台交换机已正常启用 RSTP 协议；由于 MAC 地址较小，Switch-3 被选举为根网桥，优先级是 32768；根端口是 Fa0/1；两台交换机计算路径成本方法都是长整型。为了保证 Switch-3 选举为根桥，需要提高 Switch-3 优先级。

（5）配置生成树优先级。

指定三层交换机为根网桥，二层交换机 F0/2 口为根口，指定两台交换机端口路径成本计算方法为短整型。相关代码实例如下。

```
Switch-3 (config)# spanning-tree priority ?
  <0-61440>  Bridge priority in increments of 4096
              ！查看网桥优先级配置范围在 0~61440，必须是 4096 倍数
Switch-3 (config)# spanning-tree priority 4096     ！配置优先级为 4096
              ！配置交换机 Switch-3 优先级为高，设该交换机为根交换机

Switch-3 (config)# interface fastEthernet 0/2
Switch-3 (config-if)# spanning-tree port-priority ?
  <0-240>  Port priority in increments of 16
              ！查看端口优先级配置范围在 0~240，必须是 16 倍数
Switch-3 (config-if)#spanning-tree port-priority 96 ！修改 F0/2 端口优先级 96
Switch-3 (config-if)# exit
Switch-3 (config)# spanning-tree pathcost method short
              ！修改 Switch-3 的计算路径成本的方法为短整型
```

```
Switch-2 (config)#
Switch-2 (config)# spanning-tree pathcost method short
        ! 修改 Switch-2 的计算路径成本的方法为短整型。
Switch-2 (config)# exit
```

（6）查看生成树的配置信息。

① 查看交换机生成树工作状态的代码如下。

```
Switch-3 # show spanning-tree
```

上述代码运行后，显示的结果如下。

```
StpVersion : RSTP
SysStpStatus : ENABLED
MaxAge : 20
HelloTime : 2
ForwardDelay : 15
BridgeMaxAge : 20
BridgeHelloTime : 2
BridgeForwardDelay : 15
MaxHops: 20
TxHoldCount : 3
PathCostMethod : Short
BPDUGuard : Disabled
BPDUFilter : Disabled
BridgeAddr : 00d0.f821.a542
Priority: 4096
TimeSinceTopologyChange : 0d:0h:0m:34s
TopologyChanges : 7
DesignatedRoot : 1000.00d0.f821.a542
RootCost : 0
RootPort : 0
```

② 查看端口 Fa0/1 的配置信息的代码如下。

```
Switch-3 # show spanning-tree interface fastEthernet 0/1
```

相关程序代码运行后，显示的结果如下所示。

```
PortAdminPortFast : Disabled
PortOperPortFast : Disabled
PortAdminLinkType : auto
PortOperLinkType : point-to-point
PortBPDUGuard : disable
PortBPDUFilter : disable
PortState : forwarding
PortPriority : 128
PortDesignatedRoot : 1000.00d0.f821.a542
```

```
PortDesignatedCost : 0
PortDesignatedBridge :1000.00d0.f821.a542
PortDesignatedPort : 8001
PortForwardTransitions : 2
PortAdminPathCost : 19
PortOperPathCost : 19
PortRole : designatedPort
```

③ 查看端口 Fa0/2 配置信息的代码如下。

```
Switch-3 # show spanning-tree interface fastEthernet 0/2
```

相关程序代码运行后，显示的结果如下。

```
PortAdminPortFast : Disabled
PortOperPortFast : Disabled
PortAdminLinkType : auto
PortOperLinkType : point-to-point
PortBPDUGuard : disable
PortBPDUFilter : disable
PortState : forwarding
PortPriority : 96
PortDesignatedRoot : 1000.00d0.f821.a542
PortDesignatedCost : 0
PortDesignatedBridge :1000.00d0.f821.a542
PortDesignatedPort : 6002
PortForwardTransitions : 4
PortAdminPathCost : 19
PortOperPathCost : 19
PortRole : designatedPort
```

上述内容中，我们观察到：Switch-3 优先级已被修改为 4096；Fa0/2 端口优先级也被修改成 96；在短整型计算路径成本的方法中，两个端口的路径成本都是 19，都处于转发状态。

（7）验证配置。

在交换机 Switch-3 上长时间 ping 交换机 Switch-2，其间断开 Switch-2 端口 Fa0/2，观察替换端口能够在多长时间内成为转发端口相关实例代码如下。

```
Switch-3# ping 192.168.1.2 ntimes 1000
          ！使用 ping 命令的 ntimes 参数指定 ping 的次数
......
Success rate is 99 percent (998/1000), round-trip min/avg/max = 1/1/10 ms
```

由此可看到替换端口变成转发端口过程中，丢失 2 个 ping 包，中断时间小于 20ms。

【注意事项】

（1）锐捷交换机缺省关闭 STP/RSTP 生成树协议。如果网络在物理上存在环路，则必须手工开启 spanning-tree。

（2）锐捷全系列交换机默认开启 MSTP 协议，在配置时注意生成树协议版本。

（3）综上所述的交换机的干道技术，三层交换机之间的 VLAN 通信，聚合链路及生成树技术，完成如图 9-2 所示的网络拓扑，希望实现 PC1 和 PC2 之间的安全通信。

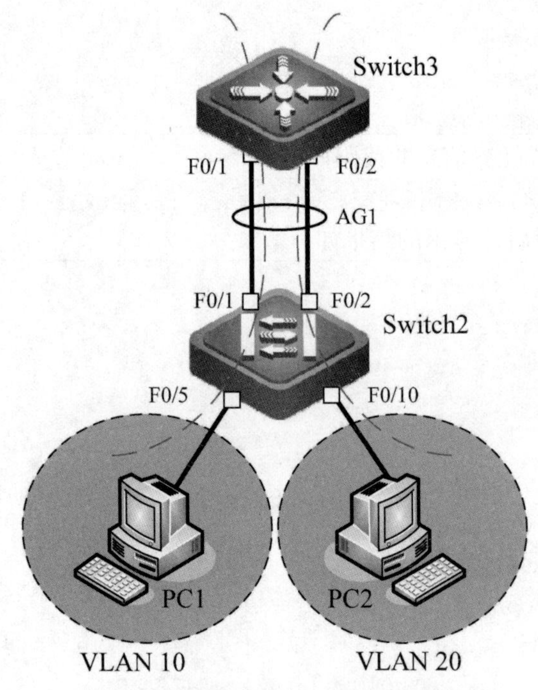

图 9-2　办公室不同部门之间安全通信

实验 10　配置交换机多生成树

【背景描述】

丰乐公司为增强企业内网中骨干链路的稳定性，在两台交换机之间采用双链路连接，实现骨干链路的冗余备份。这不仅提高了网络的可靠性，还通过聚合提高网络带宽。但交换机之间的冗余链路易引发广播风暴、多帧复制及地址表的不稳定等网络故障，因此需要启用生成树协议，避免网络环路干扰。由于公司内部按照部门之间，规划了多个部门 VLAN，传统生成树不能解决 VLAN 的隔离问题，因此需要启用多生成树协议，解决办公网的广播问题，增强办公网的健壮性。

【实验目的】

两台交换机双链路互联形成冗余，可以增强网络的健壮性。为了保证网络的快速收敛，又能基于 VLAN 实现负载分担，需要启用 MSTP 多生成树协议避免出现环路，提供冗余备份。

理解多快速生成树协议 MSTP 工作原理，掌握在交换机上配置多生成树 MSTP。

【实验拓扑】

图 10-1 所示的网络拓扑为丰乐公司办公网的工作场景。组建和连接网络时，需注意接口连接标识，以保证和后续配置保持一致。

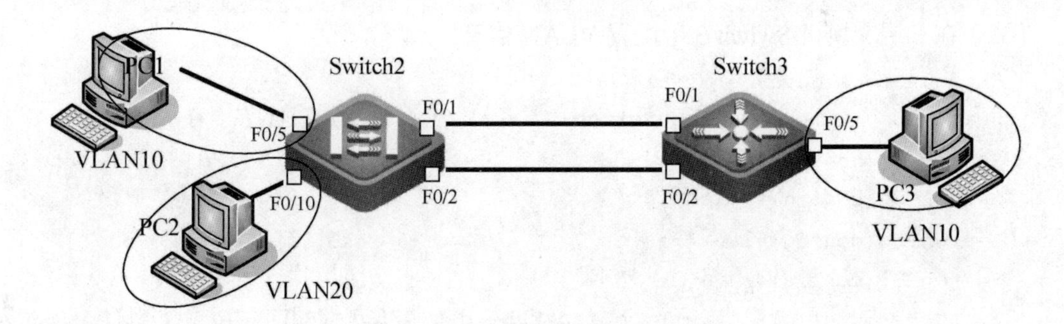

图 10-1　多生成树实验拓扑图

【实验设备】

交换机（2 台），网线（若干），配置测试 PC（若干）。

【实验原理】

生成树协议（spanning-tree）常见版本有 STP（生成树协议 IEEE 802.1d）、RSTP（快速生成树协议 IEEE 802.1w）、MSTP（多生成树协议 IEEE 802.1s）。

多生成树协议（MSTP）是 IEEE 802.1s 中定义的新型生成树协议。相对于 STP 和 RSTP，MSTP 生成树既能像 RSTP 一样快速收敛，又能基于 VLAN 负载分担，优势非常明显。

【实验步骤】

（1）在二层交换机 Switch-2 上配置 VLAN 信息。

```
Switch# configure terminal
Switch(config)# hostname Switch-2             ! 修改交换机设备名称
Switch-2 (config)#
Switch-2 (config)# vlan 10                    ! 创建 VLAN 10
Switch-2 (config-vlan)# vlan 20               ! 创建 VLAN 20
Switch-2 (config-vlan)# exit
Switch-2 (config)#
Switch-2 (config)# interface fastEthernet 0/5 ! 将端口 Fa0/5 划分到 VLAN 10
Switch-2 (config-if)# switchport access vlan 10
Switch-2 (config-if)# exit
Switch-2 (config)# interface range fastEthernet 0/10
                                              ! 将端口 Fa0/10 划分到 VLAN 20
Switch-2 (config-if)# switchport access vlan 20
Switch-2 (config-if)# end
Switch-2 #

Switch-2 (config)# show  vlan                 ! 查看交换机 1 的 VLAN 配置信息
……
```

（2）在三层交换机 Switch-3 上配置 VLAN 信息。

```
Switch# configure terminal
Switch(config)# hostname Switch-3             ! 修改交换机设备名称
Switch-3 (config)#
Switch-3 (config)# vlan 10                    ! 创建 VLAN10
Switch-3 (config-vlan)# exit
Switch-3 (config)#
Switch-3 (config)# interface fastEthernet 0/5 ! 将端口 Fa0/5 划分到 VLAN10
Switch-3 (config-if)# switchport access vlan 10
Switch-3 (config-if)# exit
```

（3）在所有交换机上配置聚合链路。

```
Switch-2(config)#
Switch-2(config)# interface range fastEthernet 0/1-2
Switch-2(config-if-range)# port-group 1
                          ! 将端口 Fa0/1~2 加入聚合端口 1，同时创建该聚合端口
Switch-2 (config-if-range)# exit
Switch-2 (config)# interface aggregateport 1   ! 打开聚合端口 AG1
Switch-2 (config-if)# switchport mode trunk ! 设置聚合端口 AG1 为 trunk 端口
Switch-2 (config-if)# exit
Switch-2 (config)#
```

```
Switch-3(config)#
Switch-3(config)# interface range fastEthernet 0/1-2
Switch-3(config-if-range)# port-group 1
                              ! 将端口 Fa0/1~2 加入聚合端口 1，同时创建该聚合端口
Switch-3 (config-if-range)# exit
Switch-3 (config)#
Switch-3 (config)# interface aggregatePort 1
Switch-3 (config-if)# switchport mode trunk
Switch-3 (config-if)# exit
```

（4）交换机 Switch-3 上启用 MSTP。

```
Switch-3 (config)# spanning-tree
Switch-3 (config)# spanning-tree mst configuration    ! 进入 MSTP 配置模式
Switch-3 (config-mst)# instance 1 vlan 10
                                        !配置 VLAN10 与生成树实例 1 映射关系
Switch-3 (config-mst)# instance 2 vlan 20
                                        !配置 VLAN20 与生成树实例 2 映射关系
Switch-3 (config-mst)# name test        ! 配置 MST 区域配置名称
Switch-3 (config-mst)# revision 1       ! 配置 MST 区域修正号
Switch-3 (config-mst)# exit

Switch-3 (config)# spanning-tree mst 0 priority 8192  !配置 MST0 实例优先级
Switch-3 (config)# spanning-tree mst 1 priority 4096
                  !设置 Switch-3 实例 1 优先级最高,手动指定实例 1 根桥为 Switch-3
Switch-3 (config)# spanning-tree mst 2 priority 8192
Switch-3 (config)# exit
```

上述程序执行后，可通过以下代码查看相关信息。

```
Switch-3 # show spanning-tree mst configuration    ! 查看 MSTP 配置结果
……
Switch-3 # show spanning-tree mst instance         ! 查看特定实例信息
……
```

（5）在交换机 Switch-2 上启用 MSTP。

```
Switch-2 (config)# spanning-tree
Switch-2 (config)# spanning-tree mst configuration
Switch-2 (config-mst)# instance 1 vlan 10
Switch-2 (config-mst)# instance 2 vlan 20
Switch-2 (config-mst)# name test
Switch-2 (config-mst)# revision 1
Switch-2 (config-mst)# exit
```

```
Switch-2 (config)# spanning-tree mst 0 priority 8192
Switch-2 (config)# spanning-tree mst 1 priority 8192
Switch-2 (config)# spanning-tree mst 2 priority 4096
                    !设置 Switch-2 实例 2 优先级最高，手动指定实例 2 根桥为 Switch-2
Switch-2 (config)# exit
```

上述程序执行后，可通过以下代码查看相关信息。

```
Switch-2 # show spanning-tree mst configuration     ! 查看 MSTP 配置结果
……
Switch-2 # show spanning-tree mst instance          ! 查看特定实例信息
……
Switch-2 # show running-config                      ! 查看交换机配置信息
……
```

实验 11 配置三层交换机自动获取地址

【背景描述】

丰乐公司的销售部和技术部都在同一楼层办公，设备都连接在同一台交换机上，所有计算机都通过一台三层交换机连接，再通过一台代理服务器接入 Internet 中。

之前，公司的网络采用固定地址方式，由于很多员工自己手动修改公司的地址。经常有地址冲突的现象发生。为了优化办公网的管理，决定不再使用手工分配 IP 方法：一来管理难度大；二来经常发生地址冲突及地址回收麻烦等问题。公司决定在办公网中，通过启动 DHCP（Dynamic Host Configuration Protocol，动态主机配置协议）来实现公司网络的地址动态管理，让所有设备自动获取地址，减少网络管理工作量。

【实验目的】

学习配置三层交换机 DHCP 动态地址管理技术，理解 DHCP 动态地址协议原理。

【实验拓扑】

图 11-1 所示的网络拓扑为丰乐公司同区域办公的销售部和技术部工作场景，以此来组建和连接网络。

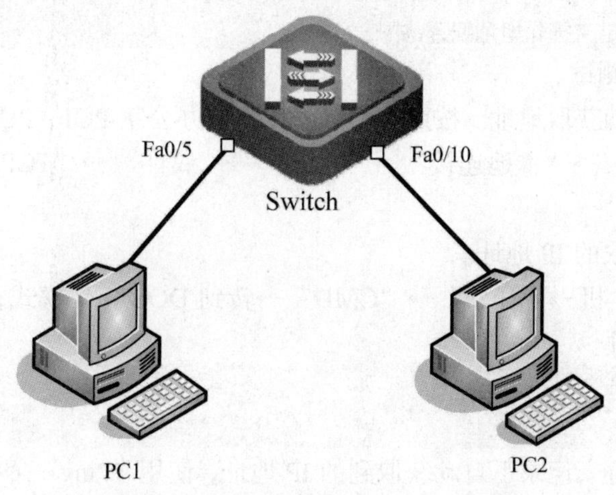

图 11-1 配置三层交换机 DHCP 场景

【实验设备】

三层交换机（1 台），网线（若干），配置测试 PC（若干）。

【实验原理】

DHCP 动态地址管理技术是指网络中的每台计算机，都没有自己固定的 IP 地址，当计算机开启后，从网络中的一台 DHCP 服务器上，获取一个暂时提供给这台机器使用的 IP 地址、子网掩码、网关及 DNS 等信息。当这台计算机关机后，就自动退回其所使用的 IP 地址，之后，该 IP 地址将分配给其他等待上网的计算机使用。

DHCP 协议最重要特征就是：地址配置自动化、减少错误、减少网络管理。

【实验步骤】

（1）在交换机上配置 DHCP 协议。

```
Switch#
Switch#configure terminal
Switch(config)# Interface vlan 1          ! 给三层交换机配置管理地址
Switch(config-if)# Ip address 10.1.1.1 255.255.255.0
Switch(config-if)# No shutdown
Switch(config-if)#exit

Switch(config)# Service dhcp              ! 配置网络互联设备具有 DHCP 中继功能
Switch(config)# ip dhcp pool vlan-1-IP
               ! 定义一个地址池名为 VLAN1  DHCP 地址池
Switch(config)#network 10.1.1.0 255.255.255.0
               ! 配置地址池子网和掩码
Switch(config)#default-router 10.1.1.1
               ! 配置默认网网关
switch (dhcp-config)# ip dhcp excluded-address 10.1.1.150 10.1.1.200
               ! 定义排除地址配置范围
```

（2）在 PC 机上测试。

① 配置设备自动获取地址。按照如下过程，配置办公室 PC1、PC2 自动获取 IP 地址，配置过程为："网络"→"本地连接"→"右键"→"属性"→"TCP/IP 属性"→自动获取 IP 地址。

② 查看自动获取的 IP 地址。

打开销售部 PC1 机→"开始"→"CMD"→转到 DOS 工作模式，输入如下命令查看到自动获得的 IP 地址。

```
Ipconfig/all
……
```

③ 测试网络连通。记录下自动获取到的 IP 地址，使用"Ping"命令测试对端设备 PC2 设备的网络连通，代码格式如下。

```
ping x.x.x.x          ! 这里的"x.x.x.x"为对方设备自动获取到的有效 IP 地址
!!!!                  ! 由于是连接在同一办公网络，能同网络中的办公设备
```

实验 12　配置交换机堆叠技术（可选）

【背景描述】

丰乐公司从事电子商务销售工作，公司的销售部和技术部都在同一楼层办公，设备都连接在同一台交换机上。为了方便管理和节省 IP 地址，网络管理员决定采用堆叠方式连接，现要在交换机上做适当堆叠技术配置。

【实验目的】

理解交换机堆叠的配置及原理。本实验以两台 S2126G 交换机为例，每台交换机的堆叠模块上的 UP 端口，连接到另一台交换机的堆叠模块上的 DOWN 端口。

【实验拓扑】

图 12-1 所示的交换机堆叠实验拓扑为丰乐公司办公网多区域的工作场景。安装设备的堆叠模块如图 12-1 所示，使用堆叠线缆按图连接。

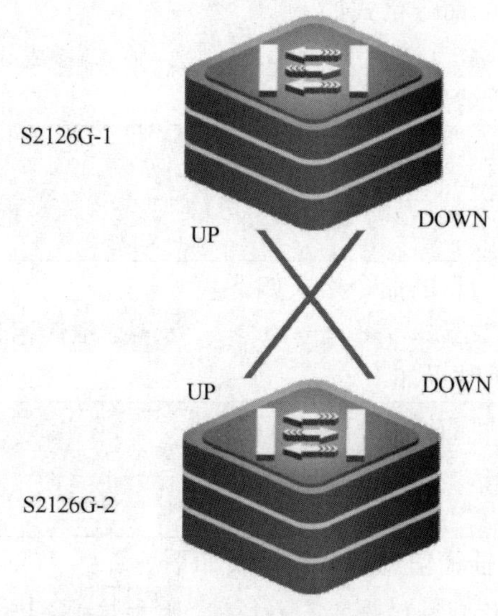

图 12-1　交换机堆叠实验拓扑

【实验设备】

交换机（2 台），计算机（1 台），堆叠模块 M2131（2 块），堆叠线缆（2 根）。

【实验原理】

交换机堆叠利用专门的堆叠模块和堆叠线缆将两台交换机相连。一般堆叠链路的带宽是普通 100M 以太网口的几十倍，可以增加交换机之间级联的带宽。通过堆叠以后的交换机可以进行统一的管理。

交换机堆叠一般分为菊花链式堆叠和主从式堆叠两种。目前主流的是菊花链式堆叠。

菊花链式堆叠模块有两个接口 UP、DOWN。堆叠连接时，第一台交换机的 UP 接口连接第二台交换机的 DOWN 接口，以此类推，最后一台交换机的 UP 接口连接第一台交换机的DOWN接口，形成一个环路，可以起到冗余链路的作用。

【实验步骤】

（1）配置二层交换机基本信息。

```
Switch> enable
Switch# configure terminal
Switch(config)# hostname S2126G-1          ! 修改交换机名称
```

（2）安装配置S2126G-1堆叠模块信息。

将堆叠模块M2131，分别插入两台交换机后（先不连接线缆）再开机。先在单机模式下，配置堆叠主交换机S2126G-1，在命令实例如下。

```
S2126G-1 (config)# member 1
        !配置设备号为1，取值范围为1～n ，n为堆叠的设备数量
S2126G-1 (config)# device-priority 10
        !配置优先级为10，取值范围为1~10，默认值是1，优先级最高交换机将成为堆叠主机
```

（3）验证堆叠主机的配置。

① 显示堆叠成员信息的命令格式如下。

```
S2126G-1#show member                          ! 显示堆叠成员信息
```

上述程序执行后，显示结果如下。

```
member MAC address     priority alias              -       SWVer  HWVer
------ -------------- -------- --------------------- -----------------
1      00d0.f8ef.9d08   10                              1.3   1.0
```

② 显示堆叠主机设备信息的命令格式如下。

```
S2126G-1#show version devices                 ! 显示堆叠主机设备信息
```

上述程序执行后，显示结果如下。

```
Device      Slots     Description
----------  -------  ----------------------------
1           3      S2126G
```

③ 显示堆叠主机设备插槽信息的命令格式如下。

```
S2126G-1#show version slots                   ! 显示堆叠主机设备插槽信息
```

上述程序执行后，显示结果如下。

```
Device   Slot   Ports   Max Ports     Module
-------  ----  ------  ----------  -------------------------------------
1        0     24      24         S2126G_Static_Module
1        1     0       1
1        2     0       1          M2131-Stack_Module
```

（4）验证堆叠组的配置信息。

配置堆叠主机后，将其他交换机用堆叠电缆连接起来（如图12-1所示）。此时各交换机自动成为一个堆叠组，成为一台大交换机，可通过如下命令查看相关信息。

① 显示堆叠组成员的命令如下。

```
S2126G-1#show member          !显示堆叠组成员
```

```
Member   MAC address     priority alias                    SWVer  HWVer
------ ------------ -------- ------------------- ----------------------
1       00d0.f8ef.9d08    10                          1.3    1.0
2       00d0.f8fe.1e48    1                           1.3    1.0
```

② 显示堆叠组设备信息的命令如下。

```
S2126G-1#show version devices     !显示堆叠组设备信息
```

上述命令执行后的结果显示如下。

```
Device     Slots    Description
---------- -------  -------------------------
1            3        S2126G
2            3        S2126G
```

③ 显示堆叠组设备插槽信息的命令如下。

```
S2126G-1#show version slots       !显示叠堆组设备插槽信息
```

上述命令执行后的结果显示如下。

```
Device   Slot  Ports   Max Ports    Module
------- ---- ------ ---------- --------------------------------------
1        0     24      24          S2126G_Static_Module
1        1     0       1
1        2     0       1          M2131-Stack_Module
2        0     24      24          S2126G_Static_Module
2        1     0       1          M2131-Stack_Module
2        2     0       1
```

④ 显示堆叠 VLAN 信息的命令如下。

```
S2126G-1#show vlan                    显示堆叠组 Vlan 信息
```

上述命令执行后的结果显示如下。

```
VLAN Name                          Status      Ports
---- ----------------------------  ----------------  -------------------
1    default                       active    Fa1/0/1,Fa1/0/2,Fa1/0/3
                                             Fa1/0/4,Fa1/0/5,Fa1/0/6
                                             Fa1/0/7,Fa1/0/8,Fa1/0/9
                                             Fa1/0/10,Fa1/0/11,Fa1/0/12
                                             Fa1/0/13,Fa1/0/14,Fa1/0/15
                                             Fa1/0/16,Fa1/0/17,Fa1/0/18
                                             Fa1/0/19,Fa1/0/20,Fa1/0/21
                                             Fa1/0/22,Fa1/0/23,Fa1/0/24
                                             Fa2/0/1,Fa2/0/2,Fa2/0/3
                                             Fa2/0/4,Fa2/0/5,Fa2/0/6
                                             Fa2/0/7,Fa2/0/8,Fa2/0/9
                                             Fa2/0/10,Fa2/0/11,Fa2/0/12
```

```
                                          Fa2/0/13,Fa2/0/14,Fa2/0/15
                                          Fa2/0/16,Fa2/0/17,Fa2/0/18
                                          Fa2/0/19,Fa2/0/20,Fa2/0/21
                                          Fa2/0/22,Fa2/0/23,Fa2/0/24
```

其中端口号 F2/0/3 中的 2、0、3 分别表示堆叠成员号、模块号、接口号。

（5）配置堆叠组里的成员交换机（可选）。

```
S2126G-1(config)# member 2                          !进入成员交换机 2
S2126G-1@2(config)# device-priority 5               !设置成员 2 的优先级为 5
S2126G-1@2(config)# interface fastEthernet 0/1
S2126G-1@2(config-if)# switchport access vlan 10
                                                    !分配成员 2 接口给 Vlan 10
S2126G-1# show member                               ! 验证成员交换机的配置
```

上述程序执行后的结果显示如下。

```
member  MAC address      priority alias                     SWVer  HWVer
------ ------------- ------- ------------------ -----------------------
1       00d0.f8ef.9d08   10                               1.3    1.0
2       00d0.f8fe.1e48   5                                1.3    1.0
```

另外，通过代码“S2126G-1#**show** running-config”可显示主交换机 S2126G-1 全部配置（包含成员交换机配置信息）。

【注意事项】

（1）目前最多支持 8 台交换机堆叠。

（2）S2126G 与 S2150G 可以混合堆叠，但二、三层交换机或全三层交换机不能混合堆叠。

（3）S2126G/S2150G 系列交换机具有自动堆叠功能：将多台设备通过堆叠模块和堆叠线连接起来后，启动交换机，交换机会自动切换到堆叠管理模式。

（4）如果具有最高优先级交换机不只 1 台，则 MAC 地址最小交换机成为堆叠主机。

（5）交换机做堆叠后不能登录，提示符显示为“DB>”，且不能对交换机进行操作，则须拔掉堆叠线缆，然后重启交换机。

（6）做堆叠后，成员交换机的接口等配置信息也是通过主交换机查看。

路 由 单 元

单元导语

路由（Route）是指通过相互连接的子网络，把信息从一个子网的源节点，传输到另一个子网的目标节点的过程。一般来说，在路由过程中，信息至少会经过一个或多个中间节点。路由器（Router）是在网络通信系统中，完成不同子网之间信息传输的互连设备。

本单元主要筛选了企业网实现互连中，需要使用到路由技术，选择了 8 份典型的路由技术项目文档，帮助理解企业网构建过程中，不同子网通过路由技术实现网络互连互通的技术原理。

在学习过程中，需注意以下两点。

（1）以下几份工程文档是路由技术基础实验操作内容，也是学习网络网络路由技术必须完成的基础实验。主要包括：

“13-路由器的基本操作”“14-在路由器上配置 Telnet”“15-配置三层设备直连路由”“16-配置三层静态路由”“17-配置默认路由”。

（2）以下几份工程文档是路由技术提高操作内容，侧重园区网络的动态路由技术，一般在实现园区网设备互联中使用。

“18-配置-RIPV2 动态路由”“19-配置单区域 OSPF 动态路由”“20-配置多区域 OSPF 动态路由”。

科技强国知识阅读

【扫码阅读】我国路由器产品市场竞争力全球领先

实验 13　路由器的基本操作

【背景描述】

丰乐公司是一家电子商务销售公司，为了加强信息化建设，组建了互连互通的公司内部网络。

小王是公司新进网管，承担公司网络管理工作，希望通过日常的网络管理工作，优化和改善企业网环境，提高公司网络的工作效率。小王上班后，首先熟悉公司的网络设备，然后登录公司路由器设备，查看路由器设备接口信息和路由器配置信息。

【实验目的】

理解路由器工作原理，掌握路由器的基本操作。

【实验拓扑】

如图 13-1 所示网络拓扑，为丰乐公司办公网多区域工作场景。组建和连接网络时，注意接口连接标识，以保证和后续配置保持一致。

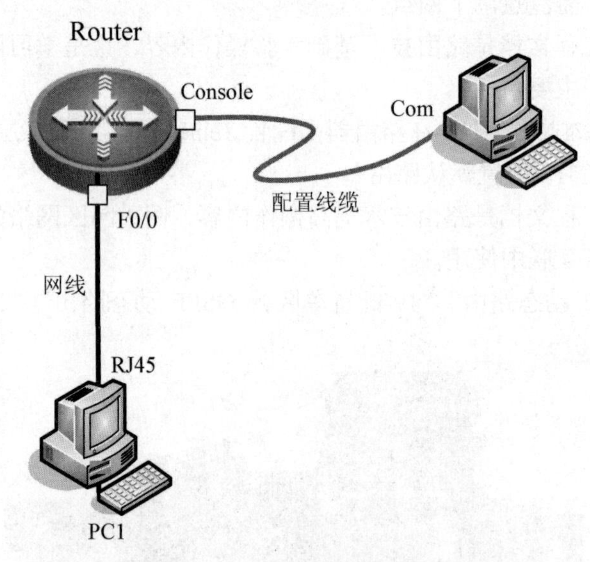

图 13-1　路由器基本配置拓扑

【实验设备】

路由器（1 台），配置线缆（1 根），网线（若干），PC（若干）。

【实验原理】

交换机一样，配置管理路由器方式也分为两种，即带内管理和带外管理，其中：通过路由器 Console 口、使用专用线缆、近距离配置管理路由器属于带外管理。第一次配置路由器必须利用 Console 配置。

路由器命令行操作模式包括用户模式、特权模式、全局配置模式、端口模式等四种。

（1）用户模式：进入路由器第一种操作模式，可简单查看路由器系统版本信息，并进行简单测试。用户模式提示符为“Router>”。

（2）特权模式：用户模式进入下一级模式。该模式可对路由器配置文件进行管理，查看路由器配置信息，进行网络测试和调试等。特权模式提示符为“Router#”

（3）全局配置模式：该模式可配置路由器全局参数（如主机名、登录信息等）。全局模式提示符为“Router (config)#”

（4）端口模式：属于全局模式下一级模式。该模式可对路由器端口参数配置。

【实验步骤】

（1）路由器命令行基本功能。

```
Router > ?                       ! 使用“? ”显示当前模式下所有可执行命令
```

程序执行后，显示的结果如下。

```
<1-99>                      Session number to resume
disable                     Turn off privileged commands
disconnect                  Disconnect an existing network connection
enable                      Turn on privileged commands
exit                        Exit from the EXEC
help                        Description of the interactive help system
lock                        Lock the terminal
ping                        Send echo messages
ping6                       ping6
show                        Show running system information
start-terminal-service      Start terminal service
telnet                      Open a telnet connection
traceroute                  Trace route to destination
```

```
Router > e?                      ! 显示当前模式下所有以“e”开头命令
```

相关代码实例如下。

```
enable  exit
```

```
Router # copy ?                  ! 显示“copy”命令后可执行的参数
```

上述程序执行后，显示的结果如下。

```
flash:                      Copy from flash: file system
running-config              Copy from current system configuration
startup-config              Copy from startup configuration
tftp:                       Copy from tftp: file system
xmodem:                     Copy from xmodem: file system
```

```
Router# copy
% Incomplete command.            ! 提示命令未完，必须附带可执行的参数
```

```
Router> en <tab>              ! 按[Tab]键自动补齐命令，路由器支持命令自动补齐
Router> enable                ! 使用“enable”命令从用户模式进入特权模式

Router# conf t                ! 支持命令简写，代表“configure terminal”
Router(config)# interface fastEthernet 0/0     ! 进入路由器接口配置模式
Router(config-if)#
Router(config-if)# exit    ! 使用“exit”命令返回上一级的操作模式
Router(config)#
```

或者

```
Router(config-if)# end     ! 使用“end”命令直接返回特权模式
Router#
```

（2）配置路由器名称和每日提示信息。

```
Router >enable
Router# configure terminal
Router(config)# hostname RouterA              ! 将路由器名称设置为“RouterA”
RouterA(config)#
RouterA(config)# banner motd &
! 设置路由器每日提示信息，“motd”后面参数为终止符
```

上述程序执行后的显示结果如下。

```
Enter TEXT message.  End with the character '&'.
Welcome to RouterA, if you are admin, you can config it.
If you are not admin, please EXIT.
&
```

（3）配置路由器接口地址。

```
RouterA# configure terminal
RouterA(config)# interface fastEthernet 0/0
RouterA(config-if)# ip address 192.168.1.1 255.255.255.0 ! 配置接口 IP 地址
RouterA(config-if)# no shutdown
RouterA(config-if)# end
```

（4）查看路由器配置。

```
RouterA# show interfaces fastEthernet 0/0       ! 查看 Fa0/0 接口状态信息
```

程序执行后的显示结果如下。

```
Index(dec):1 (hex):1
FastEthernet 0/0 is UP  , line protocol is UP
Hardware is MPC8248 FCC FAST ETHERNET CONTROLLER FastEthernet, address is
00d0.f86b.3832 (bia 00d0.f86b.3832)
Interface address is: 192.168.1.1/24
```

```
ARP type: ARPA,ARP Timeout: 3600 seconds
  MTU 1500 bytes, BW 100000 Kbit
  Encapsulation protocol is Ethernet-II, loopback not set
  Keepalive interval is 10 sec , set
  Carrier delay is 2 sec
  ……
```

```
RouterA# show version            ！查看路由器版本信息
```

程序执行后的显示结果如下。

```
System description      : Ruijie Router(RSR20-04) by Ruijie Network
System start time       : 2009-8-16 5:37:38
System hardware version : 1.01          ！硬件版本号
System software version : RGNOS 10.1.00(4), Release(18443)    ！软件版本号
System boot version     : 10.2.24515
System serial number    : 1234942570135
```

```
RouterA# show ip route           ！查看路由表信息
```

程序执行后的显示结果如下。

```
Codes:  C - connected, S - static,  R - RIP B - BGP
        O - OSPF, IA - OSPF inter area
        N1 - OSPF NSSA external type 1, N2 - OSPF NSSA external type 2
        E1 - OSPF external type 1, E2 - OSPF external type 2
        i - IS-IS, L1 - IS-IS level-1, L2 - IS-IS level-2, ia - IS-IS inter area
        * - candidate default
Gateway of last resort is no set
C    192.168.1.0/24 is directly connected, FastEthernet 0/0
C    192.168.1.1/32 is local host.
```

另外，“RouterA# **show ip interface brief**”可用来查看所有接口摘要信息。

而“RouterA# **show running-config**”可用来查看路由器当前生效配置信息。需要注意的是，当前配置存储在RAM；当交换机掉电，重新启动会生成新配置信息；配置信息由于设备不同而不同，此处省略。

【注意事项】

（1）命令自动补齐或命令简写时，要求所简写字母必须唯一区别该命令。如“Router# conf”可以代表“configure”，但“Router# co”无法代表“configure”，因为“co”开头命令有两个，分别为“copy”和“configure”，这导致设备无法区别。

（2）注意区别每种操作模式下可执行命令种类。

（3）配置设备名称有效字符是22个字节。

（4）配置每日提示信息时，终止符不能在描述文本中出现。如果键入结束终止符后仍然输入字符，则这些字符将被系统丢弃。

（5）Serial 接口正常端口速率最大是 2.048M（2000K）。

（6）注意区分命令“Show interface”和“show ip interface”之间的区别。

（7）可通过命令“Show running-config”查看当前生效配置。命令“Show startup-config”查看保存在 NVRAM 里配置文件。

（8）路由器配置信息全部加载在 RAM 里生效。在启动过程中将 NVRAM 里配置文件加载到 RAM 里生效。

实验 14　在路由器上配置 Telnet

【背景描述】

小王进入丰乐公司承担公司办公网络管理工作后，熟悉了公司内部设备运行情况，每日能按照公司的网络管理要求，进行交换机和路由器设备的日常管理和维护工作。

在安装办公网中，路由器放置在远程中心机房，每次配置路由器的时候，都需要去中心机房现场，很麻烦。小王决定在路由器上启用 Telnet 功能，即通过远程 Telnet 方式登录路由器。

【实验目的】

掌握在路由器上配置 Telnet 功能，实现路由器的远程登录访问。

【实验拓扑】

图 14-1 所示的网络拓扑为丰乐公司企业网工作场景。连接网络时，注意接口连接标识，以保证和后续配置保持一致。

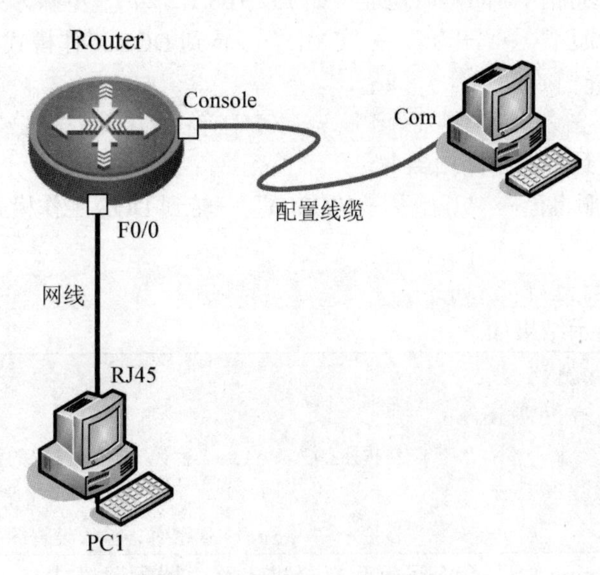

图 14-1　配置 Telnet 实验拓扑

【实验设备】

路由器（1 台），配置线缆（1 根），网线（若干），PC（若干）。

【实验原理】

Telnet 协议是 TCP/IP 协议族中一员，是 Internet 远程登录服务的标准协议。它为用户提供了在本地计算机上完成远程路由器配置管理的能力。

在计算机上使用 Telnet 程序，用它连接到路由器上，配置路由器的 Telnet 功能，在计算机上可以远程 Telnet 方式登录路由器，输入命令，就像直接在路由器的控制台上输入一样。

【实验步骤】

（1）配置路由器的名称、接口 IP 地址。

```
Router # configure terminal
Router (config)# hostname RouterA              ！配置路由器的名称
RouterA(config)# interface fastEthernet 0/0
RouterA(config-if)# ip address 192.168.1.1 255.255.255.0 ！配置接口 IP 地址
RouterA(config-if)# no shutdown
RouterA(config-if)# end
```

（2）配置路由器 Telnet 功能。

```
RouterA(config)# enable password ruijie        ！配置路由器的特权模式密码
RouterA(config)# line vty 0 4                  ！进入线程配置模式
RouterA(config-line)# password ruijie          ！配置 Telnet 密码
RouterA(config-line)# login                    ！设置 Telnet 登录时进行身份验证
RouterA(config-line)# end
```

（3）使用“ping”命令测试网络连通

在 PC 机上配置和路由器同网段地址（如 192.168.1.2/24），步骤为：

打开 PC 机→“桌面”→“开始”→“CMD”→转到 DOS 工作模式，并输入以下命令。

```
ping 192.168.1.1
!!!!      ！由于直连网络连接，能“ping”通目标路由器接口，实现连通
```

（4）使用 Telnet 远程登录路由器

打开 PC 机，按照桌面→“开始”→“CMD”→转到 DOS 工作模式的顺序进行操作，并输入以下命令。

```
telnet 192.168.1.1
```

程序执行后的显示结果如下。

```
Trying 192.168.1.1...
User Access Verification
Password:                   ！提示输入 Telnet 密码，输入设置的密码 ruijie
RouterA >enable
Password:                   ！提示输入 enable 密码，输入设置的密码 ruijie
```

另外，通过“RouterA #”命令可远程登录进入路由器配置模式。

【注意事项】

（1）如果没有配置 Telnet 密码，则登录会提示“Password required, but none set”。

（2）如果没有配置 enable 密码，则远程登录到路由器上，不能进入特权模式，提示“Password required, but none set”。

（3）路由器的远程登录技术是配置路由器的技术之一，在路由器上启用远程登录技术，必须拥有最高权限的配置功能，部分学校网络实验室中用户，由于保护设备以及课堂管理的需要，以“enable 14”权限登录配置交换机，受访问权限的影响，不能正常完成实验配置。

实验 15　配置三层设备直连路由

【背景描述】

小王是丰乐电子商务公司的网管，承担公司办公网络的管理与维护工作。按照公司的网络管理要求，进行路由器实施简单配置管理。

公司网络中心的路由器一端连接办公网核心交换机，另一端连接外部 Internet 网中电信的设备。通过给路由器配置 IP 地址，实现办公网接入 Internet 网络。

【实验目的】

学习在路由器上配置接口 IP 参数，获得路由器直连路由信息。

【实验拓扑】

如图 15-1 连接网络，组建网络场景。如表 15-1 所示，规划网络 IP 地址信息，注意接口连接标识，以保证和后续配置保持一致。

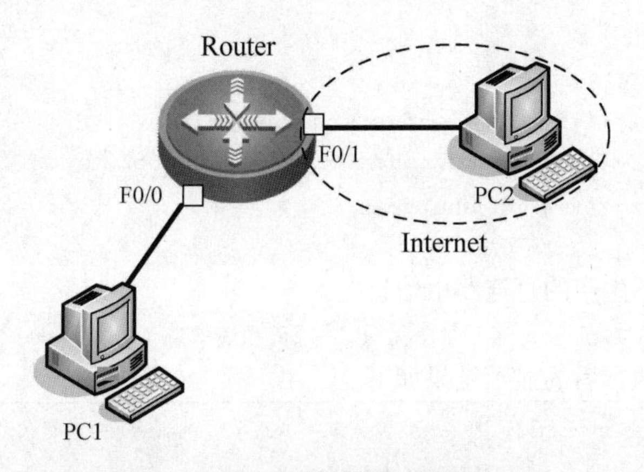

图 15-1　路由器直连路由实验拓扑图

表 15-1　办公网 IP 地址规划

设备	接口地址	网关	备注
Fa0/0	192.168.1.1/24	\	路由器连接办公网接口，名称因设备不同而不同，有些设备标识为 fa1/0
Fa0/1	192.168.2.1/24	\	路由器连接 Internet 接口，名称因设备不同而不同，有些设备标识为 fa1/1
PC1	192.168.1.2/24	192.168.1.1/24	办公网设备代表
PC2	192.168.2.2/24	192.168.2.1/24	Internet 网络设备代表

【实验设备】

路由器（1 台），配置线缆（1 根），网线（若干），PC（若干）。

【实验原理】

直连路由是配置在路由器接口，并由接口的链路层协议发现的路由信息。

直连路由通常指去往路由器接口地址所在网段路径。该路径信息不需要网络管理员维护，也不需要路由器通过某种算法计算获得，只要该接口处于活动状态（Active），路由器就会把通向该网段的路由信息，填写到路由表中。

直连路由无法使路由器获取与其不直接相连路由信息。

【实验步骤】

（1）配置路由器名称、接口 IP 地址。

```
Router # configure terminal
Router (config)# hostname RouterA                ! 配置路由器的名称
RouterA(config)# interface fastEthernet 0/0
RouterA(config-if)# ip address 192.168.1.1 255.255.255.0 ! 配置接口 IP 地址
RouterA(config-if)# no shutdown
RouterA(config-if)# end

Router (config)#
RouterA(config)# interface fastEthernet 0/1
RouterA(config-if)# ip address 192.168.2.1 255.255.255.0 ! 配置接口 IP 地址
RouterA(config-if)# no shutdown
RouterA(config-if)# end
```

（2）查看路由器生产的直连路由信息

```
RouterA# show ip route          ! 查看路由表信息
```

上述代码命令执行后的显示结果如下。

```
Codes:  C - connected, S - static,  R - RIP B - BGP
        O - OSPF, IA - OSPF inter area
        N1 - OSPF NSSA external type 1, N2 - OSPF NSSA external type 2
        E1 - OSPF external type 1, E2 - OSPF external type 2
        i - IS-IS, L1 - IS-IS level-1, L2 - IS-IS level-2, ia - IS-IS inter
area
        * - candidate default
Gateway of last resort is no set
C    192.168.1.0/24 is directly connected, FastEthernet 0/0
C    192.168.1.1/32 is local host.
C    192.168.2.0/24 is directly connected, FastEthernet 0/1
C    192.168.2.1/32 is local host.
```

（3）配置 PC 的 IP 地址信息。

按照表 15-1 所规划的地址信息，配置办公室 PC1 和 Internet 网络中 PC2 设备 IP 地址、网关信息，配置过程为："桌面"→"网络"→"本地连接"→"右键"→"属性"→"TCP/IP 属性"→使用文中的 IP 地址。

（4）使用“ping”命令测试网络连通，测试过程为：

打开办公网 PC1 机→“开始”→“CMD”→转到 DOS 工作模式，并输入以下命令。

```
ping 192.168.1.1
!!!!        ! 由于直连网段连接，能“ping”通目标网关
ping 192.168.2.1
!!!!        ! 由于直连网络连接，通过三层路由，能“ping”通出口目标网关
ping 192.168.2.2
!!!!        ! 通过路由器，使用直连路由能“ping”互联网中的设备 PC2
```

【注意事项】

（1）路由器的接口名称，因设备不同而不同：有些设备标识为 Fa1/1，本案例中为 Fa0/1，使用“show ip interface brief”可以查询到具体设备名称。

（2）路由器接口首先必须配置地址，其次必须连接开启设备，接口才能处于“up”状态。只有在这种状态下，设备才能学习到直连路由表信息。

（3）使用“Ping”命令测试网络连通时，应该关闭双方 PC 机自带防火墙功能，否则会影响连通测试。

（4）在日常的办公网中，更常见使用三层交换机实现网络连接。规划的拓扑如图 15-2 所示。这时，需注意接口连接标识，以保证和后续配置保持一致。

三层交换机具有和路由器一样的三层路由功能，能实现多个不同子网之间直接连接通信。在三层交换机上启用路由方式和路由器相同，见如下示例。

```
……
Switch (config)#
Switch (config)# interface fastEthernet 0/5
Switch (config)# no switch
Switch (config-if)# ip address 192.168.2.1 255.255.255.0 ! 配置接口 IP 地址
Switch (config-if)# no shutdown
Switch (config-if)# end
……
```

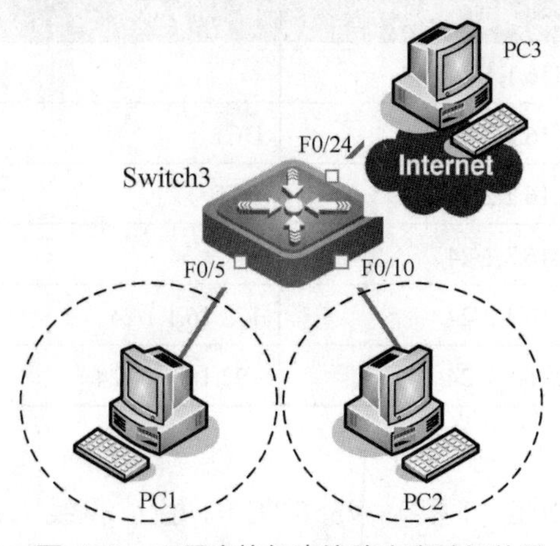

图 15-2　三层交换机直连路由实验拓扑图

实验 16　配置三层静态路由

【背景描述】

杉杉商务学院分为东、西两个独立的校区。学院的西校区校园网使用路由器作为网络出口设备，使用专线技术接入 Internet 网络。

此外，西校区校园网还通过 Internet 网络，和学院东校区网络中心的出口路由器连接。现需要针对东、西校区的路由器，做静态路由配置，实现学院校园网之间通信。

【实验目的】

掌握路由器静态路由的配置过程，了解路由器的静态路由通信原理。

【实验拓扑】

按图 16-1 来组建网络场景。如表 16-1 所示，规划网络中的 IP 地址信息，注意接口连接标识，以保证和后续配置保持一致。

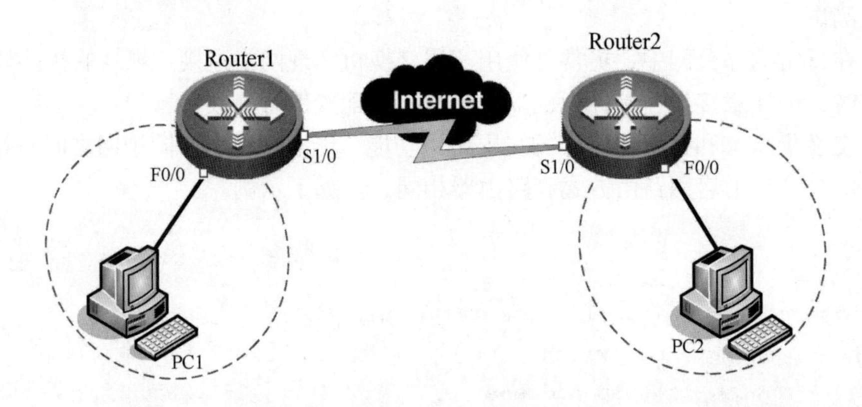

图 16-1　配置路由器静态路由拓扑图

表 16-1　路由器接口 IP 地址规划信息

设备		接口地址	网关	备注
Router1	F0/0	172.16.1.1/24	\	连接西校区办公网接口
	S1/0	172.16.2.1/24	DCE	接入互联网接口
Router2	S1/0	172.16.2.2/24	DTE	接入互联网接口
	F0/0	172.16.3.1/24	\	连接东校区办公网接口
PC1		172.16.1.2/24	172.16.1.1/24	西校区办公网设备代表
PC2		172.16.3.2/24	192.168.3.1/24	东校区办公网设备代表

【实验设备】

路由器（2 台），V35DCE（1 根）、V35DTE（1 根），网线（若干），PC（若干）。

备注：限于实训环境，也可以使用 2 台三层交换机设备完成实训。

【实验原理】

静态路由是由管理员在路由器中手动配置的固定路由，明确指定 IP 包到达目的地必须经过的路径。除非网络管理员干预，否则静态路由不会发生变化。静态路由不能对网络的改变作出反应，一般静态路由用于网络规模不大、拓扑结构相对固定的网络。

静态路由的主要优点：占用的 CPU 处理时间少；便于管理员了解路由；易于配置。

静态路由的主要缺点：配置和维护耗费时间；配置容易出错，尤其对于大型网络；需要管理员维护变化的路由信息；不能随着网络的增长而扩展。

【实验步骤】

（1）配置西校区路由器名称、接口 IP 地址。

```
Router # configure terminal
Router (config)# hostname Router1                   ！配置路由器的名称
Router1(config)# interface fastEthernet 0/0
Router1(config-if)# ip address 172.16.1.1 255.255.255.0 ！配置接口 IP 地址
Router1(config-if)# no shutdown
Router1(config-if)# end

Router1(config)# interface Serial1/0
Router1(config-if)# clock rate 64000               ！配置 Router 的 DCE 时钟频率
Router1(config-if)# ip address 172.16.2.1 255.255.255.0 ！配置 V35 接口 IP 地址
Router1(config-if)# no shutdown
Router1(config-if)# end
```

（2）配置东校区路由器名称、接口 IP 地址。

```
Router # configure terminal
Router (config)# hostname Router2                   ！配置路由器的名称
Router2(config)# interface Serial1/0               ！配置 Router 的 DTE 接口
Router2(config-if)# ip address 172.16.2.2 255.255.255.0 ！配置 V35 接口地址
Router2(config-if)# no shutdown
Router2(config-if)# end

Router2(config)# interface fastEthernet 0/0
Router2(config-if)# ip address 172.16.3.1 255.255.255.0  ！配置接口 IP 地址
Router2(config-if)# no shutdown
Router2(config-if)# end
```

（3）查看西校区路由器直连路由。

```
Router1# show ip route                              ！查看路由表信息
Codes:  C - connected, S - static,  R - RIP B - BGP
        O - OSPF, IA - OSPF inter area
        N1 - OSPF NSSA external type 1, N2 - OSPF NSSA external type 2
        E1 - OSPF external type 1, E2 - OSPF external type 2
```

```
        i - IS-IS, L1 - IS-IS level-1, L2 - IS-IS level-2, ia - IS-IS inter area
        * - candidate default
Gateway of last resort is no set
C    172.16.1.0/24 is directly connected, FastEthernet 0/0
C    172.16.1.1/32 is local host.
C    172.16.2.0/24 is directly connected, serial 1/0
C    172.16.2.1/32 is local host.
```

通过查看路由表发现，西校区路由器没有到达东校区网络路由信息。

另外，如果路由器未生成直连路由表，使用“**Router1# show ip interface brief**”命令查看路由器接口状态。

（4）配置西、东校区路由器静态路由。

```
Router1(config)#
Router1(config)# ip route 172.16.3.0 255.255.255.0  serial 1/0
            ！设置到子网 172.16.3.0 的静态路由，采用本地出站接口方式

Router2(config)#
Router2(config)# ip route 172.16.1.0 255.255.255.0  serial 1/0
            ！设置到子网 172.16.1.0 的静态路由，采用本地出站接口的方式
```

（5）查看西校区路由器产生静态路由。

```
Router1# show ip route          ！查看路由表信息
```

在命令执行后的显示结果如下。

```
Codes:  C - connected, S - static,  R - RIP B - BGP
        O - OSPF, IA - OSPF inter area
        N1 - OSPF NSSA external type 1, N2 - OSPF NSSA external type 2
        E1 - OSPF external type 1, E2 - OSPF external type 2
        i - IS-IS, L1 - IS-IS level-1, L2 - IS-IS level-2, ia - IS-IS inter area
        * - candidate default
Gateway of last resort is no set
C    172.16.1.0/24 is directly connected, FastEthernet 0/0
C    172.16.1.1/32 is local host.
C    172.16.2.0/24 is directly connected, serial 1/0
C    172.16.2.1/32 is local host.
S    172.16.3.0/24 [1/0] via 172.16.2.1
```

上述路由表信息显示，到达东校区网络的静态路由信息已经产生。使用同样的方法可查看东校区的路由表信息。

（6）配置 PC 的 IP 地址信息。

按照表 16-1 的规划地址，配置西校区办公网 PC1 和东校区办公网 PC2 设备 IP 地址、网关信息，配置过程为：

“桌面”→“网络”→“本地连接”→“右键”→“属性”→“TCP/IP 属性”→使用

文中的 IP 地址。

（7）使用“ping”命令测试网络连通。

打开西校区办公网 PC1 机，使用“CMD”→转到 DOS 工作模式，并输入以下命令。

```
ping 172.16.1.1
!!!!          ! 由于直连网段连接，办公网 PC1 能 ping 通目标网关
ping 172.16.2.1
!!!!          ! 由于直连网络连接，办公网 PC1 能 ping 通校园网出口网关
ping 172.16.3.1
!!!!          ! 通过三层路由，能 ping 东校区校园网出口网关。
ping 172.16.3.2
!!!!          ! 通过三层路由，能 ping 东校区校园网办公网 PC2 设备。
```

【注意事项】

（1）路由器接口名称因设备不同而不同，有些设备标识为 Fa1/1，本案例中为 Fa0/1；有些设备标识为 S1/1。使用“show ip interface brief”可以查询到具体设备名称。

（2）路由器接口首先必须配置地址，其次必须连接开启设备，接口才能处于“up”状态。在这种状态下，设备才能学习到直连路由表信息。

（3）使用“Ping”命令测试网络连通时，应该关闭双方 PC 机自带防火墙功能，否则会影响连通测试。

（4）如果实验中缺少 WAN 接口 serial1/0，缺少 V35 线缆，可借助路由器局域网接口 Fastethernet。也可模拟广域网接口效果组建网络完成实验，如图 16-2 所示组建网络，配置静态路由，实现网络连通。

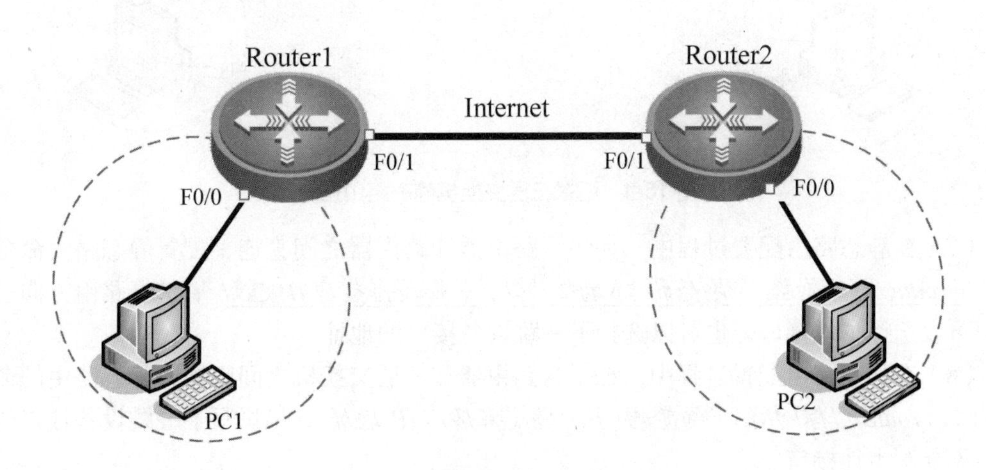

图 16-2　配置路由器静态路由拓扑

（5）如果实验过程中，缺少 PC 测试设备或者路由器缺少接口，还可在路由器上通过启用 loopback0 接口方式弥补不足，也可模拟广域网接口效果组建网络完成实验，拓扑连接如图 16-3 所示。

在路由器上启用 Loopback0 接口的方式，以及配置 IP 地址过程，和真实的物理接口相

同操作，实验过程同上做相应的修订，具体如下。

```
……
Interface loopback 0
Ip address 172.16.1.1 255.255.255.0
No shutdown
……
```

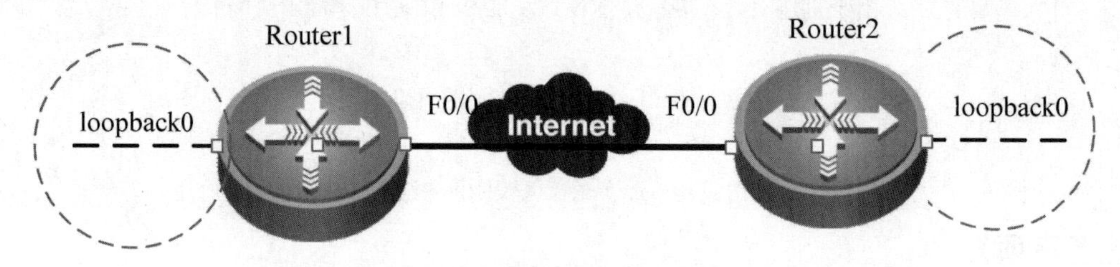

图 16-3　配置路由器静态路由拓扑

（6）在日常办公网中，更常见使用三层交换机实现不同子网络之间互相连接，规划拓扑如图 16-4 所示。三层交换机具有和路由器一样三层路由功能，能实现多个不同子网之间通信。在三层交换机上启用路由方式和路由器相同。

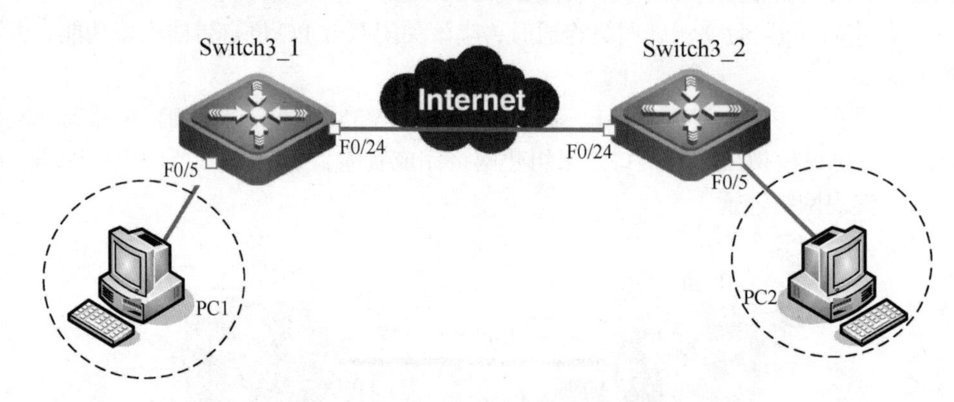

图 16-4　配置三层交换机静态路由拓扑

（7）在静态路由配置过程中，如果是**路由器和路由器**之间直连，配置静态路由命令中的“*ip route 目标网络 子网掩码 本地接口 /下一跳设备接口 IP 地址*”，选择路由方向过程中，可以选择**本地接口**，也可以选择**下一跳设备接口的地址**。

（8）在静态路由配置过程中，如果是**路由器和三层交换机**之间直连，静态路由的命令中的“*ip route 目标网络 子网掩码 下一跳设备接口 IP 地址*”，尽量写**下一跳设备接口**的地址，不能写本地接口。

实验 17　配置默认路由

【背景描述】

杉杉商务学院分为东、西两个独立的校区。学院的东校区校园网，使用三层交换机设备，借助光纤专线技术接入 Internet 网络；西校区校园网借助该路由器设备，使用专线技术接入 Internet 网络，实现学院全网络的互联互通。

为保证校园网络的优化，减少网络的配置过程，现需要针对网络中心的三层交换机，配置默认路由，减少网络管理，实现学院校园网与外部 Internet 网络通信。

【实验目的】

掌握默认路由的配置过程，了解路由器默认路由通信原理，默认路由配置环境。

【实验拓扑】

如图 17-1 连接网络，组建网络场景。如表 17-1 所示，规划网络中的 IP 地址信息。在本实验室环境中，由于缺乏接入互联网光纤专线接口，所以使用以太网口代替。注意接口连接标识，以保证和后续配置保持一致。

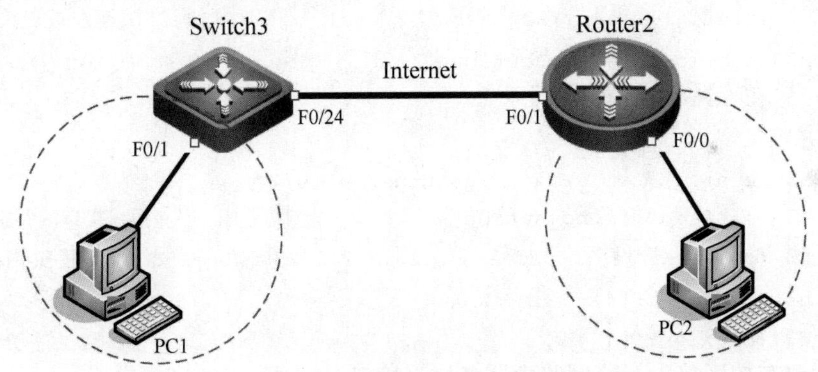

图 17-1　配置路由器默认路由拓扑

表 17-1　路由器 IP 地址规划

<table>
<tr><th colspan="2">设备</th><th>接口地址</th><th>网关</th><th>备注</th></tr>
<tr><td rowspan="2">Switch3</td><td>F0/1</td><td>172.16.1.1/24</td><td>\</td><td>连接校园网内办公网接口</td></tr>
<tr><td>F0/24</td><td>172.16.2.1/24</td><td>\</td><td>接入互联网光纤专线接口，此处使用以太网口代替</td></tr>
<tr><td rowspan="2">Router2</td><td>F0/1</td><td>172.16.2.2/24</td><td></td><td>接入互联网光纤专线接口，此处使用以太网口代替，接口名称根据具体设备决定</td></tr>
<tr><td>F0/0</td><td>172.16.3.1/24</td><td>\</td><td>互联网中相关设备接口</td></tr>
<tr><td>PC1</td><td></td><td>172.16.1.2/24</td><td>172.16.1.1/24</td><td>校园网办公设备</td></tr>
<tr><td>PC2</td><td></td><td>172.16.3.2/24</td><td>172.16.3.1/24</td><td>互联网相关设备</td></tr>
</table>

【实验设备】

路由器（1台），三层交换机（1台），网线（若干），PC（若干）。

【实验原理】

默认路由是一种特殊的静态路由，是静态路由的一种特例，一般存在末梢网络中。

默认路由仅当路由表中与IP包的目的地址之间没有匹配表项时，路由器才能够做出的最后的选择。如果没有默认路由，那么目的地址在路由表中没有匹配表项的包将被丢弃。

默认路由在某些时候非常有效，当存在末梢网络时，默认路由会大大简化路由器的配置，减轻管理员的工作负担，提高网络性能。

【实验步骤】

（1）配置西校区校园网三层交换机接口IP地址。

```
Switch #
Switch # configure terminal
Switch (config)# hostname Switch3             ！配置三层交换机设备的名称
Switch3 (config)# interface fastEthernet 0/1
Switch3 (config-if)# no swtich                ！配置三层交换机接口路由功能
Switch3 (config-if)# ip address 172.16.1.1 255.255.255.0 ！配置接口 IP 地址
Switch3 (config-if)# no shutdown
Switch3 (config-if)# end

Switch3 (config)# interface fastEthernet 0/24
Switch3 (config-if)# no swtich                ！配置三层交换机接口的路由功能
Switch3 (config-if)# ip address 172.16.2.1 255.255.255.0！配置三层接口 IP 地址
Switch3 (config-if)# no shutdown
Switch3 (config-if)# end
```

（2）配置东校区接入互联网路由器名称、接口IP地址。

```
Router # configure terminal
Router (config)# hostname Router2             ！配置路由器的名称
Router2(config)# interface fastEthernet 0/1
Router2(config-if)# ip address 172.16.2.2 255.255.255.0 ！配置路由接口地址
Router2(config-if)# no shutdown
Router2(config-if)# end

Router2(config)# interface fastEthernet 0/0
Router2(config-if)# ip address 172.16.3.1 255.255.255.0 ！配置接口 IP 地址
Router2(config-if)# no shutdown
Router2(config-if)# end
```

（3）查看西校区校园网三层交换机路由信息。

```
Switch3 # show ip route                       ！查看三层交换机路由表
```

在命令执行后的显示结果如下。

```
Codes:  C - connected, S - static,  R - RIP B - BGP
        O - OSPF, IA - OSPF inter area
        N1 - OSPF NSSA external type 1, N2 - OSPF NSSA external type 2
        E1 - OSPF external type 1, E2 - OSPF external type 2
        i - IS-IS, L1 - IS-IS level-1, L2 - IS-IS level-2, ia - IS-IS inter area
        * - candidate default
Gateway of last resort is no set
C    172.16.1.0/24 is directly connected, FastEthernet 0/0
C    172.16.1.1/32 is local host.
C    172.16.2.0/24 is directly connected, FastEthernet 0/24
C    172.16.2.1/32 is local host.
```

通过查看路由表发现，校园网三层交换机没有到达互联网路由。

这时，可使用“Switch3 # **show interface fa0/24**”命令查看三层交换机路由接口工作状态。

（4）配置三层交换机默认路由，配置路由器静态路由。

```
Switch3 (config)#
Switch3 (config)# ip route 0.0.0.0 0.0.0.0  172.16.2.2
              ！设置校园网到达互联网的默认路由，采用下一跳地址方式
Router2(config)#
Router2(config)# ip route  0.0.0.0 0.0.0.0  172.16.2.1
              ！设置互联网到达校园网默认路由，采用下一跳地址方式
```

（5）查看校园网三层交换机产生的默认路由信息。

```
Router1# show ip route                    ！查看路由表信息
……
！通过查看路由表发现，产生到达东校区网络的静态路由信息，此处省略
```

（6）配置校园网 PC 的 IP 地址。

按照表 17-1 规划地址信息，配置校园网中 PC1 和互联网中 PC2 设备 IP 地址、网关信息，配置过程为：“网络”→“本地连接”→“右键→“属性”→“TCP/IP 属性”→使用文中的 IP 地址。

（7）使用“ping”命令测试网络连通。

打开校园网中 PC1 机，使用“CMD”→转到 DOS 工作模式，并输入以下命令。

```
ping 172.16.1.1
!!!!          ！由于直连网段连接，办公网 PC1 能 ping 通目标网关
ping 172.16.2.1
!!!!          ！由于直连网段连接，办公网 PC1 能 ping 通校园网出口网关
ping 172.16.3.1
!!!!          ！通过默认路由，能 ping 通互联网出口网关
ping 172.16.3.2
!!!!          ！通过默认路由，能 ping 通互联网中 PC2 设备
```

【注意事项】

（1）路由器的接口名称，因设备不同而不同：有些设备标识为 Fa1/1，本案例中为 Fa0/1，使用“show ip interface brief”可以查询到具体设备名称。

（2）校园网专线出口需要在核心交换机上安装广域网的模块，本实验考虑和实验设备限制，以及和路由器状况，采用以太口代替。

（3）使用“Ping”命令测试网络连通时，应该关闭双方 PC 机自带防火墙功能，否则会影响连通测试。

（4）也可以采用图 17-2 所示的网络拓扑，即利用广域网的链路，配置东、西校园网的默认路由技术。这样，东、西校区通过互联网实现互联互通。

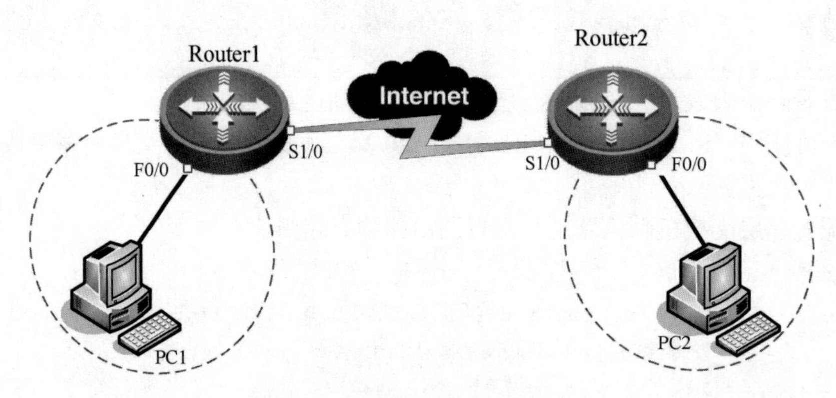

图 17-2　配置路由器默认路由拓扑

（5）在静态路由配置过程中，如果是**路由器和三层交换机**之间直连，静态路由的命令中的“*ip route 目标网络 子网掩码 下一跳设备接口 IP 地址*”，尽量写**下一跳设备接口**的地址，不能写本地接口。

实验 18　配置 RIPV2 动态路由

【背景描述】

杉杉商务学院分为东、西两个独立的校区。学院的东校区校园网，使用路由器作为网络出口设备；西校区校园网借助该路由器设备，使用专线技术接入 Internet 网络。

西校区校园网通过 Internet 网络，和学院东校区网络中心的出口路由器连接，现需要针对东、西校区的路由器，实施 RIPV2 动态路由配置，实现学院校园网所有主机之间相互通信。

【实验目的】

熟悉 RIPV2 动态路由的配置过程，了解路由器中 RIPV2 动态路由通信原理。

【实验拓扑】

如图 18-1 连接网络，组建网络场景。如表 18-1 所示，规划网络 IP 地址，注意接口连接标识，以保证和后续配置保持一致。

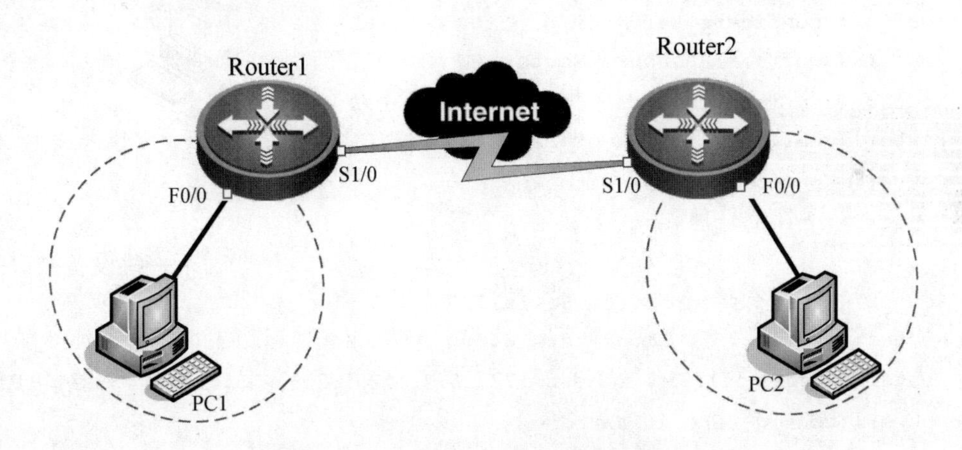

图 18-1　配置 RIPV2 动态路由实验拓扑

表 18-1　IP 地址规划信息

设备	接口	接口地址	网关	备注
Router1	F0/0	172.16.1.1/24	\	西校区办公网接口
	S1/0	172.16.2.1/24	\	接入互联网专线接口
Router2	S1/0	172.16.2.2/24		接入互联网专线接口
	F0/0	172.16.3.1/24	\	东校区办公网接口
PC1		172.16.1.2/24	172.16.1.1/24	西校区办公网设备
PC2		172.16.3.2/24	192.168.3.1/24	东校区办公网设备

【实验设备】

路由器（2 台），V35DCE（1 根）、V35DTE（1 根），网线（若干），PC（若干）。

【实验原理】

RIP 协议（Routing Information Protocol，路由信息协议）也被称为距离矢量路由协议，其使用距离矢量算法来决定最佳路径，具体来说通过路由跳数来衡量网络距离。安装 RIP 路由协议路由器，每 30 秒相互发送广播信息，收到广播信息路由器从邻居路由器学习新路由，每学习到一个，就增加一个跳数。路由器将收到的信息，添加至自身的路由表中，更新路由表。每台路由器都如此广播，最终网络上所有的路由器，都会得知全部的路由信息。

RIPv1 使用广播方式（255.255.255.255）发送路由更新，不支持 VLSM（Variecble Length Subnet Mask，可变长子网掩码），路由更新信息中不携带子网掩码，没有办法来传播网络中变长子网掩码信息。针对以上缺点，改善以上功能版本协议 RIPv2 应运而生。

【实验步骤】

（1）配置西校区路由器名称、接口 IP 地址。

```
Router #
Router # configure terminal
Router (config)# hostname Router1             ！配置路由器的名称
Router1(config)# interface fastEthernet 0/0
Router1(config-if)# ip address 172.16.1.1 255.255.255.0 ！配置接口 IP 地址
Router1(config-if)# no shutdown
Router1(config-if)# end

Router1(config)# interface Serial1/0
Router1(config-if)# clock rate 64000          ！配置 Router 的 DCE 时钟频率
Router1(config-if)# ip address 172.16.2.1 255.255.255.0! 配置 V35 接口 IP 地址
Router1(config-if)# no shutdown
Router1(config-if)# end
```

（2）配置东校区路由器名称、接口 IP 地址。

```
Router #
Router # configure terminal
Router (config)# hostname Router2             ！配置路由器的名称
Router2(config)# interface Serial1/0          ！配置 Router 的 DTE 接口
Router2(config-if)# ip address 172.16.2.2 255.255.255.0 ！配置 V35 接口地址
Router2(config-if)# no shutdown
Router2(config-if)# end

Router2(config)# interface fastEthernet 0/0
Router2(config-if)# ip address 172.16.3.1 255.255.255.0 ！配置接口 IP 地址
Router2(config-if)# no shutdown
```

```
Router2(config-if)# end
```

（3）查看西校区路由器产生直连路由。

```
Router1# show ip route                    ！查看路由表信息
```

本实例在执行上述命令后的显示结果如下。

```
Codes:  C - connected, S - static,  R - RIP B - BGP
        O - OSPF, IA - OSPF inter area
        N1 - OSPF NSSA external type 1, N2 - OSPF NSSA external type 2
        E1 - OSPF external type 1, E2 - OSPF external type 2
        i - IS-IS, L1 - IS-IS level-1, L2 - IS-IS level-2, ia - IS-IS inter area
        * - candidate default
Gateway of last resort is no set
C    172.16.1.0/24 is directly connected, FastEthernet 0/0
C    172.16.1.1/32 is local host.
C    172.16.2.0/24 is directly connected, serial 1/0
C    172.16.2.1/32 is local host.
```

查看路由表发现，西校区路由器没有到达东校区网络路由。这时，如果路由器未生成直连路由，使用“Router1# **show ip interface brief**”命令查看路由器接口配置状态。

（4）配置西、东校区路由器 RIPV2 动态路由。

```
Router1(config)#
Router1(config)# router rip                         ！启用 RIP 路由协议
Router1(config-router)# version 2                   ！定义 RIP 协议版本 2
Router1(config-router)# network 172.16.1.0          ！对外发布直连网络
Router1(config-router)# network 172.16.2.0
Router1(config-router)# no auto-summary             ！关闭路由自动汇总
Router1(config-router)# end

Router2(config)#
Router2(config)# router rip                         ！启用 RIP 路由协议
Router2(config-router)# version 2                   ！定义 RIP 协议版本 2
Router2(config-router)# network 172.16.2.0          ！对外发布直连的网络
Router2(config-router)# network 172.16.3.0
Router2(config-router)# no auto-summary             ！关闭路由自动汇总
Router2(config-router)# end
```

（5）查看西校区路由器产生动态路由。

```
Router1# show ip route                              ！查看路由表信息
```

本实例中，执行上述命令后的显示结果如下。

```
Codes:  C - connected, S - static,  R - RIP B - BGP
        O - OSPF, IA - OSPF inter area
        N1 - OSPF NSSA external type 1, N2 - OSPF NSSA external type 2
        E1 - OSPF external type 1, E2 - OSPF external type 2
```

```
        i - IS-IS, L1 - IS-IS level-1, L2 - IS-IS level-2, ia - IS-IS inter area
        * - candidate default
Gateway of last resort is no set
C    172.16.1.0/24 is directly connected, FastEthernet 0/0
C    172.16.1.1/32 is local host.
C    172.16.2.0/24 is directly connected, serial 1/0
C    172.16.2.1/32 is local host.
R    172.16.3.0 [120/1] via 172.16.2.1, 00:00:16, Serial1/0
```

查看路由表发现，产生到达东校区网络动态路由。

（6）配置 PC 的 IP 地址信息。

按照表 18-11 规划地址，配置办公网中 PC1、PC2 的设备地址、网关，配置过程为：“网络”→“本地连接”→“右键”→“属性”→“TCP/IP 属性”→使用文中的 IP 地址。

（7）使用“ping”命令测试网络连通。

打开西校区办公网 PC1 机，使用“CMD”→转到 DOS 工作模式，并输入以下命令。

```
ping 172.16.1.1
!!!!        ! 由于直连网络连接，办公网 PC1 能 ping 通目标网关
ping 172.16.2.1
!!!!        ! 由于直连网络连接，办公网 PC1 能 ping 通校园网出口网关
ping 172.16.3.1
!!!!        ! 通过动态路由，能 ping 通东校区校园网出口网关。
ping 172.16.3.2
!!!!        ! 通过动态路由，能 ping 通东校区校园网办公网 PC2 设备
```

【注意事项】

（1）路由器接口名称因设备不同而不同，有些设备标识为 Fa1/1，本案例中为 Fa0/1；WAN 口有些设备标识为 S1/1，使用“show ip interface brief”查询具体设备名称。

（2）如果实验中缺少 WAN 接口 serial1/0，缺少 V35 线缆，可借助路由器局域网接口 Fastethernet 口，也可模拟广域网接口效果组建网络完成实验，配置动态路由，实现网络连通，连接拓扑如图 18-2 所示，相关地址及配置过程同上，但需做对应修改。

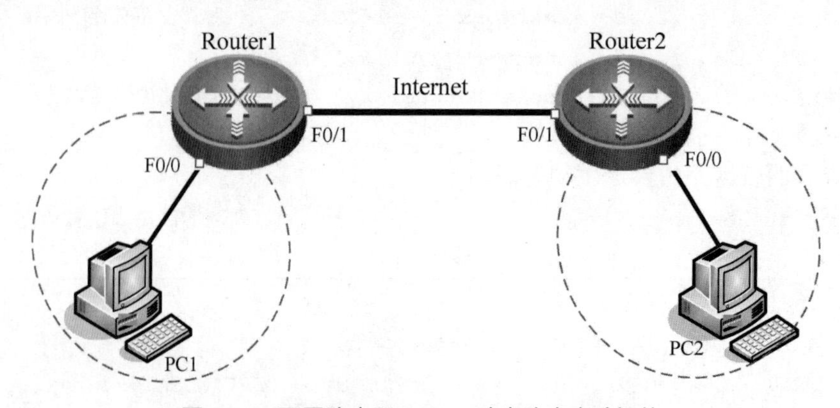

图 18-2 配置路由器 RIPV2 动态路由实验拓扑

（3）如果实验缺少 PC 测试设备或者路由器缺少接口，还可在路由器上启用 Loopback0 接口方式，也可模拟广域网接口效果组建网络完成实验，拓扑如图 18-3 所示，完成以上实验操作。Loopback0 接口的启用及配置 IP 地址方式和真实的物理接口相同操作，实验过程同上做相应的修订。

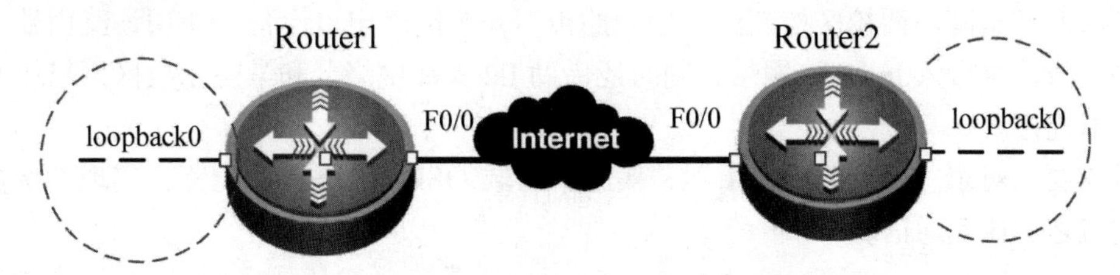

图 18-3　配置路由器 RIPV2 动态路由实验拓扑

（4）在日常办公网中，更常见使用三层交换机实现网络连接，规划拓扑如图 18-4 所示。三层交换机具有和路由器一样三层路由功能，能实现多个不同子网之间通信。在三层交换机上启用路由方式和路由器相同。

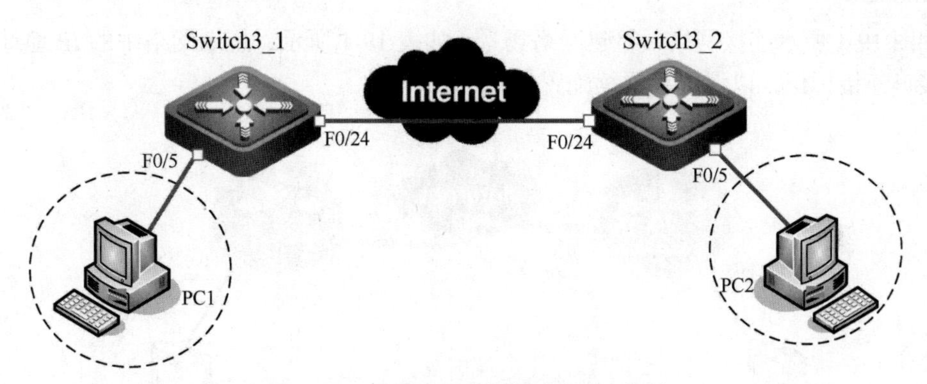

图 18-4　配置三层交换机动态路由拓扑

实验19　配置单区域OSPF动态路由

【背景描述】

杉杉商务学院的西校区校园网，使用路由器作为网络出口设备。使用该路由器设备，需借助专线技术接入Internet网络，同时还借助Internet网络，和学院东校区网络中心的出口路由器连接。

现需要针对东、西校区的路由器，实施单区域OSPF动态路由配置，实现学院校园网所有主机之间相互通信。

【实验目的】

掌握单区域OSPF（Open shortest Path first，开放式最短路径优先）动态路由的配置过程，了解路由器的动态路由的通信原理。

【实验拓扑】

如图19-1所示连接网络，组建网络场景。如表19-1所示，规划网络中的IP地址信息，注意接口连接标识，以保证和后续配置保持一致。

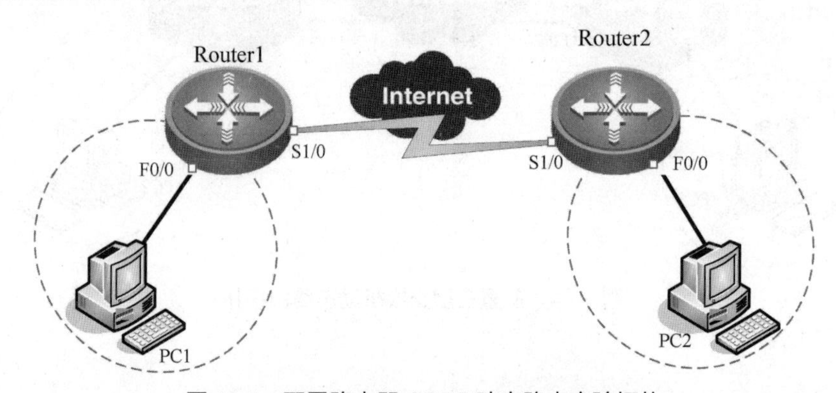

图19-1　配置路由器OSPF动态路由实验拓扑

表19-1　IP地址规划信息

设备	接口	接口地址	网关	备注
Router1	F0/0	172.16.1.1/24	\	西校区办公网接口
	S1/0	172.16.2.1/24	\	互联网专线接口
Router2	S1/0	172.16.2.2/24	\	互联网专线接口
	F0/0	172.16.3.1/24	\	东校区办公网接口
PC1		172.16.1.2/24	172.16.1.1/24	西校区办公网设备
PC2		172.16.3.2/24	192.168.3.1/24	东校区办公网设备

【实验设备】

路由器（2台），V35DCE（1根）、V35DTE（1根），网线（若干），PC（若干）。

【实验原理】

OSPF（Open shortest path first，开放式最短路径优先）协议，是目前网络中应用最广泛路由协议之一，属于内部网关路由协议。和 RIP 动态路由协议相比，OSPF 动态路由协议能够适应各种规模网络环境，是典型链路状态（link-state）协议。

OSPF 路由协议通过向全网扩散本设备链路状态信息，使网络中每台设备最终同步一个具有全网链路状态的数据库（Link State Data Base，LSDB）。然后路由器采用 SPF 算法，以自己为根，计算到达其他网络最短路径，最终形成全网路由信息。

OSPF 属于无类路由协议，支持 VLSM。OSPF 以组播形式进行链路状态通告。在大模型网络中，OSPF 支持区域划分，将网络进行合理规划。划分区域时必须存在 area0（骨干区域），其他区域和骨干区域直接相连，或通过虚链路方式连接。

【实验步骤】

（1）配置西校区路由器基本信息。

```
Router #
Router # configure terminal
Router (config)# hostname Router1                  ！配置路由器的名称
Router1(config)# interface fastEthernet 0/0
Router1(config-if)# ip address 172.16.1.1 255.255.255.0 ！配置接口 IP 地址
Router1(config-if)# no shutdown
Router1(config-if)# end

Router1(config)# interface Serial1/0
Router1(config-if)# clock rate 64000               ！配置 Router 的 DCE 时钟频率
Router1(config-if)# ip address 172.16.2.1 255.255.255.0! 配置 V35 接口 IP 地址
Router1(config-if)# no shutdown
Router1(config-if)# end
```

（2）配置东校区路由器基本信息。

```
Router #
Router # configure terminal
Router (config)# hostname Router2                  ！配置路由器的名称
Router2(config)# interface Serial1/0               ！配置 Router 的 DTE 接口
Router2(config-if)# ip address 172.16.2.2 255.255.255.0 ！配置 V35 接口地址
Router2(config-if)# no shutdown
Router2(config-if)# end

Router2(config)# interface fastEthernet 0/0
Router2(config-if)# ip address 172.16.3.1 255.255.255.0 ！配置接口 IP 地址
Router2(config-if)# no shutdown
Router2(config-if)# end
```

（3）查看西校区路由器路由信息。

```
Router1# show ip route                ! 查看路由表信息
Codes:  C - connected, S - static,  R - RIP B - BGP
       O - OSPF, IA - OSPF inter area
       N1 - OSPF NSSA external type 1, N2 - OSPF NSSA external type 2
       E1 - OSPF external type 1, E2 - OSPF external type 2
       i - IS-IS, L1 - IS-IS level-1, L2 - IS-IS level-2, ia - IS-IS inter area
       * - candidate default
Gateway of last resort is no set
C    172.16.1.0/24 is directly connected, FastEthernet 0/0
C    172.16.1.1/32 is local host.
C    172.16.2.0/24 is directly connected, serial 1/0
C    172.16.2.1/32 is local host.
```

查看路由表发现，西校区路由器没有到达东校区路由。这时，如果路由器未生成直连路由，可使用“Router1# **show ip interface brief**”命令查看路由器接口状态。

（4）配置西、东校区路由器单区域 OSPF 动态路由。

```
Router1(config)#
Router1(config)# router ospf          ! 启用 ospf 路由协议
Router1(config-router)# network 172.16.1.0  0.0.0.255  area 0
            ! 对外发布直连网段信息，并宣告该接口所在的骨干（area 0）区域号
Router1(config-router)# network 172.16.2.0  0.0.0.255  area 0
Router1(config-router)# end

Router2(config)#
Router2(config)# router ospf          ! 启用 ospf 路由协议
Router2(config-router)# network 172.16.2.0  0.0.0.255  area 0
            ! 对外发布直连网段信息，并宣告该接口所在骨干（area 0）区域号
Router2(config-router)# network 172.16.3.0  0.0.0.255  area 0
Router2(config-router)# end
```

（5）查看西校区路由器产生 OSPF 动态路由。

```
Router1# show ip route                ! 查看路由表信息
Codes:  C - connected, S - static,  R - RIP B - BGP
       O - OSPF, IA - OSPF inter area
       N1 - OSPF NSSA external type 1, N2 - OSPF NSSA external type 2
       E1 - OSPF external type 1, E2 - OSPF external type 2
       i - IS-IS, L1 - IS-IS level-1, L2 - IS-IS level-2, ia - IS-IS inter area
       * - candidate default
Gateway of last resort is no set
C    172.16.1.0/24 is directly connected, FastEthernet 0/0
C    172.16.1.1/32 is local host.
```

```
C    172.16.2.0/24 is directly connected, serial 1/0
C    172.16.2.1/32 is local host.
O    172.16.3.0/24  [110/51]  via 172.16.2.1, 00:00:21, serial 1/0
```

查看路由表发现，产生到达东校区网络 OSPF 动态路由。

（6）配置 PC 的 IP 地址信息。

按照表 19-1 规划地址，配置办公网中 PC1、PC2 的设备 IP 地址、网关，配置过程为：“网络”→“本地连接”→“右键”→“属性”→“TCP/IP 属性”→使用文中的 IP 地址。

（7）使用“ping”命令测试网络连通。

打开西校区办公网 PC1，使用“CMD”→转到 DOS 工作模式，并输入以下命令。

```
ping 172.16.1.1
!!!!        ! 由于直连网络连接，办公网 PC1 能 ping 通目标网关
ping 172.16.2.1
!!!!        ! 由于直连网络连接，办公网 PC1 能 ping 通校园网出口网关
ping 172.16.3.1
!!!!        ! 通过动态路由，能 ping 通东校区校园网出口网关。
ping 172.16.3.2
!!!!        ! 通过动态路由，能 ping 通东校区校园网 PC2 设备
```

【注意事项】

（1）路由器接口名称因设备不同而不同，有些设备标识为 Fa1/1，本案例中为 Fa0/1；WAN 口有些设备标识为 S1/1，使用“show ip interface brief”查询具体名称。

（2）如果实验中缺少 WAN 接口 serial 1/0，缺少 V35 线缆，可借助路由器 Fastethernet 口，也可组建网络，配置动态路由，实现网络连通。这时，拓扑如图 19-2 所示，相关地址规划及配置过程同上，但需做对应修改。

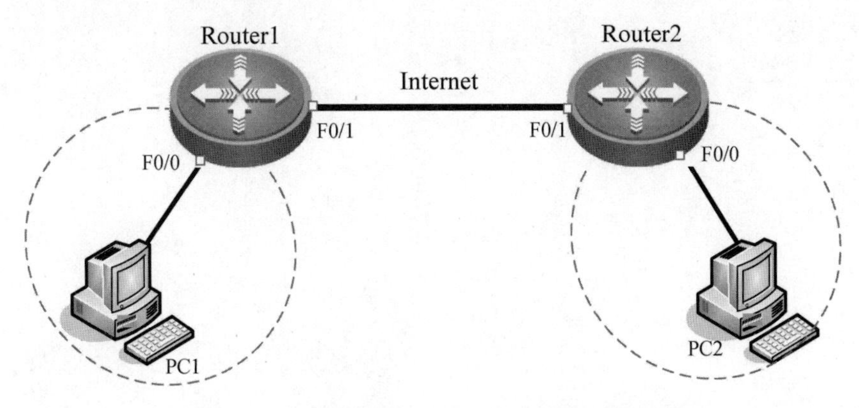

图 19-2　配置路由器 OSPF 动态路由实验拓扑

（3）如果实验缺少 PC 测试设备或者路由器缺少接口，还可在路由器上启用 loopback0 接口方式，拓扑如图 19-3 所示，完成以上实验操作。loopback0 接口启用以及配置 IP 地址方式和真实的物理接口相同操作，实验过程同上做相应的修订。

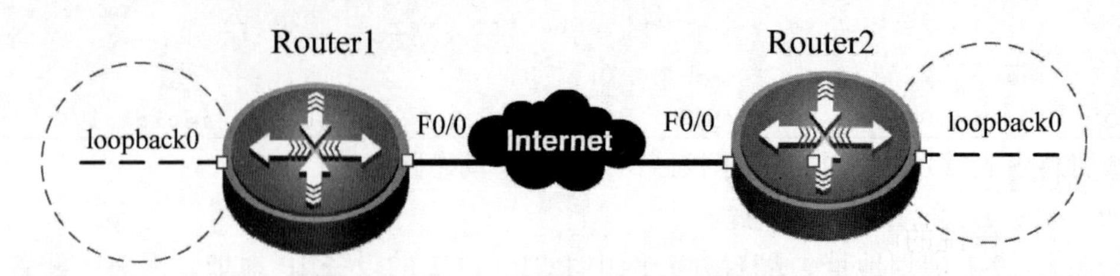

图 19-3　配置路由器 OSPF 动态路由实验

（4）在日常办公网中，更常见使用三层交换机实现网络连接，规划拓扑如图 19-4 所示。三层交换机具有和路由器一样的三层路由功能，能实现多个不同子网之间通信。在三层交换机上启用路由方式和路由器相同。

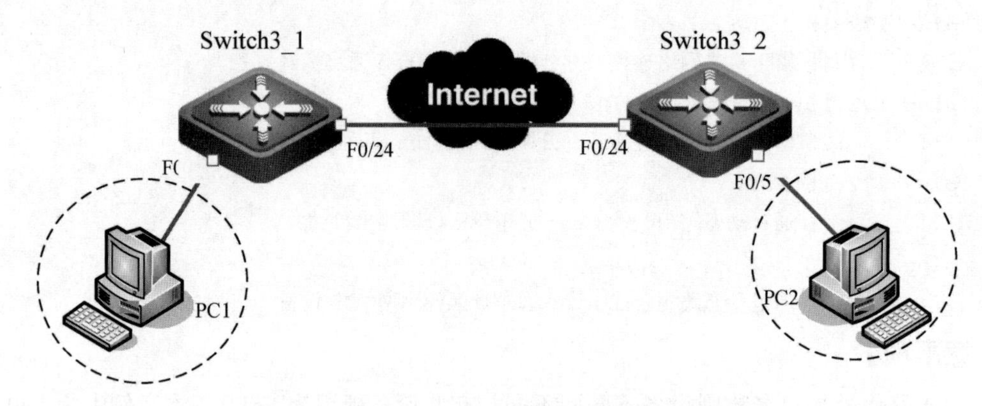

图 19-4　配置三层交换机 OSPF 动态路由拓扑

实验 20　配置多区域 OSPF 动态路由

【背景描述】

杉杉商务学院的西校区校园网，使用路由器作为网络出口设备。使用该路由器设备，借助专线技术接入 Internet 网络，同时还借助 Internet 网络，和学院东校区网络中心的出口路由器连接。

为优化网络管理，减少资源消耗，学校希望在整网中，按照校内和校外区域不同，实施 OSPF 多区域的动态路由配置，实现学院校园网主机与外部 Internet 网络通信。

【实验目的】

会进行路由器多区域 OSPF 动态路由配置，掌握多区域 OSPF 动态路由通信原理。

【实验拓扑】

如图 20-1 连接网络，组建网络场景。如表 20-1 所示，规划网络 IP 地址信息，注意接口连接标识，以保证和后续配置保持一致。

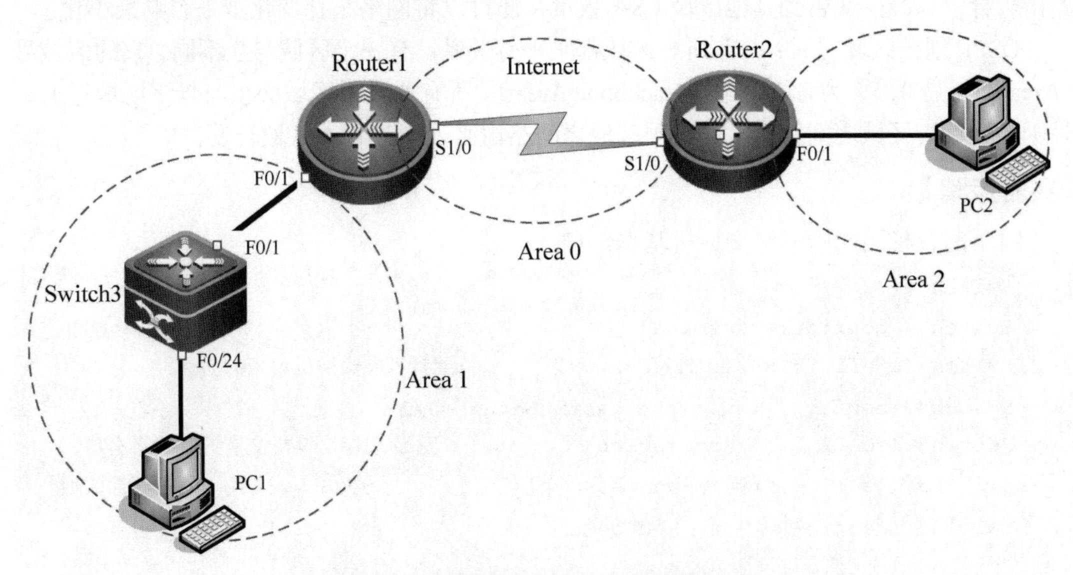

图 20-1　配置多区域 OSPF 动态路由拓扑

表 20-1　IP 地址规划信息

设备	接口	接口地址	网关	备注
Switch3	F0/24	192.168.1.1/24	\	连接办公网接口
	F0/1	172.16.1.2/24	\	接入校园网出口路由器
Router1	F0/1	172.16.1.1/24	\	连接办公网接口
	S1/0	172.16.2.1/24	\	接入互联网专线接口
Router2	S1/0	172.16.2.2/24	\	接入互联网专线接口

续表

设备	接口	接口地址	网关	备注
Router2	F0/1	172.16.3.1/24	\	连接互联网设备接口
PC1		192.168.1.2/24	192.168.1.1/24	办公网中设备
PC2		172.16.3.2/24	172.16.3.1/24	互联网中设备

【实验设备】

路由器（2台），三层交换机（1台），网线（若干），PC（若干）。

【实验原理】

OSPF协议通过将自治系统划分成不同区域（Area）来解决路由表过大及路由计算过于复杂、消耗资源过多等问题。区域Area从逻辑上将路由器划分为不同组，每个组用区域号（Area ID）来标识。

一台路由器可以属于不同区域，但一个网段（链路）只能属于一个区域，或者说每个运行OSPF的接口必须指明属于哪一个区域。划分区域后，可以在区域边界路由器上进行路由聚合，以减少通告到其他区域LSA数量，还可以将网络拓扑变化带来影响最小化。

OSPF划分区域之后，并非所有区域都是平等关系。有一个区域与众不同，它的区域号（Area ID）是0，称为骨干区域（Backbone Area）。所有非骨干区域必须与骨干区域连通；骨干区域负责区域之间路由，非骨干区域之间路由必须通过骨干区域转发。

【实验步骤】

（1）配置校园网中三层交换机基本信息。

```
Switch #
Switch # configure terminal
Switch (config)# hostname Switch3        ！配置三层交换机设备的名称
Switch3 (config)# interface fastEthernet 0/1
Switch3 (config-if)# no swtich           ！配开启三层交换机交换接口的路由功能
Switch3 (config-if)# ip address 172.16.1.2  255.255.255.0 ！配置接口地址
Switch3 (config-if)# no shutdown
Switch3 (config-if)# exit

Switch3 (config)# interface fastEthernet 0/24
Switch3 (config-if)# no swtich           ！开启三层交换机交换接口的路由功能
Switch3 (config-if)# ip address 192.168.1.1 255.255.255.0！配置三层接口地址
Switch3 (config-if)# no shutdown
Switch3 (config-if)# end
```

（2）配置校园网出口路由器基本信息。

```
Router #
Router # configure terminal
Router (config)# hostname Router1        ！配置路由器的名称
```

```
Router1(config)# interface fastEthernet 0/1
Router1(config-if)# ip address 172.16.1.1 255.255.255.0 ! 配置接口地址
Router1(config-if)# no shutdown
Router1(config-if)# exit

Router1(config)# interface Serial1/0  ! Router 的 DTE 端接口
Router1(config-if)# ip address 172.16.2.1 255.255.255.0! 配置 V35 接口 IP 地址
Router1(config-if)# no shutdown
Router1(config-if)# end
```

（3）配置互联网接入路由器基本信息。

```
Router #
Router # configure terminal
Router (config)# hostname Router2           ! 配置路由器的名称
Router2(config)# interface Serial1/0        ! 配置 Router 的 DCE 接口
Router2(config-if)# clock rate 64000        ! 配置 Router 的 DCE 时钟频率
Router2(config-if)# ip address 172.16.2.2 255.255.255.0 ! 配置 V35 接口地址
Router2(config-if)# no shutdown
Router2(config-if)# exit

Router2(config)# interface fastEthernet 0/1
Router2(config-if)# ip address 172.16.3.1 255.255.255.0 ! 配置接口 IP 地址
Router2(config-if)# no shutdown
Router2(config-if)# end
```

（4）查看校园网出口路由器路由表。

```
Router1#  show ip route                ! 查看路由表信息
Codes:  C - connected, S - static,  R - RIP B - BGP
        O - OSPF, IA - OSPF inter area
        N1 - OSPF NSSA external type 1, N2 - OSPF NSSA external type 2
        E1 - OSPF external type 1, E2 - OSPF external type 2
        i - IS-IS, L1 - IS-IS level-1, L2 - IS-IS level-2, ia - IS-IS inter area
        * - candidate default
Gateway of last resort is no set
C    172.16.1.0/24 is directly connected, FastEthernet 0/1
C    172.16.1.1/32 is local host.
C    172.16.2.0/24 is directly connected, serial 1/0
C    172.16.2.1/32 is local host.
```

上述命令执行后，查看路由表，发现没有生成全网路由表。这时，如果路由器未生成直连路由，可使用“Router1# **show ip interface brief**”命令查看路由器接口配置状态。

（5）配置全网、多区域 OSPF 路由。

```
Switch3 (config)# router ospf        ! 激活 OSPF 协议
```

```
Switch3 (config-router)# network 192.168.1.0 0.0.0.255 area 1
Switch3 (config-router)# network 172.16.1.0 0.0.0.255 area 1
                                  ！在 area 1 区域中，发布三层交换机直连网段
Switch3 (config-router)# end

Router1(config)# router ospf
Router1(config-router)# network 172.16.1.0 0.0.0.255 area 1
              ！在 area 1 区域中，发布直连网段
Router1(config-router)# network 172.16.2.0 0.0.0.255 area 0
              ！在骨干 area 0 区域中，发布出口路由器直连网段
Router1(config-router)# end

Router2(config)# router ospf
Router2(config-router)# network 172.16.2.0 0.0.0.255 area 0
              ！在骨干 area 0 区域中，发布电讯路由器的直连网段
Router2(config-router)# network 172.16.3.0 0.0.0.255 area 2
              ！在骨干 area 2 区域中，发布电讯路由器的直连网段
Router2(config-router)# end
```

（6）验证测试。

```
Switch3# show ip route          ！查看校园网核心交换机路由表
Codes:  C - connected, S - static,  R - RIP B - BGP
       O - OSPF, IA - OSPF inter area
       N1 - OSPF NSSA external type 1, N2 - OSPF NSSA external type 2
       E1 - OSPF external type 1, E2 - OSPF external type 2
       i - IS-IS, L1 - IS-IS level-1, L2 - IS-IS level-2, ia - IS-IS inter area
       * - candidate default
Gateway of last resort is no set
C    192.168.1.0/24 is directly connected, FastEthernet 0/24
C    192.168.1.1/32 is local host.
C    172.16.1.0/24 is directly connected, FastEthernet 0/1
C    172.16.1.2/32 is local host.
O    172.16.2.0/24 [110/2]  via 172.16.1.1, 00:14:09,  FastEthernet 0/1
O    172.16.3.0/24 [110/3]  via 172.16.1.1, 00:04:39,  FastEthernet 0/1

Router1# show ip interface brief    ！查看校园网路由器接口工作状态
Interface                     IP-Address(Pri)      OK?      Status
Serial1/0                     172.16.2.1/24        YES      UP
FastEthernet 0/1              172.16.1.1/24        YES      UP
```

```
Router1# show ip route       ! 查看校园网路由器路由表
Codes:  C - connected, S - static,  R - RIP B - BGP
        O - OSPF, IA - OSPF inter area
        N1 - OSPF NSSA external type 1, N2 - OSPF NSSA external type 2
        E1 - OSPF external type 1, E2 - OSPF external type 2
        i - IS-IS, L1 - IS-IS level-1, L2 - IS-IS level-2, ia - IS-IS inter area
        * - candidate default
Gateway of last resort is no set
C    172.16.1.0/24 is directly connected, FastEthernet 0/1
C    172.16.1.1/32 is local host.
C    172.16.2.0/24 is directly connected, Serial1/0
C    172.16.2.1/32 is local host.
O    172.16.3.0/24 [110/2] via 172.16.2.2, 00:05:21, Serial1/0
O    192.168.1.0/24 [110/2] via 172.16.1.1, 00:14:51, FastEthernet 0/1
```

另外，也可通过“**Router1# show ip ospf neighbor**”命令查看校园网路由器邻居信息。

（7）使用“ping”命令测试网络连通。

按照表20-1规划地址，配置PC1、PC2的IP地址、网关，配置过程为：“网络”→“本地连接”→“右键”→“属性”→“TCP/IP属性”→使用文中的IP地址。

配置IP地址后，使用“CMD”→转到DOS工作模式，并输入以下命令。

```
ping 192.168.1.1
!!!!        ! 由于直连网络连接，办公网 PC1 能 ping 通核心交换机
ping 172.16.1.1
!!!!        ! 通过三层路由，能 ping 通校园网路由器连接办公网接口
ping 172.16.3.1
!!!!        ! 通过动态路由，能 ping 通互联网接入网关
ping 172.16.3.2
!!!!        ! 通过动态路由，能 ping 通互联网中 PC2 设备
```

【注意事项】

（1）路由器接口名称因设备不同而不同，有些设备标识为Foll，本案例中为Foll；WAN口有些设备标识为S1/1，使用“show ip interface brief”查询具体设备名称。

（2）如果实验中缺少WAN接口serial1/0，缺少V35线缆，借助路由器Fastethernet口，也可组建网络，配置动态路由，实现网络连通，拓扑如图20-2所示，相关地址规划及配置过程同上，但需做对应修改。

（3）如果实验缺少PC测试设备或者路由器缺少接口，还可在路由器上启用loopback0接口方式，拓扑如图20-3所示，完成以上实验操作。loopback0接口启用及配置IP地址方式和真实的物理接口相同操作，实验过程同上，但需做相应修订。

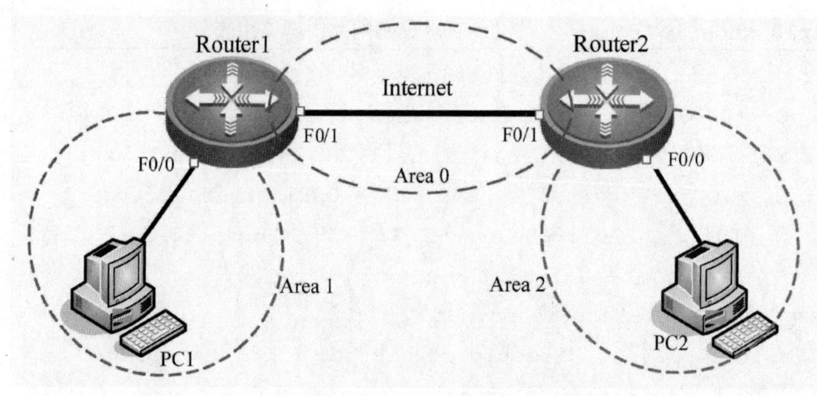

图 20-2　配置路由器多区域 OSPF 动态路由实验拓扑

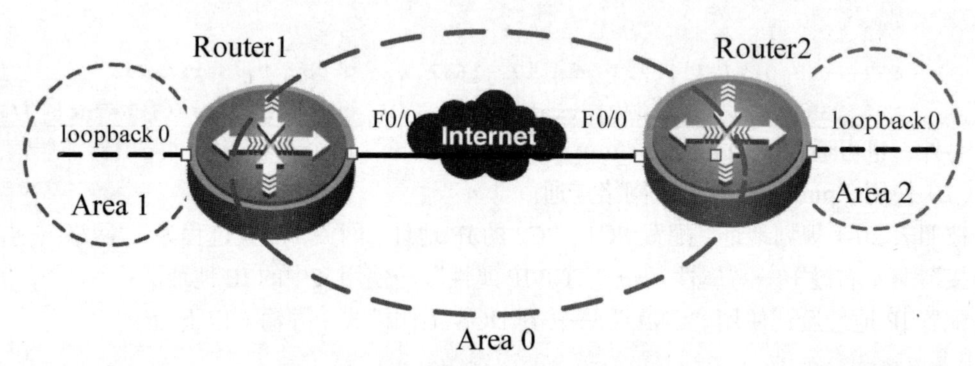

图 20-3　配置路由器 OSPF 动态路由实验

安 全 单 元

单元导语

网络安全是指保护网络系统的硬件、软件及其系统中的数据，不因偶然或者恶意的原因而被破坏、更改、泄露，保障系统连续、可靠、正常地运行，确保网络服务不会中断。

本单元主要筛选了企业网络构建过程中，保障企业网络安全使用到的 8 份安全技术文档，帮助学习在企业网中实施的网络安全技术。学习过程中，需注意以下 3 点。

（1）“21-保护交换机的端口安全”“22-实施交换机的保护端口安全”“23-配置交换机端口镜像”“29-实施交换机端口限速” 4 份文档，是企业网接入端设备的安全技术，保护企业网接入设备的安全。

（2）“24-编号 IP 标准访问控制列表限制网络访问范围”“25-编号 IP 扩展访问控制列表控制网络流量”“26-命名 IP 标准访问控制列表限制网络访问范围”“27-命名 IP 扩展访问控制列表限制网络流量”“28-时间访问控制列表限制网络访问时间” 5 份文档，是应用在不同子网之间的网络安全访问和控制技术，优化企业网络中子网之间的通信流量，提供网络管理效率，实现全网的安全需求。

（3）“30-防火墙初始化配置”“31-配置防火墙网桥模式”“32-配置防火墙路由模式”“33-配置防火墙的地址转换 NAT 功能” 4 份文档，作为配置防火墙的基础内容。

科技强国知识阅读

【扫码阅读】5G+智能，推动中国钢铁从“制造”向“智造”转型

实验 21　保护交换机的端口安全

【背景描述】

丰乐公司是一家电子商务销售公司，公司构建了互联互通的办公网。为了防止公司内部用户的 IP 地址冲突，防范来自公司内网的攻击和破坏，需要实施公司内网的安全防范措施。

新实施的公司内网安全规则是：为公司内每一位员工分配一个固定 IP 地址，只允许公司配发计算机的员工使用公司内部网络，限制任何外来计算机进入内网，不得随意连接其他主机。

【实验目的】

掌握交换机端口安全功能，针对交换机所有端口，配置最大连接数为 1，针对 PC1 主机接口进行 IP + MAC（Medium/Media Access Control，媒介访问控制或硬件地址）地址绑定，控制用户随意接入，保护网络安全。

【实验拓扑】

如图 21-1 所示的网络拓扑，为丰乐公司工作场景。组建和连接网络时，需注意接口连接标识，以保证和后续配置保持一致。

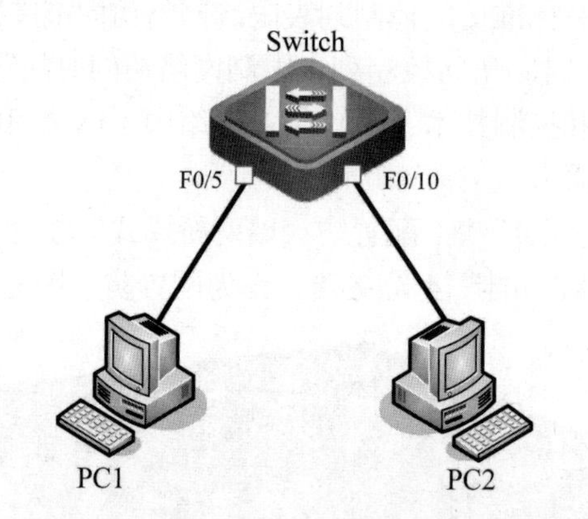

图 21-1　保护交换机的端口安全实验拓扑图

【实验设备】

交换机（1 台）、测试 PC（2 台）、网线（若干）。

【实验原理】

交换机端口安全功能，是指针对交换机端口进行安全属性配置，控制用户安全接入。交换机端口安全有两种类项：一是限制交换机端口最大连接数；二是针对交换机端口进行 MAC 地址、IP 地址绑定。

限制交换机端口最大连接数，控制交换机端口下连接主机数量，防止用户恶意欺骗。

可以针对 IP 地址、MAC 地址、IP + MAC 等进行灵活交换机端口地址绑定，实现对用户进行严格的控制。保证用户安全接入和防止常见内网攻击。配置交换机端口安全功能后，当实际应用超出配置，将产生安全违例，产生安全违例处理方式有 3 种。

（1）protect：当安全地址个数满后，安全端口将丢弃未知名地址（不是该端口的安全地址中的任何一个）的包。

（2）restrict：当违例产生时，将发送一个 Trap 通知。

（3）shutdown：当违例产生时，将关闭端口并发送一个 Trap 通知。

当端口因为违例被关闭，使用命令“errdisable recovery”将接口从错误状态中恢复。

【实验步骤】

（1）配置 PC 设备地址。

如表 21-1 所示，给同一办公室设备配置同网段 IP 地址。

表 21-1　办公网设备 IP 地址信息

设备	接口地址	网关	捆绑端口	备注
PC1	172.16.1.55/24	\	Fa0/5	办公设备代表
PC2	172.16.1.5/24	\	Fa0/10	办公设备代表

配置过程为：“网络”→“本地连接”→“右键”→“属性”→“TCP/IP 属性”→使用文中的 IP 地址。

（2）使用“ping”命令测试网络连通。

打开办公网 PC1 机，使用“CMD”→转到 DOS 工作模式，并输入如下命令。

```
ping 172.16.1.5
!!!!          ! 由于同一办公网段，PC1 能 ping 通 PC2 设备
              ! 使用“ping”命令时，应关闭双方 PC 机自带防火墙，否则会影响测试
```

（3）配置交换机端口最大连接数限制。

```
Switch # configure terminal
Switch (config)# interface range fastethernet 0/1-24
Switch (config-if-range)# switchport port-security    ! 设置端口为安全端口
Switch (config-if-range)# switchport port-secruity maximum 1
               ! 设置该安全端口最大连接数为 1
Switch (config-if-range)# switchport port-secruity violation shutdown
               ! 设置该安全端口的违例方式为 shutdown
Switch (config-if-range)#no shutdown
Switch (config-if-range)#end
Switch #

Switch # show port-security           !验证交换机端口的最大连接数限制
```

本实例的命令执行的结果显示如下。

```
Secure Port     MaxSecureAddr(count) CurrentAddr(count) Security Action
---------------- ---------------- ------------------ -----------------
   FastEthernet 0/1         1               0          Shutdown
```

```
FastEthernet 0/2          1            0          Shutdown
FastEthernet 0/3          1            0          Shutdown
FastEthernet 0/4          1            0          Shutdown
FastEthernet 0/5          1            0          UP
FastEthernet 0/6          1            0          Shutdown
FastEthernet 0/7          1            0          Shutdown
FastEthernet 0/8          1            0          Shutdown
FastEthernet 0/9          1            0          Shutdown
FastEthernet 0/10         1            0          UP
  ……                ……           ……        ……
```

```
Switch # show port-security interface fastEthernet 0/1
                                        !查看交换机安全端口信息
```

本实例的命令执行后的显示结果如下。

```
Interface : FastEthernet 0/1
Port Security : Enabled
Port status : up
Violation mode : up
Maximum MAC Addresses : 1
Total MAC Addresses : 0
Configured MAC Addresses : 0
Aging time : 0 mins
SecureStatic address aging : Disabled
```

（4）配置交换机端口 MAC 与 IP 地址绑定。

① 获取主机地址信息。在 PC1 主机上，使用“CMD”命令，转到 DOS 命令提示符窗口，执行“**ipconfig /all**”命令，查看 PC1 主机的 IP 和 MAC 地址信息，如图 21-2 所示。

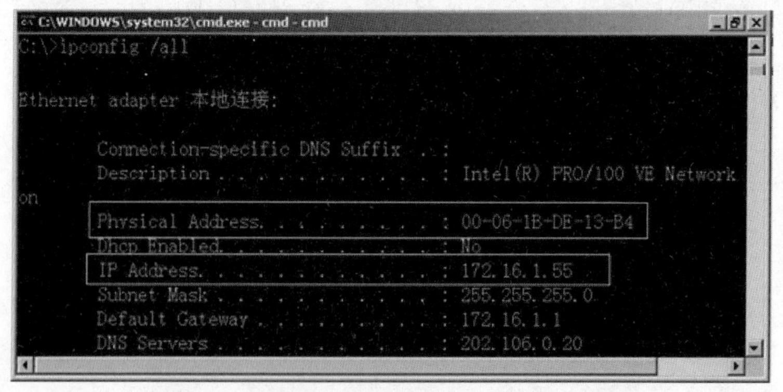

图 21-2 查看 PC1 主机 IP 和 MAC 地址信息

② 配置交换机端口的地址绑定，相关代码如下。

```
Switch # configure terminal
Switch (config)# interface fastethernet 0/3
Switch (config-if)# switchport port-security
```

```
Switch (config-if)# switchport port-security mac-address 0006.1bde.13b4
```

或者

```
Switch (config-if)# switchport port-security bind ip-address 172.16.1.55
```

或者

```
Switch (config-if)# switchport port-security mac-address 0006.1bde.13b4
ip-address 172.16.1.55
! 以上均为交换机端口上绑定地址设置，由于版本不同，不同设备命令稍有差别，此外还有
"address-bind ip-address mac-address"命令，使用"? "查询具体应用格式
! 在原命令前面，通过增加"no"命令，可以取消相应地址绑定
```

③ 查看地址安全绑定配置信息，相关命令如下。

```
Switch # show port-security address all
……
Switch # show port-security address interface fa0/3
……
```

④ 测试地址安全绑定配置，具体操作如下。

打开办公网 PC1 机，通过修改其 IP 地址配置，再使用“Ping”命令，测试网络连通情况，观察测试结果。相关命令格式如下。

```
ping X.X.X.X          ! 地址尽量保持在同一网段，自定义
```

通过更换设备连接，再测试网络连通情况，观察结果。

以上操作，都会造成网络的不通。因为办公网 PC1 机的 IP 地址，已经绑定在 F0/5 接口上，其他任务操作都会被 F0/5 接口拒绝数据帧通过。

【注意事项】

（1）交换机端口安全功能只能在 ACCESS 接口进行配置。

（2）交换机最大连接数限制取值范围是 1~128，默认是 128。

（3）交换机最大连接数限制默认的处理方式是 protect。

实验 22　实施交换机的保护端口安全

【背景描述】

丰乐公司是一家电子商务销售公司，构建了互联互通的办公网，为了保护公司内部销售数据的安全，需要实施公司内网的安全防范措施。

公司为防范内部销售数据泄密，避免每一名销售员工业务数据被其他人共享，需要实施销售部所有计算机之间禁止互访，但都可以和一台安装有销售数据库计算机通信，可以正常接入 Internet 网，以保护销售部终端设备的安全，避免信息泄密隐患的发生。

【实验目的】

掌握交换机的保护端口（Protect）安全功能，控制用户安全接入，通过实施保护端口，熟悉保护端口技术实施的环境。

【实验拓扑】

如图 22-1 所示的网络拓扑为丰乐公司工作场景。组建和连接网络时，注意接口连接标识，以保证和后续配置保持一致。

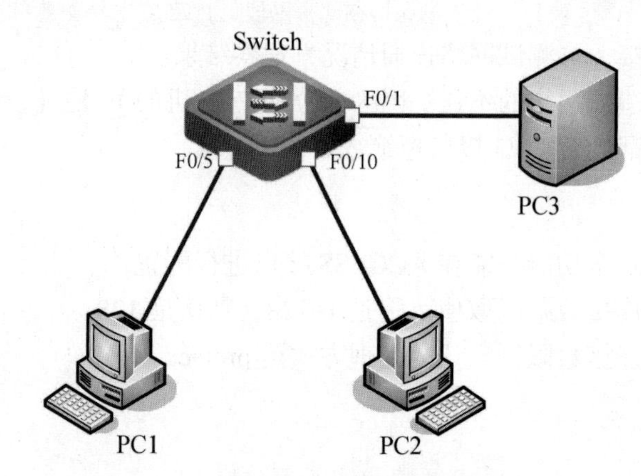

图 22-1　交换机的保护端口安全实验拓扑

【实验设备】

交换机（1 台）、测试 PC（若干）、网线（若干）。

【实验原理】

要求交换机上有些端口之间不能互相通信，即通过端口保护（Switchitchport protected）技术可以实现本实验目的：在实施交换机保护端口技术后，保护端口技术产生隔离效果。

交换机端口设置为端口保护后，连接在保护口上计算机之间无法通信，但保护口与非保护口上连接的计算机之间可正常通信。受保护的端口之间如果需要通信，不管是单址帧，还是广播帧，以及多播帧，都只能通过三层设备来实现通信。

通过在交换机上开启端口保护后，利用交换机的受保护的端口之间确实无法直接通信原理，实施网络安全防范技术。

【实验步骤】

（1）配置 PC 设备地址。

按照表 22-1 所示的地址信息给办公室中设备配置同网段 IP 地址。

表 22-1　办公网设备 IP 地址信息

设备	接口地址	网关	接入端口	端口性质	备注
PC1	172.16.1.5/24	\	Fa0/5	保护端口	销售部设备 1
PC2	172.16.1.10/24	\	Fa0/10	保护端口	销售部设备 2
PC3	172.16.1.1/24	\	Fa0/1	普通端口	销售数据服务器

（2）测试网络连通。

打开办公网 PC1 机，使用“CMD”→转到 DOS 工作模式，并输入以下命令。

```
ping 172.16.1.10
!!!!     ! 同一办公网段，PC1 能 ping 通 PC2 设备
ping 172.16.1.1
!!!!     ! 由于同一办公网段，PC1 能 ping 通销售数据库 PC3 设备
```

（3）配置交换机的保护端口。

```
Switch(config)#
Switch(config)#interface range fa 0/2- 24      ! 开启交换机 F0/2 到 F0/24 端口
Switch(config-if-range)# switchport  protected ! 配置这些端口为受保护端口
Switch(config-if-range)#no shutdown
Switch(config-if-range)#end
```

（4）测试安全措施实施后网络连通。

打开办公网 PC1 机，使用“CMD”→转到 DOS 工作模式，并输入以下命令。

```
ping 172.16.1.10
……                    ! 由于实施了保护端口，受保护的部门设备之间不能通信
ping 172.16.1.1
!!!!                  ! 受保护端口和普通端口之间能正常通信
```

【注意事项】

（1）交换机端口安全功能只能在 ACCESS 接口进行配置。

（2）打开受保护端口，在原有命令前增加“no”命令，可恢复该端口为普通端口，相关实例如下。

```
Switch(config-if-range)#no Switchitchport protected   ! 恢复为普通端口
```

实验 23　配置交换机端口镜像

【背景描述】

丰乐公司是一家电子商务销售公司，构建了互连互通的办公网，为了确保公司内部销售数据的安全，需要实施公司内网的安全防范措施。

最近，从友商公司发现了丰乐公司内部的保密文档信息。因此，需要网络公司的网络中心来监控办公网络，一旦发现网络中有异常流量，就需要通过镜像技术复制一份，对网络流量进行手动分析，防范公司内部的销售数据再次被泄密的危险。

为了提高网络安全，管理员需要进行手工分析异常流量，首先将流量镜像到管理员 PC，然后抓取数据包，实现网络的安全防范功能。这样做的目的是以保护销售数据的安全，避免信息泄密隐患的发生。

【实验目的】

掌握交换机的端口镜像安全功能，监控网络中的异常数据流量。

【实验拓扑】

如图 23-1 所示为配置交换机端口镜像实验拓扑网络图。组建和连接网络时，注意接口连接标识，以保证和后续配置保持一致。

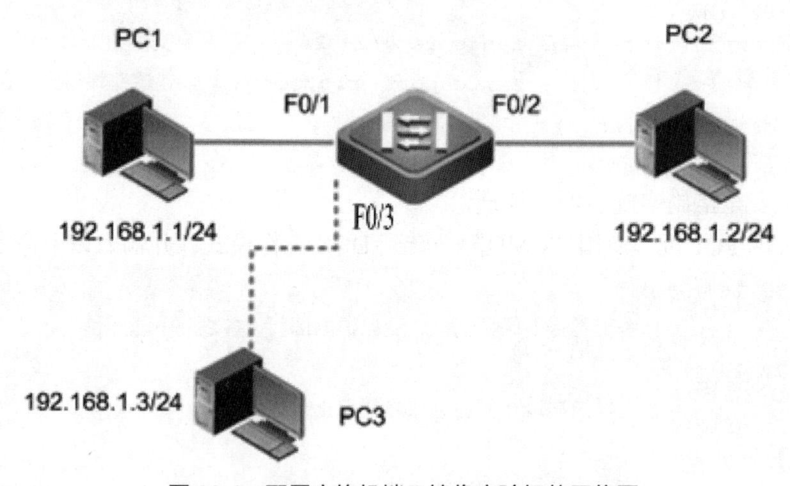

图 23-1　配置交换机端口镜像实验拓扑网络图

【实验设备】

交换机（1 台）、测试 PC（若干）、网线（若干）、协议分析软件（1 套）。

【实验原理】

交换机的端口镜像特性，可以允许管理员对网络中的特定流量进行镜像分析。即在交换机上，对特定流量进行复制并发送到指定端口。

其中，端口镜像（port Mirroring）能把交换机一个或多个端口（VLAN）的数据镜像到一个或多个端口的方法。

端口镜像工作原理主要是通过 SPAN(Switched Port Analyzer)的作用，给某种网络分析器，如 Sniff、Wireshark、Ethereal 等，根据提供的网络镜像数据流量进行分析。

网络镜像既可以实现一个 VLAN 中若干个源端口向一个监控端口镜像数据，也可以从若干个 VLAN 向一个临控端口镜像数据。

通过在交换机上开启端口镜像后，监控网络中异常的数据流量，实施网络安全防范。

Wireshark 是非常流行的网络封包分析软件，其主要作用是尝试捕获网络包，并尝试显示包的尽可能详细的情况，功能十分强大。网络管理员会使用 Wireshark 来检查网络问题，使用 Wireshark 抓包分析网络流量。

【实验步骤】

（1）配置 PC 设备地址。

按照表 23-1 所示的地址信息给办公室中的设备配置同网段 IP 地址。

表 23-1　办公网设备 IP 地址信息

设备	接口地址	网关	接入端口	端口性质	备注
PC1	192.168.1.1/24	\	Fa0/5	保护端口	销售部设备 1
PC2	192.168.1.2/24	\	Fa0/10	保护端口	销售部设备 2
PC3	192.168.1.3/24	\	Fa0/1	普通端口	销售数据服务器

（2）测试网络连通。

打开办公网 PC1 机，使用“CMD”→转到 DOS 工作模式，并输入以下命令。

```
ping 192.168.1.2
!!!!    ! 同一办公网段，PC1 能 ping 通 PC2 设备
ping 192.168.1.3
!!!!    ! 由于同一办公网段，PC1 能 ping 通销售数据服务器 PC3 设备
```

（3）配置交换机需要镜像的特定流量(也叫被监控口)。

```
Switch(config)#
Switch(config)# monitor session 1 source interface fastEthernet 0/1 both
  ! 定义交换机 f0/1 端口功能，设置该端口为被监控的端口
```

（4）配置交换机的镜像流量的流出端口(也叫监控口)。

```
Switch(config)#
Switch(config)# monitor session 1 destination interface fastEthernet 0/2
  ! 定义交换机 F0/2 端口功能，设置该端口为监控的端口
```

（5）开启数据监控协议，如 Ethereal 软件。

在办公网的 PC3 上，安装 Ethereal 协议分析软件，并启动软件，如图 23-2 所示。

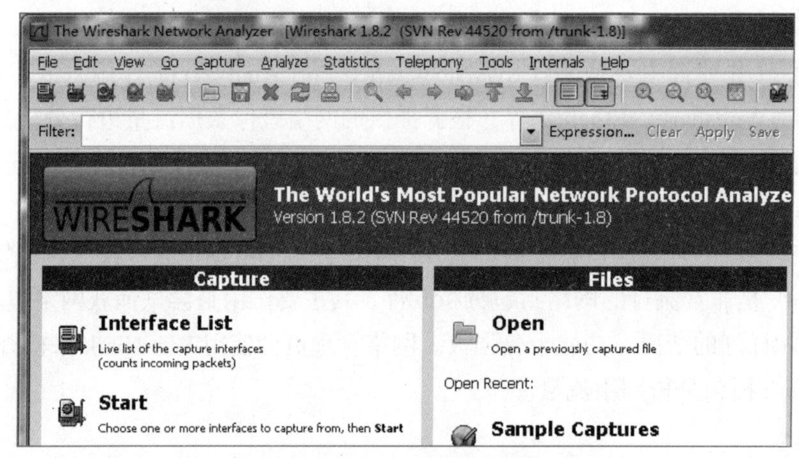

图 23-2　Ethereal 协议分析软件

开启目标网卡上流过的数据监控功能，如图 23-3 所示。

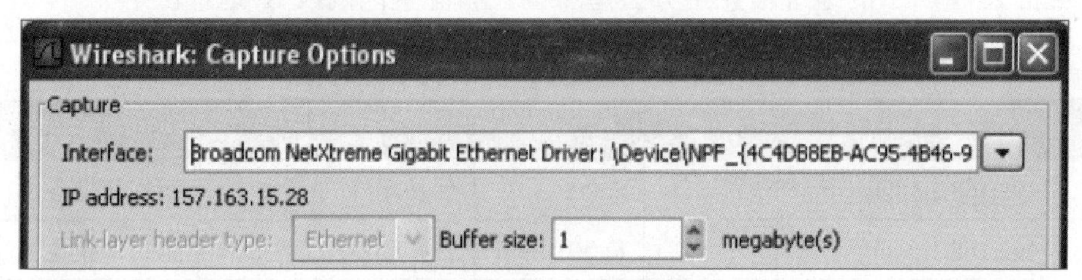

图 23-3　选择目标网卡

（6）使用 Ethereal 软件监控 PC1 到 PC2 的数据流量。

在 PC1 上，使用“CMD”→转到 DOS 工作模式，从 PC1 机发送数据到 PC2 上，输入以下命令。

```
ping 192.168.1.2 -t
!!!!    ! 同一办公网段，PC1 能 ping 通 PC2 设备，使用“-t”参数，连续发生数据包
```

在 PC3 上，使用 Ethereal 软件捕获镜像数据量，监控网络信息。

（7）验证测试（1）

在交换机上，使用“show monitor sesson”命令，查看镜像信息。

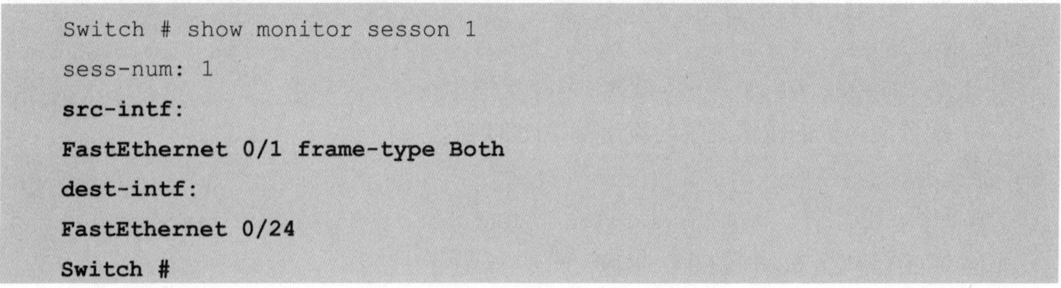

```
Switch # show monitor sesson 1
sess-num: 1
src-intf:
FastEthernet 0/1 frame-type Both
dest-intf:
FastEthernet 0/24
Switch #
```

（8）验证测试（2）

由于 PC1 到 PC2 的流量被交换机镜像到了 F0/3 端口。PC3 接入到 F0/3 接口，且设置其 IP 地址为 192.168.1.3，在 PC3 上使用 Ethereal 抓包软件，可以捕获到 PC1 到 PC2 的网络流量，如图 23-4 所示。

No.	Time	Source	Destination	Protocol	Info
6	2.545877	192.168.1.1	192.168.1.2	ICMP	Echo (ping) request
7	2.545974	192.168.1.2	192.168.1.1	ICMP	Echo (ping) reply
8	3.546386	192.168.1.1	192.168.1.2	ICMP	Echo (ping) request
9	3.546502	192.168.1.2	192.168.1.1	ICMP	Echo (ping) reply
11	4.546342	192.168.1.1	192.168.1.2	ICMP	Echo (ping) request
12	4.546449	192.168.1.2	192.168.1.1	ICMP	Echo (ping) reply
14	5.546331	192.168.1.1	192.168.1.2	ICMP	Echo (ping) request
15	5.546447	192.168.1.2	192.168.1.1	ICMP	Echo (ping) reply

图 23-4 在 PC3 上使用 Ethereal 抓包软件捕获数据信息

【注意事项】

清空交换机原有的端口镜像，可以配置如下信息：

```
Switch(config)#no monitor session
```

实验 24 编号 IP 标准访问控制列表限制网络访问范围

【背景描述】

丰乐公司是一家电子商务销售公司，构建了互联互通的办公网。为了保护公司内部用户销售数据的安全，该公司实施内网安全防范措施。

公司网络核心使用一台三层路由设备，连接公司几个不同区域的子网络：一方面实现办公网互联互通，另一方面把办公网接入 Internet 网络。

之前，由于没有实施部门网安全策略，出现非业务的后勤部门登录销售部网络并查看销售部销售数据的情况。为了保证企业内网安全，公司实施标准的访问控制列表技术，禁止非业务后勤部门访问销售部的网络，其他业务部门则允许访问，如财务部门。

【实验目的】

掌握编号 IP 标准访问控制列表技术，设置限制用户访问的范围；学习标准编号 ACL（Access Control List，访问控制列表）访问规则，实施部门间安全隔离；熟悉 IP ACL 技术实施应用环境。

【实验拓扑】

如图 24-1 所示的网络拓扑为丰乐公司企业网工作场景，据此连接网络。

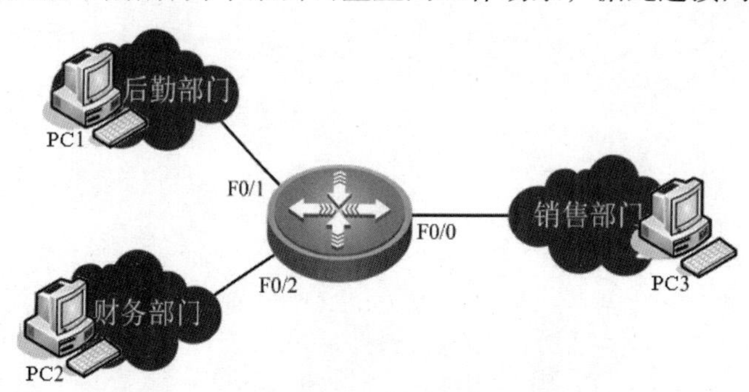

图 24-1 编号 IP 标准访问控制列表实验拓扑

【实验设备】

路由器（1 台）、计算机（若干）、双绞线（若干）。

【实验原理】

访问控制列表 IP ACL 技术，实际上是数据包过滤技术。此时，配置在网络设备中的访问控制列表是一张规则检查表。这些表中包含很多指令规则，告诉交换机或者路由器设备，哪些数据包可以接收，哪些数据包需要拒绝。通过这些安全措施，实施对网络中通过的数据包过滤，从而实现对网络资源进行访问输入和输出的访问控制。

按照限制数据包内容的不同，访问控制列表技术分为标准的访问控制列表和扩展的访问控制列表，其中，标准访问控制列表（Standard IP ACL）只检查接受的数据包源地址信息，在规则中使用不同编号区别。标准访问控制列表的编号取值范围为 1 ~ 99，扩展访问控制列表的编号取值范围为 100 ~ 199。

【实验步骤】

（1）安装网络工作环境。

按图 24-1 所示的网络拓扑，连接设备组建网络，注意设备连接的接口标识。

（2）配置 PC 设备地址。

按照表 24-1 所示的地址信息给办公室中设备配置 IP 地址。

表 24-1　办公网地址规划信息

设备	IP 地址	网关	接口	备注
PC1	192.168.1.2/24	192.168.1.1	F0/1	后勤部门 PC
PC2	192.168.2.2/24	192.168.2.1	F0/2	财务部门 PC
PC3	192.168.3.2/24	192.168.3.1	F0/0	销售部门 PC
路由器	192.168.1.1/24	\	F0/1	连接后勤部网络
	192.168.2.1/24	\	F0/2	连接财务部网络
	192.168.3.1/24	\	F0/0	连接销售部网络

（3）配置路由器基本信息。

```
Router # configure
Router(config-if) # int fastEthernet 0/1          ! 配置后勤部门的网络接口
Router(config-if) # ip address 192.168.1.1 255.255.255.0
Router(config-if) # no shutdown
Router(config-if) # exit

Router(config-if) # int fastEthernet 0/2          ! 配置财务部门的网络接口
Router(config-if) # ip address 192.168.2.1 255.255.255.0
Router(config-if) # no shutdown
Router(config-if) # exit
Router(config) # int fastEthernet 0/0             ! 配置销售部门的网络接口
Router(config-if) # ip address 192.168.3.1 255.255.255.0
Router(config-if) # no shutdown
Router(config-if) # end

Router # show ip route                            ! 查看直连路由表
```

```
Codes:  C - connected, S - static,  R - RIP B - BGP
        O - OSPF, IA - OSPF inter area
        N1 - OSPF NSSA external type 1, N2 - OSPF NSSA external type 2
        E1 - OSPF external type 1, E2 - OSPF external type 2
        i - IS-IS, L1 - IS-IS level-1, L2 - IS-IS level-2, ia - IS-IS inter area
        * - candidate default
Gateway of last resort is no set
```

```
C    192.168.1.0/24 is directly connected, FastEthernet 0/1
C    192.168.1.1/32 is local host.
C    192.168.2.0/24 is directly connected, FastEthernet 0/2
C    192.168.2.1/32 is local host.
C    192.168.3.0/24 is directly connected, FastEthernet 0/0
C    192.168.3.1/32 is local host.
```

（4）网络测试。

① 按照表 24-1 中的规划，给所有计算机配置 IP 地址。

② 在 PC1 上测试、访问网络中的其他计算机的安全验证。转到 DOS 工作模式，并输入以下命令。

```
ping 192.168.2.2
!!!!        ! 由于直连网段连接，能 ping 通目标 PC2
ping 192.168.3.2
!!!!        ! 由于直连网段连接，能 ping 通目标 PC3
```

由于路由器直接连接三个不同部门的子网络，各个子网络之间能直接通信。

（5）配置编号的 IP 标准访问控制列表。

由于公司禁止内部其他非业务部门（如后勤部）网络访问销售部网络，禁止来自源网络的数据，通过标准的 IP ACL 技术实现。

```
Router# configure
Router(config) # access-list 1 deny 192.168.1.0  0.0.0.255
                                         ! 拒绝后勤部门网络访问
Router(config) # access-list 1 permit any ! 允许其他部门（财务部门）网络访问

Router(config) # int fa0/0      ! 把安全规则放置在保护目标销售部的最近出口
Router(config-if) # ip access-group 1 out ! 把安全规则使用在接口的出方向上
Router(config-if) # no shutdown
```

（6）第二次网络测试。

① 在 PC1 计算机上,使用“ping”命令测试其是否与网络中的其他计算机连通。

② 在 PC1 上测试、访问网络中的其他计算机的安全验证。转到 DOS 工作模式，并输入以下命令。

```
ping 192.168.2.2
!!!!         ! 由于直连网段连接，能 ping 通目标 PC2
ping 192.168.3.2
….           ! 由于 IP ACL 实施安全规范，不能 ping 通目标 PC3
```

在路由器中实施标准的访问控制列表技术可保护销售部门网络安全，因此，后勤部门 PC1 计算机，能和办公网中其他计算机（如 PC2）通信，但不能和业务部门销售部计算机 PC3 通信（安全规则规定禁止后勤部门访问销售部）。

【注意事项】

（1）路由器名称因设备不同而不同，有些标识为 Fa1/1，本案例中为 Fa0/1。使用“show ip interface brief”命令可查询具体设备名称。

（2）在编制完成的设备上，取消接口上应用的 IP ACL，虽然有规则存在，也不能实施 IP ACL 检查效果。取消上述编制完成的命名 IP ACL 规则方法如下。

```
Router(config) # int fa0/0        ! 取消该接口上应用的 IP ACL 安全规则
Router(config-if) # no ip access-group 1 out
Router(config-if) # no shutdown
```

（3）如果实验三层设备缺少局域网的 Fastethernet 口，解决方案是：减少财务部网络接口；在路由器上启用 loopback 虚拟接口，代替财务部门网络，拓扑如图 24-2 所示。

在路由器上启用 loopback 接口命令如下。

```
Router(config-if) # int  loopback0           ! 启用财务部门的 loopback 网络接口
Router(config-if) # ip address 192.168.2.1 255.255.255.0
Router(config-if) # no shutdown
```

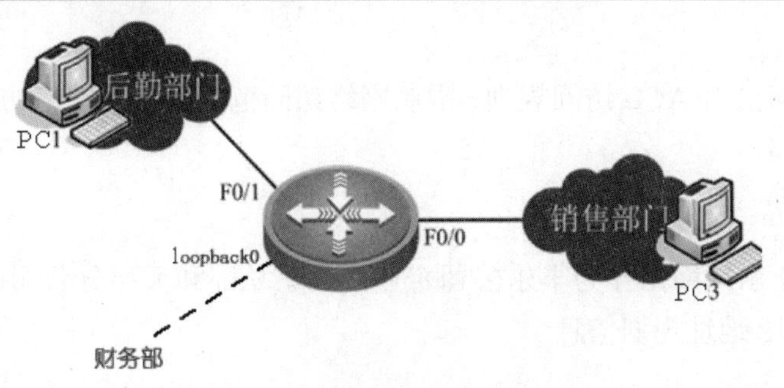

图 24-2　配置虚拟接口实验拓扑

相关地址规划及配置过程都做对应修改。在网络测试的过程，由于财务部网络启用的是虚拟接口，无法直接连接真机，可以测试到虚拟的 Loopback0 接口的连通即可。

（4）在日常办公网中，使用三层交换机实现网络连接的情况更常见，规划拓扑如图 24-3 所示。

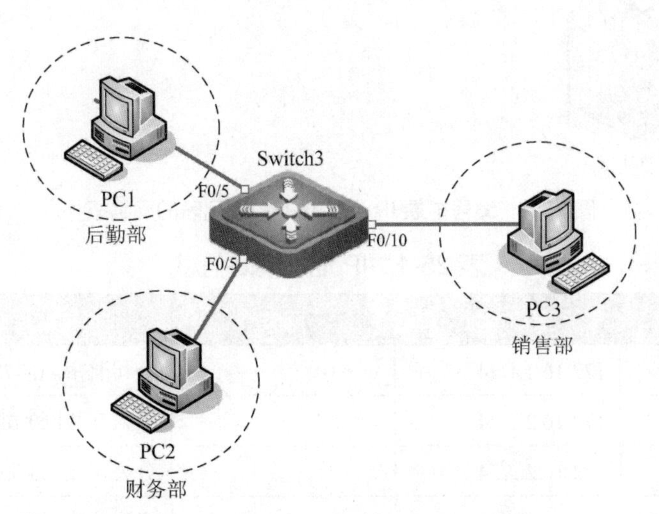

图 24-3　配置三层交换机 IP ACL 实验拓扑

三层交换机具有和路由器一样的数据包过滤功能，能实现多个不同子网之间安全过滤通信。在三层交换机上启用编号 IP ACL 技术，和路由器上启用编号 IP ACL 技术相同。

实验 25 编号 IP 扩展访问控制列表，限制网络流量

【背景描述】

丰乐公司是一家电子商务销售公司，构建了互联互通的办公网。北京总部的网络核心使用一台三层路由设备连接不同子网，构建企业办公网络。通过三层技术一方面实现办公网互联互通，另一方面把办公网接入 Internet 网络。

公司在天津设有一分公司，使用三层设备的专线技术，借助 Internet 和总部网络实现连通。由于天津分公司网络安全措施不严密，公司规定，天津分公司网络只允许访问北京总公司内网中 Web 等公开信息资源，而北京总公司内网中 FTP 服务器资源则被限制。

【实验目的】

学习扩展编号的 IP ACL 访问规则，限制网络访问范围及限制网络访问流量，熟悉该技术实施的应用环境。

【实验拓扑】

如图 25-1 所示网络拓扑为丰乐公司企业网北京总部和天津分公司网络连接场景，表 25-1 为该公司的 IP 地址规划信息。

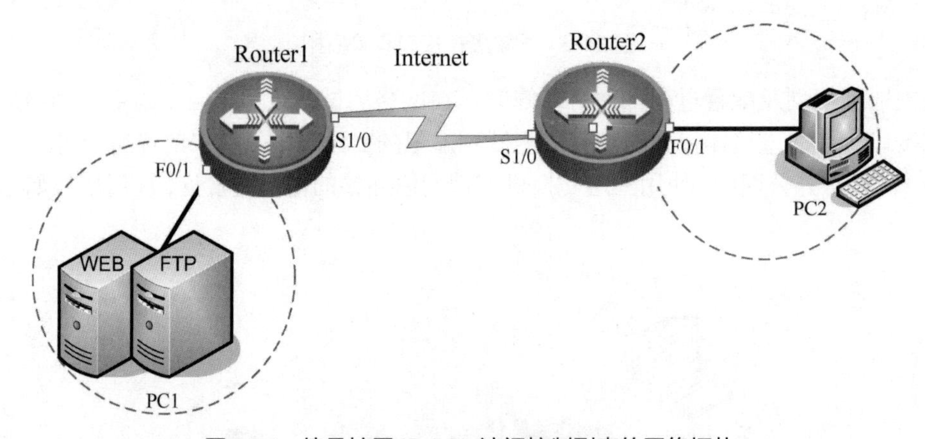

图 25-1 编号扩展 IP ACL 访问控制列表的网络拓扑

表 25-1 IP 地址规划信息

设备	接口	接口地址	网关	备注
Router1	F0/1	172.16.1.1/24	\	公司北京总部办公网接口
	S1/0	172.16.2.1/24	\	接入互联网专线接口
Router2	S1/0	172.16.2.2/24	\	分公司接入互联网专线接口
	F0/1	172.16.3.1/24	\	天津分公司办公网接口
PC1		172.16.1.2/24	172.16.1.1/24	公司总部办公网服务器
PC2		172.16.3.2/24	192.168.3.1/24	天津分公司办公网设备

【实验设备】

路由器（2 台），V35DCE（1 根），V35DTE（1 根），网线（若干），PC（若干）。

【实验原理】

访问控制列表 IP ACL 技术是数据包过滤技术。按照过滤的数据包信息内容的不同，访问控制列表 IP ACL 分为：标准访问控制列表和扩展访问控制列表。

扩展 IP 访问控制列表只检查数据包中源 IP 地址。扩展 IP 访问控制列表比标准 IP 访问控制列表具有更多匹配项，包括协议类型、源地址、目的地址、源端口、目的端口、建立连接的和 IP 优先级等，其中扩展访问控制列表的编号取值范围为 100 ~ 199。

【实验步骤】

（1）安装网络工作环境。

按图 25-1 网络拓扑，连接设备，组建网络，注意设备连接的接口标识。

（2）配置公司北京总部路由器。

```
Router# configure terminal
Router (config) # hostname Router1          ! 配置公司北京总部路由器的名称
Router1(config) # interface fastEthernet 1/0
Router1(config-if) # ip address 172.16.1.1 255.255.255.0
Router1(config-if) # no shutdown
Router1(config-if) # exit

Router1(config) # interface Serial1/0
Router1(config-if) # clock rate 64000       ! 配置 Router 的 DCE 时钟频率
Router1(config-if) # ip address 172.16.2.1 255.255.255.0
                                            ! 配置 V35 接口 IP 地址
Router1(config-if) # no shutdown
Router1(config-if) # end
```

（3）配置天津分公司路由器。

```
Router# configure terminal
Router (config) # hostname Router2          ! 配置天津分公司路由器的名称
Router2(config) # interface Serial1/0       ! 配置 Router 的 DTE 接口
Router2(config-if) # ip address 172.16.2.2 255.255.255.0
                                            ! 配置 V35 接口地址
Router2(config-if) # no shutdown
Router2(config-if) # exit

Router2(config) # interface fastEthernet 1/0
Router2(config-if) # ip address 172.16.3.1 255.255.255.0
                                            ! 配置分公司办公网接口地址
Router2(config-if) # no shutdown
```

```
Router2(config-if) # end
```

（4）配置路由器单区域 OSPF 动态路由。

```
Router1(config) #                          ! 配置北京总部路由器
Router1(config) # router ospf              ! 启用 ospf 路由协议
Router1(config-router) # network 172.16.1.0  0.0.0.255  area 0
Router1(config-router) # network 172.16.2.0  0.0.0.255  area 0
! 对外发布直连网段信息，并宣告该接口所在骨干（area 0）区域号
Router1(config-router) # end

Router2(config) #                          ! 配置天津分公司路由器
Router2(config) # router ospf              ! 启用 ospf 路由协议
Router2(config-router) # network 172.16.2.0  0.0.0.255  area 0
Router2(config-router) # network 172.16.3.0  0.0.0.255  area 0
! 对外发布直连网段信息，并宣告该接口所在骨干（area 0）区域号
Router2(config-router) # end

Router1 # show ip route                    ! 查看公司北京总部的路由表
```

该实例执行此命令后的显示结果如下。

```
Codes:  C - connected, S - static,  R - RIP B - BGP
        O - OSPF, IA - OSPF inter area
        N1 - OSPF NSSA external type 1, N2 - OSPF NSSA external type 2
        E1 - OSPF external type 1, E2 - OSPF external type 2
        i - IS-IS, L1 - IS-IS level-1, L2 - IS-IS level-2, ia - IS-IS inter area
        * - candidate default
Gateway of last resort is no set
C    172.16.1.0/24 is directly connected, FastEthernet 0/1
C    172.16.1.1/32 is local host.
C    172.16.2.0/24 is directly connected, serial 1/0
C    172.16.2.1/32 is local host.
O    172.16.3.0/24  [110/51]  via 172.16.2.1, 00:00:21, serial 1/0
```

查看路由表发现，产生全网络的 OSPF 动态路由信息。

（5）第一次测试全网连通状态。

① 配置全网 PC 的 IP 地址信息。

按照表 25-1 的规划地址信息，配置 PC1、PC2 设备 IP 地址、网关，配置过程为：

“网络”→“本地连接”→“右键”→“属性”→“TCP/IP 属性”→使用文中的 IP 地址。

② 使用“ping”命令测试网络连通。

这时，将天津分公司 PC2 机转到 DOS 工作模式，并输入以下命令。

```
ping 172.16.3.1
!!!!        ! 由于直连网络连接，天津分公司 PC2 能 ping 通目标网关
```

```
ping 172.16.2.1
!!!!        ！通过动态路由，天津分公司 PC2 能 ping 通公司总部出口网关
ping 172.16.1.2
!!!!        ！通过动态路由，能 ping 通公司北京总部办公网设备 PC1
```

（6）配置编号的扩展的 IP 访问控制列表。

按照公司北京总部的安全规则：只允许分公司的设备访问公司总部网络中的 Web 服务等公开资源，禁止访问存放在内部销售数据库内的 FTP 服务器资源。由于禁止访问总部内网中的某项服务，所以需通过扩展的 IP ACL 技术实现。

扩展的 IP ACL 技术实现过滤数据包安全。考虑到扩展 IP ACL 技术规则匹配 IP 数据包的精细，建议放置在离数据包出发地点最近设备上配置，更能优化网络传输效率。

```
Router2# configure
Router2(config) # access-list 101 deny tcp 172.16.3.0 0.0.0.255 172.16.1.0
0.0.0.255 eq ftp              ！拒绝天津分公司网络访问北京总部的 FTP 服务
Router2(config) # access-list 101 permit ip any any
                                          ！允许访问公司其他所有公开服务

Router2(config) # interface  Fa0/1       ！把安全规则放置在数据发源地最近的出口
Router2(config-if) # ip access-group 101 in   ！把安全规则使用在接口入方向上
Router2(config-if) # no shutdown
Router2(config-if) #end
```

另外，通过如下命令可显示访问控制列表的相关信息。

```
Router2#show access-lists              ！显示全部的访问控制列表内容
……
Router2#show access-lists 101          ！显示指定的访问控制列表内容
……
Router2#show ip interface F0/1         ！显示接口的访问列表应用
……
Router2#show running-config            ！显示配置文件中的访问控制列表内容
……
```

（7）第二次测试全网连通状态。

打开天津分公司 PC2 机，使用“CMD”→转到 DOS 工作模式，并输入以下命令。

```
ping 172.16.3.1
!!!!       ！由于直连网络连接，天津分公司 PC2 能 ping 通目标网关
ping 172.16.2.1
!!!!       ！天津分公司 PC2 能 ping 通总部网关，因为拒绝的是 FTP 数据流，而不是拒绝测试
数据流
ping 172.16.1.2
!!!!       !天津分公司 PC2 能 ping 通总部服务器 PC1，因为拒绝的是 FTP 数据流，而不是拒
绝测试数据流
```

（8）第三次测试全网连通状态。

打开北京总公司服务器 PC1，使用 IIS 程序搭建 Web 服务器，搭建 FTP 网络服务器。使用 IIS 程序搭建网络服务器过程，见相关教程，此处省略。

搭建完成相关网络服务器环境后，打开天津分公司 PC2 机 IE 浏览器程序，输入如下网址来测试网络资源共享情况。

```
http:// 172.16.1.2
!!!!        ! 由于允许访问 Web 资源，分公司 PC2 能访问总公司的 Web 服务器
Ftp:// 172.16.1.2
!!!!       ! 由于拒绝访问 FTP 资源，分公司 PC2 被拒绝访问总公司的 FTP 服务器
```

【注意事项】

（1）路由器接口名称因设备不同而不同，有些设备标识为 Fa1/1，本案例中为 Fa0/1；WAN 口有些设备标识为 S1/1，使用“show ip interface brief”查询具体设备名称。

（2）如果实验中缺少 WAN 接口 serial1/0，缺少 V35 线缆，可借助路由器 Fastethernet 口，也可以组建网络，配置动态路由，实现网络连通。

（3）编号的扩展的 IP ACL 也可在三层交换机实现，规划拓扑如图 25-2 所示。三层交换机具有和路由器一样三层 IP 数据包过滤功能。

在三层交换机上实施编号扩展的 IP ACL 技术和路由器相同，配置时需针对以上相关信息做对应修订。

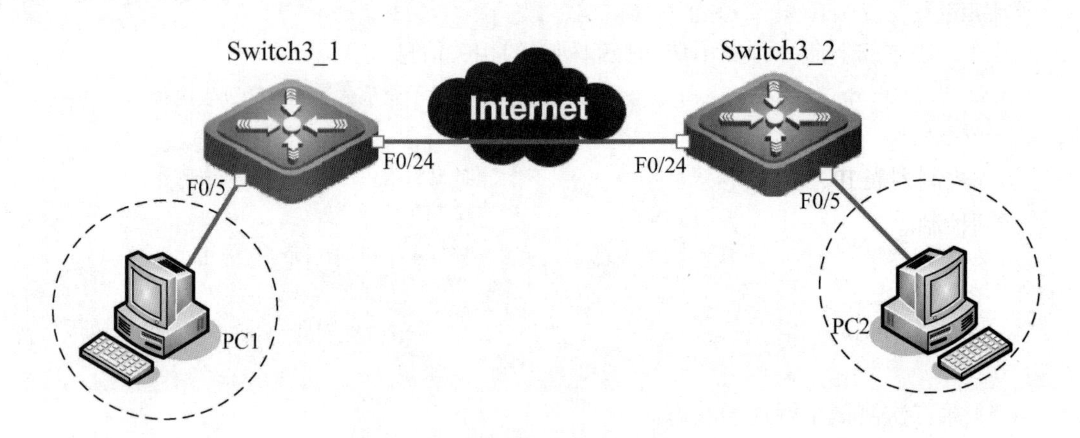

图 25-2　实施编号扩展 IP ACL 拓扑

（4）在编制完成的设备上，取消接口上应用的 IP ACL，虽然有规则存在，也不能实施 IP ACL 检查效果。

取消上述编制完成的命名 IP ACL 规则，方法如下。

```
Router2(config) # interface fa0/1        ! 取消该接口上应用的 IP ACL 安全规则
Router2(config-if) #no ip access-group 101 in
Router2(config-if) # no shutdown
```

实验 26　命名 IP 标准访问控制列表，限制网络访问范围

【背景描述】

丰乐公司北京总部的网络核心，一方面使用一台三层交换机，连接办公子网，通过三层技术实现办公网之间的互联互通；另一方面通过三层交换机把办公网接入 Internet 网络。

之前，由于没有实施网络安全策略，出现过非业务后勤部门登录销售部网络查看销售部网络中客户数字信息的问题。为了保证公司总部内部网络安全，公司实施标准的访问控制列表技术，禁止非业务部门网络访问销售部网络，但其他业务部门（如财务部）允许访问。

【实验目的】

掌握命名的 IP ACL 标准访问列表技术，限制用户访问网络的范围。学习命名的 IP 标准 ACL 访问规则，实施部门之间网络安全隔离，熟悉技术实施环境。

【实验拓扑】

图 26-1 所示的网络拓扑为丰乐公司办公网连接场景，如图所示，组建网络，注意接口连接标识，保证和后续配置保持一致。该公司的 IP 规划信息如表 26-1 所示。

【实验设备】

三层交换机（1 台），计算机（若干），双绞线（若干）。

【实验原理】

访问控制列表 IP ACL 技术通过对网络中的数据包过滤，实现对网络资源进行输入和输出的访问控制。

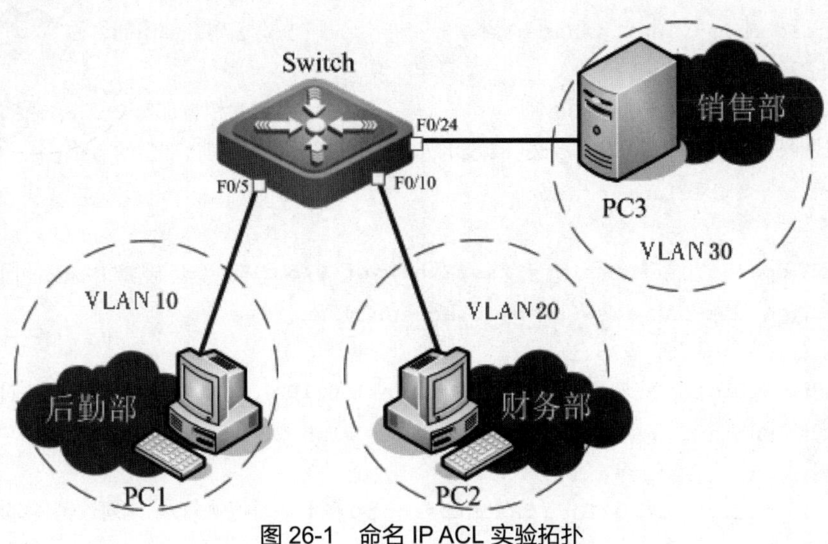

图 26-1　命名 IP ACL 实验拓扑

表 26-1　办公网 IP 地址规划信息

设备	接口	接口地址	网关	备注
Switch	VLAN10	192.168.10.1/24	\	办公网后勤部门网络接口
	VLAN20	192.168.20.1/24	\	办公网财务部门网络接口
	VLAN30	192.168.30.1/24	\	办公网销售部门网络接口
PC1		192.168.10.2/24	192.168.10.1/24	公司后勤部门 PC 设备
PC2		192.168.20.2/24	192.168.20.1/24	公司财务部门 PC 设备
PC3		192.168.30.2/24	192.168.30.1/24	公司销售部门 PC 设备

按照过滤数据包内容的不同，分为标准访问控制列表（Standard IP ACL）和扩展访问控制列表；此外，还可以按照标识不同，分为编号 IP ACL 和命名 IP ACL。

命令 IP ACL 在规则编辑上，使用一组字符串来标识编制完成安全规则，具有见名识意效果，方便网络管理人管理。除了命名，以及在编写规则的语法上稍有不同外，其他诸如检查的元素、默认的规则等都与编号的访问控制列表相同。

【实验步骤】

（1）安装网络工作环境。

按图 26-1 所示的网络拓扑，连接设备组建网络，注意设备连接的接口标识。

（2）配置交换机设备 VLAN 信息。

```
Switch(config) #
Switch(config) # vlan 10                        ! 创建后勤部门 VLAN10 网络
Switch(config-vlan) # name HouQin               ! 命名后勤部门的名称
Switch(config-vlan) # exit
Switch(config) # vlan 20                        ! 创建财务部门 VLAN20 网络
Switch(config-vlan) # name CaiWu                ! 命名财务部门的名称
Switch(config-vlan) # exit
Switch(config) # vlan 30                        ! 创建销售部门 VLAN30 网络
Switch(config-vlan) # name XaoShou              ! 命名销售部门的名称
Switch(config-vlan) # exit

Switch(config) # interface fastEthernet 0/5 ! 把 F0/5 口划给后勤部门 VLAN10
Switch(config-if) # switchport access vlan 10
Switch(config-if) # exit
Switch(config) # interface fastEthernet 0/10 ! 把 F0/10 口划给财务部门 VLAN20
Switch(config-if) # switchport access vlan 20
Switch(config-if) # exit
Switch(config) # interface fastEthernet 0/24  ! 把 F0/24 口划给销售部门 VLAN30
Switch(config-if) # switchport access vlan 30
Switch(config-if) # exit
```

（3）配置交换机 SVI 地址信息。

```
Switch(config) # interface vlan 10           ! 配置后勤部门网络 SVI 地址
Switch(config-if) # ip address 192.168.10.1 255.255.255.0
Switch(config-if) # no shutdown
Switch(config-if) # exit

Switch(config) # interface vlan 20           ! 配置财务部门网络 SVI 地址
Switch(config-if) # ip address 192.168.20.1 255.255.255.0
Switch(config-if) # no shutdown
Switch(config-if) # exit

Switch(config) # interface vlan 30           ! 配置销售部门网络 SVI 地址
Switch(config-if) # ip address 192.168.30.1 255.255.255.0
Switch(config-if) # no shutdown
Switch(config-if) # end

Switch # show ip route                       ! 查看交换机路由表
```

本实例执行命令后的显示结果如下。

```
Codes:  C - connected, S - static,  R - RIP,  B - BGP
        O - OSPF, IA - OSPF inter area
        N1 - OSPF NSSA external type 1, N2 - OSPF NSSA external type 2
        E1 - OSPF external type 1, E2 - OSPF external type 2
        i - IS-IS, L1 - IS-IS level-1, L2 - IS-IS level-2, ia - IS-IS inter area
        * - candidate default
Gateway of last resort is no set
C    192.168.10.0/24 is directly connected, VLAN 10
C    192.168.10.1/32 is local host.
C    192.168.20.0/24 is directly connected, VLAN 20
C    192.168.20.1/32 is local host.
C    192.168.30.0/24 is directly connected, VLAN 30
C    192.168.30.1/32 is local host.
```

（4）第一次测试全网连通状态。

① 配置全网 PC 的 IP 地址信息。按照表 26-1 的规划地址，配置 PC1、PC2、PC3 设备 IP 地址、网关，配置过程为：“网络”→“本地连接”→“右键”→“属性”→“TCP/IP 属性”→使用文中的 IP 地址。

② 使用“ping”命令测试网络连通。这时，需将后勤部门 PC1 机转到 DOS 工作模式，并输入以下命令。

```
ping 192.168.10.1
!!!!        ! 由于直连网络连接，后勤部门 PC1 能 ping 通 SVI 目标网关
ping 192.168.20.2
```

```
!!!!        ! 通过直连路由，后勤部门 PC1 能 ping 财务部 PC2 设备
ping 192.168.30.2
!!!!        ! 通过直连路由，后勤部门 PC1 能 ping 销售部 PC3 设备
```

（5）配置命名扩展 IP 标准访问控制列表。

公司要限制非业务后勤部门访问销售部门的网络，按照规则，拒绝来自某一网络中数据，使用标准访问控制列表技术。

① 编制命名 IP ACL 规则，相关命令如下。

```
Switch(config) # ip access-list standard deny_hou_qing
                   ! 在交换机上定义命名标准访问控制列表,名称为 deny_hou_qing
Switch(config-ext-nacl) # deny 192.168.10.0 0.0.0.255 !拒绝后勤部门网络访问
Switch(config-ext-nacl) # permit  any          !允许其他业务部门的访问
Switch(config-ext-nacl) # end
Switch #
```

② 查看编制完成的命名 IP ACL 规则，相关命令如下。

```
Switch # show ip access-lists deny_hou_qing   ! 查看编制完成 deny_hou_qing
列表
```

③ 应用编制完成的命名 IP ACL 规则。需要注意的是，标准的 IP ACL 规则应用尽量在离保护目标近的地方。相关命令如下。

```
Switch(config) # interface vlan 30      ! 把访问控制列表应用在 VLAN 接口下
Switch(config-if) # ip access-group deny_hou_qing in
Switch(config-if) # no shutdown
Switch(config-if) #end
```

（6）第二次测试全网连通状态。

打开后勤部门的 PC1 机，使用“CMD”→转到 DOS 工作模式，再使用“ping”命令测试网络连通。

```
ping 192.168.10.1
!!!!         ! 由于直连网络连接，后勤部门 PC1 能 ping 通 SVI 目标网关
ping 192.168.20.2
!!!!         ! 通过直连路由，后勤部门 PC1 能 ping 财务部 PC2 设备
ping 192.168.30.2
……           ! 由于实施了标准的 IP ACL,拒绝后勤部门 PC1 访问销售部 PC3 设备
```

【注意事项】

（1）命名的 IP ACL 还可以被用来从某一特定的 IP ACL 中，除个别的控制条目，可以使网络管理员方便修改 ACL。

（2）删除指定行 IP ACL 条目的方法为：首先使用“show running-config”命令查询编辑完成的 IP ACL 语法排序号；

再进入编号 IP ACL 编辑状态，直接使用“NO”命令删除序号即可。相关实例的命令格式如下。

```
Switch(config) # ip access-list standard deny_hou_qing
```

```
Switch(config-ext-nacl) # No 30
! 打开 IP ACL 编辑状态，使用 NO 命令直接删除该命令行号即可
```

（3）增加 IP ACL 条目方法为：

首先使用“show running-config”命令查询编辑完成的 IP ACL 语法的排序循序号；

再进入编号的 IP ACL 编辑状态，直接插入相应的序号即可完成插入。相关实例的命令格式如下。

```
Switch(config) # ip access-list standard deny_hou_qing
Switch(config-ext-nacl) # 15  permit 192.168.20.0  0.0.0.255
                                          ! 允许财务部门访问（插入到序号 20 规则前面）
```

（4）在编制完成设备上，取消接口上的 IP ACL，虽然规则还存在路由器存储器上，但也不能实施 IP ACL 检查效果。

取消上述编制完成命名 IP ACL 规则方法如下。

```
Switch(config) # interface vlan 30     ! 取消应用在 VLAN 接口下 IP ACL 规则
Switch(config-if) #no  ip access-group deny_hou_qing  in
Switch(config-if) # no shutdown
```

（5）在路由器上实施命名的 IP ACL 规则和在三层交换机上实施的命名机制、语法规则的应用接口的过程相似。如图 26-2 所示的网络拓扑就是在路由器上实施命名的 IP ACL 规则的场景，依据上述过程做相应的修订。

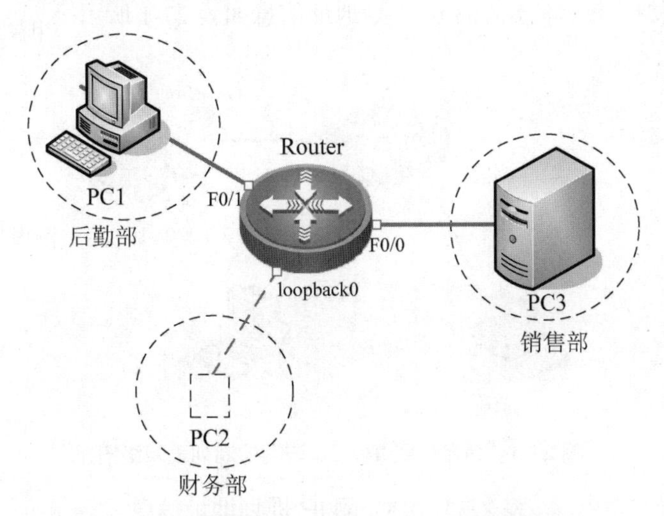

图 26-2　路由器上实施命名 IP ACL 规则网络拓扑

实验 27　命令 IP 扩展访问控制列表限制网络流量

【背景描述】

丰乐公司北京总部网络核心使用三层设备连接不同办公子网，一方面实现了以部门为核心的办公子网的互连互通；另一方面把总部办公网接入到 Internet 网络。

为保证客户销售数据的安全，公司在北京总部销售部网络中，搭建了客户销售数据服务器。为保护该 FTP 服务器上数据的安全，公司决定实施相关的安全措施。

公司规定，只允许业务部门（如财务部）访问销售部服务器资源；非业务部门（如后勤部）只允许访问搭建在销售部 Web 服务器资源，以保护公司内网中客户数据安全。

【实验目的】

掌握命名 IP 扩展访问控制列表技术，了解其限制网络访问流量的功能。

学习命名扩展 IP ACL 访问的规则，限制网络访问范围及限制网络访问流量，熟悉该技术实施的应用环境。

【实验拓扑】

图 27-1 所示的网络拓扑为丰乐公司企业网北京总部办公网连接工作场景，下面据此所示拓扑组建和连接网络。本实验的 IP 规划地址信息如表 27-1 所示。

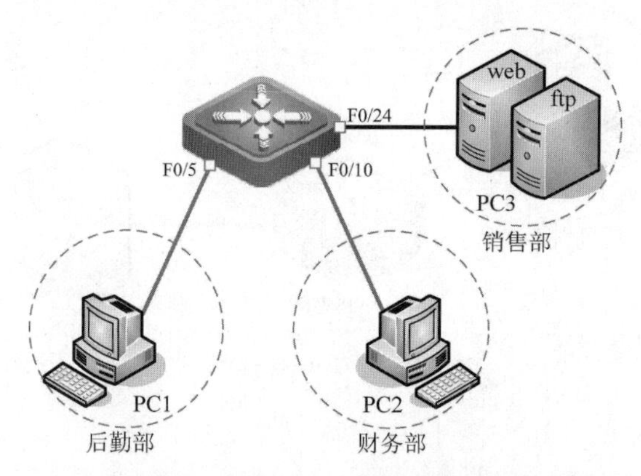

图 27-1　命名扩展 IP ACL 访问控制列表网络拓扑

表 27-1　办公网 IP 规划地址信息

设备	接口	接口地址	网关	备注
Switch	F0/5	172.16.1.1/24	\	公司后勤部网络接口
	F0/10	172.16.2.1/24	\	公司财务部网络接口
	F0/24	172.16.3.1/24	\	公司销售部网络接口
PC1		172.16.1.2/24	172.16.1.1/24	公司后勤部网络中 PC
PC2		172.16.2.2/24	192.168.2.1/24	公司财务部网络中 PC
PC2		172.16.3.2/24	192.168.3.1/24	公司销售部网络中 PC

【实验设备】

三层交换机（1 台），网线（若干），PC（若干）。

【实验原理】

命令的 IP ACL 同样分为标准 IP ACL 和扩展 IP ACL。

命名的扩展的 IP ACL 访问控制列表技术，和编号的扩展的 IP ACL 访问控制列表技术，在使用环境、编制规则的语法及应用接口上都是相似的，只是在区别 IP ACL 的标识上有区别。

此外，命名的扩展的 IP ACL 访问控制列表规则，在编制完成后，可以方便地修改。这样可以减轻很多后期维护的工作，方便随时进行调整 IP ACL 规则。

【实验步骤】

（1）安装网络工作环境。

按图 27-1 所示的网络拓扑，连接设备，组建网络，注意设备连接的接口标识。

（2）配置公司核心交换机设备子网接口地址。

```
Switch # configure terminal
Switch(config) # interface fastEthernet 0/5   ! 配置后勤部门网络接口地址
Switch(config-if) # no switch             !把二层交换口配置为路由接口
Switch(config-if) # ip address 172.16.1.1 255.255.255.0
Switch(config-if) # no shutdown
Switch(config-if) # exit

Switch(config) # interface fastEthernet 0/10   ! 配置财务部门网络接口地址
Switch(config-if) # no switch             !把二层交换口配置为路由接口
Switch(config-if) # ip address 172.16.2.1 255.255.255.0
Switch(config-if) # no shutdown
Switch(config-if) # exit

Switch(config) # interface fastEthernet 0/24   ! 配置销售部门网络接口地址
Switch(config-if) # no switch             !把二层交换口配置为路由接口
Switch(config-if) # ip address 172.16.3.1 255.255.255.0
Switch(config-if) # no shutdown
Switch(config-if) # end

Switch# show ip route                     ! 查看路由表信息
```

本实例在执行命令后的路由表信息如下。

```
Codes:  C - connected, S - static,  R - RIP B - BGP
        O - OSPF, IA - OSPF inter area
        N1 - OSPF NSSA external type 1, N2 - OSPF NSSA external type 2
        E1 - OSPF external type 1, E2 - OSPF external type 2
        i - IS-IS, L1 - IS-IS level-1, L2 - IS-IS level-2, ia - IS-IS inter area
        * - candidate default
```

```
Gateway of last resort is no set
C    172.16.1.0/24 is directly connected, FastEthernet 0/5
C    172.16.1.1/32 is local host.
C    172.16.2.0/24 is directly connected, FastEthernet 0/10
C    172.16.2.1/32 is local host.
C    172.16.3.0/24 is directly connected, FastEthernet 0/24
C    172.16.3.1/32 is local host.
```

（3）第一次测试全网连通状态。

① 配置全网 PC 的 IP 地址信息。按照表 27-1 的规划地址，配置 PC1、PC2 和 PC3 设备 IP 地址、网关，配置过程为：

"网络" → "本地连接" → "右键" → "属性" → "TCP/IP 属性" →使用文中的 IP 地址

② 使用 "ping" 命令测试网络连通。这时，需将后勤部门的 PC1 机转到 DOS 工作模式，并输入以下命令。

```
ping 172.16.1.1
!!!!                          ! 由于直连网络连接，后勤部门 PC1 能 ping 通部门网关
ping 172.16.2.2
!!!!                          ! 通过直连路由，后勤部门 PC1 能 ping 通财务部的 PC2
ping 172.16.3.2
!!!!                          ! 通过直连路由，后勤部门 PC1 能 ping 通销售部的 PC3
```

（4）配置命名的扩展的 IP 访问控制列表。

按照公司安全规则，非业务后勤部门只允许访问 Web 服务器资源，禁止访问 FTP 服务器内部销售数据库资源。由于禁止内网中某项访问服务，按照规则，通过扩展 IP ACL 技术实现。

① 编制命名 IP ACL 规则，相关命令如下。

```
Switch(config)#
Switch(config)# ip access-list extended deny_ftp
! 定义命名扩展访问控制列表,列表名称为"deny_ftp"
Switch (config-ext-nacl)# deny tcp 172.16.1.0 0.0.0.255 host 172.16.3.2 eq 20
Switch (config-ext-nacl)# deny tcp 172.16.1.0 0.0.0.255 host 172.16.3.2 eq 21
! 扩展访问控制列表拒绝访问 FTP（端口号为 20、21）
Switch(config-ext-nacl)# permit ip any any        !允许其他业务部门的访问
Switch(config-ext-nacl)# end
Switch #
```

② 查看编制完成的命名 IP ACL 规则，相关命令如下。

```
Switch # show ip access-lists deny_ftp        ! 查看编制完成 deny_ftp 列表
```

③ 应用编制完成的命名 IP ACL 规则。扩展的 IP ACL 规则尽量应用在离数据源头近的地方，相关实例如下。

```
Switch(config) #int fastEthernet 0/5     ! 把访问控制列表应用在后勤部门网关接口
Switch(config-if) # ip access-group deny_ftp in
Switch(config-if) # no shutdown
```

（5）第二次测试全网连通状态。

打开后勤部门 PC1 机，使用“CMD”→转到 DOS 工作模式，并输入以下命令。

```
ping 172.16.1.1
!!!!          ! 由于直连网络连接，后勤部门 PC1 能 ping 通部门网关
ping 172.16.2.2
!!!!          ! 通过直连路由，后勤部门 PC1 能 ping 通财务部的 PC2
ping 172.16.3.2
!!!!          ! 通过直连路由，后勤部门 PC1 能 ping 通销售部的 PC3
```

虽然拒绝后勤部门访问销售部的 FTP 服务器资源，但允许其访问销售部的 Web 服务器资源，因此后勤部门的 PC1 能 ping 通销售部的服务器 PC1。这是因为拒绝的是 FTP 数据流，而不是 ICMP 的测试数据流。

（6）第三次测试全网连通状态。

打开总公司的 PC3 机，使用 IIS 程序搭建 Web 网络服务器，搭建 FTP 网络服务器。使用 IIS 程序搭建网络服务器过程，见相关的网络上教程，此处省略。

搭建完成相关网络服务器测试环境后，打开后勤部门的 PC1 机，打开 IE 浏览器程序测试如下网址的网络资源共享情况。

```
http:// 172.16.3.2
!!!!          ! 由于允许访问 Web 资源，后勤部门的 PC1 能访问公司的 Web 服务器
Ftp:// 172.16.3.2
......        ! 由于拒绝访问 FTP 资源，后勤部门的 PC1 被拒绝访问公司的 FTP 服务器
```

【注意事项】

（1）在编制完成设备上，使用“no”命令可取消接口上的 IP ACL，即可取消上述编制完成命名 IP ACL 规则的应用，取消三层设备的安全检查机制。

（2）进入编号 IP ACL 编辑状态，直接使用“no”命令，删除编制完成的规则前导序号，即可删除指定行 IP ACL 条目，从而完成命名 IP ACL 的规则修改。

（3）在路由器上实施命名的 IP ACL 规则和在三层交换机上实施的命名机制、语法规则，应用接口过程相似。

如图 27-2 所示的网络拓扑，就是在路由器上实施命名的 IP ACL 规则的场景，公司的安全规则规定：天津分公司只允许访问北京总部 WEB 服务器信息，为保护公司总部客户销售数据安全，天津分公司中的设备无法访问北京总部 FTP 销售数据库服务器。

依据上述过程做相应修订，即可完成更复杂的命名扩展的 IP ACL 安全实施。

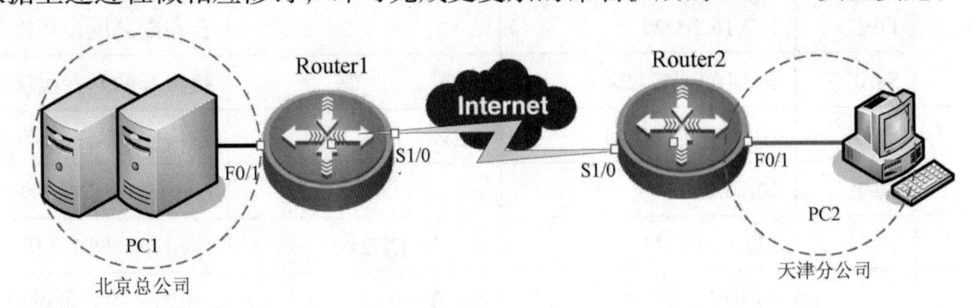

图 27-2　命名扩展的 IP ACL 规则应用场景

实验 28　时间访问控制列表，限制网络访问时间

【背景描述】

丰乐公司北京总部的网络核心使用三层路由设备连接不同办公子网，一方面实现了不同办公子网的互连互通；另一方面也把办公网接入 Internet 网络。

由于公司主要从事电子商务行业，为了限制网络流量，优化网络的使用环境，公司规定在正常的上班时间，保证公司接入 Internet 畅通；但在晚上 20 点以后，不允许在公司内部使用 Internet 网络。

【实验目的】

（1）掌握时间 IP 访问控制列表技术，了解其限制网络访问流量的功能。

（2）学习时间 IP ACL 访问规则，熟悉该技术实施的应用环境。

【实验拓扑】

图 28-1 所示的网络拓扑为丰乐公司办公网连接工作场景，下面据此组建和连接网络，如表 28-1 所示规划企业办公网地址。

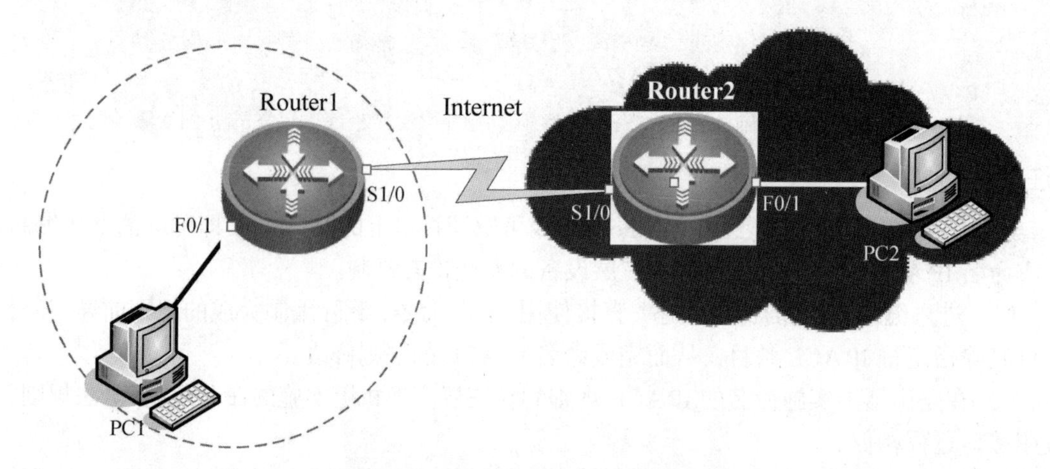

图 28-1　时间 IP ACL 访问控制列表拓扑

表 28-1　企业办公网地址规划

设备	接口	接口地址	网关	备注
Router1	F0/1	172.16.1.1/24	\	公司办公网设备接口
	S1/0	202.102.192.1/24	DTE	接入互联网专线接口
Router2	S1/0	202.102.192.2/24	DCE	电信接入路由器专线接口
	F0/1	10.10.1.1/24	\	Internet 中设备接口
PC1		172.16.1.2/24	172.16.1.1/24	公司办公网 PC 机
PC2		10.10.1.2/24	10.10.1.1/24	Internet 中办公设备

【实验设备】

路由器（2 台），V35DCE（1 根），V35DTE（1 根），网线（若干），PC（若干）。

【实验原理】

时间 IP ACL 访问控制列表技术，是在标准 IP ACL 访问控制列表和扩展 IP ACL 访问控制列表基础上的功能扩展：通过在规则配置中加入限定时间的范围来更有效地控制网络在时间范围上安全限制。

基于时间的 IP ACL 在编制过程中，首先需要先定义一个时间范围，然后在原来访问控制列表基础上应用它。通过时间 IP ACL 可以根据一天中的不同时间，或者根据一周中的不同日期控制网络访问的范围。例如，在学校网络中，希望上课时间禁止学生访问学校的服务器，而下课时间则允许学生访问。

【实验步骤】

（1）安装网络工作环境。

按图 28-1 的网络拓扑，连接设备，组建网络，注意设备连接的接口标识。

（2）配置公司总部路由器信息。

```
Router # configure terminal
Router (config) # hostname Router1          ！配置公司办公网路由器名称
Router1(config) # interface fastEthernet 1/0
Router1(config-if) # ip address 172.16.1.1 255.255.255.0 ！配置接口 IP 地址
Router1(config-if) # no shutdown
Router1(config-if) # exit

Router1(config) # interface Serial1/0       ！配置 V35 接口地址
Router1(config-if) # ip address 202.102.192.1 255.255.255.0
Router1(config-if) # no shutdown
Router1(config-if) # end
```

（3）配置电信路由器信息。

```
Router  # configure terminal
Router (config) # hostname Router2          ！配置电信接入路由器的名称
Router2(config) # interface Serial1/0
Router2(config-if) # clock rate 64000       ！配置 Router 的 DCE 时钟
Router2(config-if) # ip address 202.102.192.2 255.255.255.0
                                            ！配置 V35 接口地址
Router2(config-if) # no shutdown
Router2(config-if) # exit

Router2(config) # interface fastEthernet 1/0        ！配置 Internet 接口地址
Router2(config-if) # ip address 10.10.1.1 255.255.255.0
Router2(config-if) # no shutdown
Router2(config-if) # end
```

（4）配置路由器单区域 OSPF 动态路由。

```
Router1(config) #
Router1(config) # router ospf        ！启用公司路由器 ospf 路由协议
Router1(config-router) # network 172.16.1.0  0.0.0.255  area 0
Router1(config-router) # network 202.102.192.0  0.0.0.255  area 0
！对外发布直连网段信息，并宣告该接口所在的骨干（area 0）区域号
Router1(config-router) # end

Router2(config) #
Router2(config) # router ospf        ！启用电信路由器 ospf 路由协议
Router2(config-router) # network 202.102.192.0  0.0.0.255  area 0
Router2(config-router) # network 10.10.1.0  0.0.0.255  area 0
                    ！对外发布直连网段信息，并宣告该接口所在骨干（area 0）区域号
Router2(config-router) # end

Router1 # show ip route              ！查看公司办公网路由表信息
```

本实例的路由表信息显示如下。

```
Codes:  C - connected, S - static,  R - RIP B - BGP
        O - OSPF, IA - OSPF inter area
        N1 - OSPF NSSA external type 1, N2 - OSPF NSSA external type 2
        E1 - OSPF external type 1, E2 - OSPF external type 2
        i - IS-IS, L1 - IS-IS level-1, L2 - IS-IS level-2, ia - IS-IS inter area
        * - candidate default
Gateway of last resort is no set
C    172.16.1.0/24 is directly connected, FastEthernet 0/1
C    172.16.1.1/32 is local host.
C    202.102.192.0/24 is directly connected, serial 1/0
C    202.102.192.1/32 is local host.
O    10.10.1.0/24  [110/51]  via 202.102.192.1, 00:00:21, serial 1/0
```

查看上述路由表会发现其中包括全网络的 OSPF 动态路由信息。

（5）第一次测试全网连通状态。

① 配置全网 PC 的 IP 地址信息。

按照表 28-1 的规划地址信息，配置 PC1、PC2 设备 IP 地址、网关，配置过程为：“网络”→“本地连接”→“右键”→“属性”→“TCP/IP 属性”→使用文中的 IP 地址。

② 使用“ping”命令测试网络连通。

这时，需将办公网中的 PC1 机转到 DOS 工作模式，并输入以下命令。

```
ping 172.16.1.1
!!!!       ！由于直连网络连接，公司办公网 PC1 能 ping 通目标网关
ping 10.10.1.2
!!!!       ！通过路由，公司办公网 PC1 能 ping 通 Internet 中设备 PC2
```

（6）配置时间 IP 访问控制列表。

按照公司的安全规则，在正常上班时间，保证公司接入 Internet 畅通；但在晚上 20 点以后，不允许在公司内部使用 Internet 网络，这需要启用时间访问控制列表配置。

由于不允许访问指定网络（Internet），即禁止访问某个网络，所以通过标准 IP ACL 技术实现，标准 IP ACL 技术应选择放置在靠保护目标近设备上（本例中电信路由器）。但考虑实际的应用情况，公司网络管理人员无权配置电信路由器设备，因此本案例改用扩展 IP ACL 技术来实施。

设备过滤数据包时，扩展的 IP ACL 技术规则匹配精细，可以放置在离数据包出发地点最近的设备上配置（办公网接入路由器），优化网络的传输效率。

① 定义相对时间段，相关命令如下。

```
Router1# configure terminal
Router1(config) # time-range on-work              ！定义时间段名称
Router1(config-time-range) # periodic weekdays 09:00 to 20:00
！定义允许网络访问的相对时间段周期
Router(config-time-range)#exit
```

② 配置 IP ACL 安全规则，相关命令如下。

```
Router1(config) # access-list 100 permit ip 172.16.1.0 0.0.0.255 any
time-range on-work                    ！定义基于编号扩展 IP ACL 规则，和时间匹配
Router1(config) # access-list 100 deny ip any any time-range on-work
  ！定义编号扩展 IP ACL 规则，和时间匹配，其他都拒绝（默认，可省略）
```

③ 应用时间 IP ACL 安全规则。把编制完成的时间扩展 IP ACL 规则，尽量应用数据源头网络最近接口上。相关命令如下。

```
Router1(config) # int Fa0/1       ！把安全规则放置在数据发源地最近的出口
Router1(config-if) # ip access-group 100 in   ！把安全规则使用在接口入方向上
Router1(config-if) # no shutdown
Router1(config-if) #end
```

（7）第二次测试全网连通状态。

① 使用“clock set hh:mm:ss”命令调整路由器系统时间为上班时间周期。

② 打开公司办公网 PC1 机，使用“CMD”→转到 DOS 工作模式，输入以下命令。

```
ping 172.16.1.1
!!!!        ！由于直连网络连接，公司办公网 PC1 能 ping 通目标网关
ping 10.10.1.2
!!!!        ！通过路由，公司办公网 PC1，在上班时间能 ping 通 Internet 中设备 PC2
```

③ 调整路由器的系统时间在下班晚上 20：00 点以后的时间。使用“clock set”命令调整系统时间，命令格式如下。

```
Router1(config) # clock set  21: 00
```

④ 打开公司办公网 PC1 机，使用“CMD”→转到 DOS 工作模式，并输入以下命令。

```
ping 172.16.1.1
!!!!   ！由于直连网络连接，公司办公网 PC1 能 ping 通目标网关
```

```
ping 10.10.1.2
……      ！公司办公网 PC1 在晚上 20：00 点以后的时间不能 ping 通 Internet 中设备 PC2
```

【注意事项】

（1）在使用时间 ACL 时，最重要的一点是要保证设备（路由器或交换机）的系统时间的准确，因为设备是根据系统时间来判断当前时间是否在时间段范围内。为了保证设备系统时间的准确性，可以在特权模式下使用“clock set”命令调整系统时间。

（2）路由器接口名称因设备不同而不同，有些设备标识为 Fa1/1，本案例中为 Fa0/1；WAN 口有些设备标识为 S1/1，使用“show ip interface brief”查询具体设备名称。

（3）如果实验中 WAN 模块的 serial 接口缺少 V35 线缆，可借助路由器 Fastethernet 口，使用普通的网线，也可以组建网络，配置动态路由，实施时间访问控制列表，实现网络的连通。

实验 29　实施交换机端口限速（可选）

【背景描述】

丰乐公司为了保护销售数据的安全，实施内网安全防范的措施。公司网络核心使用一台三层路由设备，连接公司几个不同区域子网络：一方面实现办公网互连互通；另一方面把办公网接入 Internet 网络。

公司网络管理员最近收到很多员工的投诉，抱怨公司的网络需要优化，不论是收发邮件还是上网查资料的速度都很慢，严重地影响了工作效率。

对此，网络管理员进行了调查，发现有一台交换机的某些端口的数据流量很大，严重影响了网络性能，于是决定对这几个交换机端口进行速率限制，从而改进网络性能。

【实验目的】

掌握如何实现交换网络 QOS（Quality of service，服务质量），实现端口限速。通过在交换机上设置端口速率限制来优化网络的性能，提高网络的效率。

【实验拓扑】

图 29-1 所示的网络拓扑为丰乐公司企业网工作场景，下面据此连接网络。

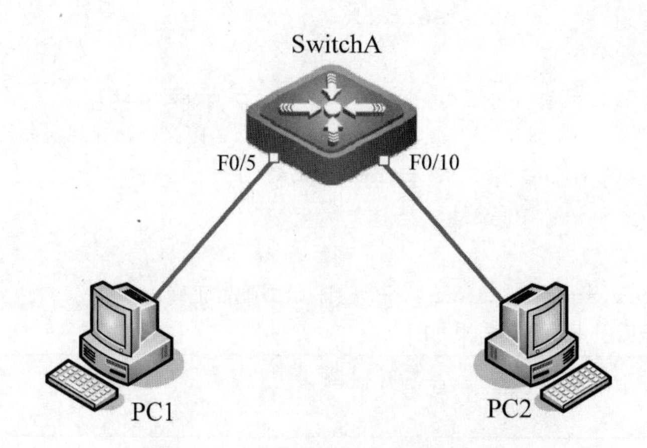

图 29-1　实施交换机端口限速拓扑

表 29-1 所示的地址信息是给办公室中的设备配置的 IP 地址。

表 29-1　办公网地址规划信息

设备	IP 地址	网关	接口	备注
PC1	192.168.1.5/24	\	F0/5	办公网 PC1
PC2	192.168.1.10/24	\	F0/10	办公网 PC2

【实验设备】

三层交换机（1 台）、测试 PC（若干）、网线(若干)。

【实验原理】

可限速的交换机一般都是在三层或者以上的交换机。近些年来，一些新出的交换机型号为二层设备，但也可以做到QOS限速，精确度达到1Mbps。

企业网中的核心层交换机，除了要支持VLAN、TRUNK、ACL等功能外，其最核心的功能就是要保证各个端口间的快速数据转发。

【实验步骤】

（1）在没有配置端口限速时测量传输速率。

在没有配置端口限速时，从PC1向PC2传输一个较大文件（比如60.5MB），计算结果记录如表29-2所示。

表29-2　没有端口限速时

	传输数据大小（MB）	传输数据时间（秒）	平均传输速率（Mbit/s）
无限制情况	60.5MB	28	17.29

（2）采用访问控制列表（ACL）定义需要限速数据流。

采用访问控制列表（IP ACL）定义需要限速的数据流，代码如下。

```
Switch(config)#
Switch(config)# hostname SwitchA
SwitchA(config)#
SwitchA(config)# ip access-list standard qoslimit1
                                        ! 定义访问控制列表名称为 qoslimit1
SwitchA(config-std-ipacl)# permit host 192.168.0.5   ! 定义需要限速的数据流
SwitchA(config-std-ipacl)# end

SwitchA# show access-lists     ! 验证 ACL 配置正确
```

上述命令执行后，显示的结果如下。

```
Standard IP access list: qoslimit1
permit host 192.168.0.5
```

（3）设置带宽限制和猝发数据量。

```
SwitchA(config)#
SwitchA(config)# class-map classmap1      ! 设置分类映射图名称为“classmap1”
SwitchA(config-cmap)# match access-group qoslimit1
         ! 定义匹配条件为：匹配访问控制列表“qoslimit1”
SwitchA(config-cmap)# exit
SwitchA(config)#

SwitchA(config)# policy-map policymap1  ! 设置策略映射图名称为“policymap1”
SwitchA(config-pmap)# class classmap1   ! 匹配分类映射图
SwitchA(config-pmap)# police 1000000 65536 exceed-action drop
```

```
        ！设置带宽限制为 1Mbps，数据量为 64k/8usec，超过限制则丢弃数据包
        ！1000000bps=1Mbps, 65536 bits=64k bits
SwitchA(config-pmap)# exit
SwitchA(config)#
```

（4）查看配置完成的分类映射图。

```
SwitchA# show class-map          ！验证分类映射图和分类映射图的配置
```

上述命令执行后的显示结果如下。

```
Class Map Name: classmap1
Match access-group name: qoslimit1
SwitchA# show policy-map         ！验证分类映射图的正确性
```

上述命令执行后的显示结果如下。

```
Policy Map Name: policymap1
Class Map Name: classmap1
Rate bps limit(bps): 1000000
Burst byte limit(byte): 65536
Exceed-action: drop
```

（5）将带宽限制策略应用到相应端口上。

将带宽限制策略应用到相应的端口上，并输入如下代码。

```
SwitchA(config)# interface fastethernet 0/5
SwitchA(config-if)# mls qos trust cos
                                    ！启用 QoS，设置接口 QoS 信任模式为 cos
SwitchA(config-if)# service-policy input policymap1
                                    ！应用带宽限制策略 policymap1
SwitchA(config-if)# exit
```

（6）验证带宽限制策略的效果。

首先查看配置完成的端口 QoS 策略的正确性，代码如下。

```
SwitchA# show mls qos interface fastethernet 0/1  ！验证端口 QoS 策略的正确性
```

上述命令执行后的显示结果如下。

```
Interface: Fa0/5
Attached policy-map: policymap1
Trust state: cos
Default COS: 0
```

在配置带宽限制策略情况下，从 PC1 向 PC2 传一个较大文件（比如 60.5MB），计算传输时间和平均传输速率。将上述结果与没有配置带宽限制策略的计算结果进行比较，如表 29-3 所示。

表 29-3　带宽限制前后对比

	传输数据大小（MB）	传输数据时间（秒）	平均传输速率（Mbit/s）
无限制情况	60.5MB	28	17.286
限制带宽为 1Mbit/s	60.5MB	608	0.796

以上结果显示说明：当没有配置限速时，实际速度为 17.286Mbit/s（网卡和交换机端口是 10/100M）；当配置限速 1Mbit/s 时，实际速度为 0.796Mbit/s，限速效果很明显。

【注意事项】

（1）限速配置的第一步是定义需要限速的流。这项是通过 QoS 的 ACL 列表来完成。对于不在 QoS ACL 列表中的流，交换机依旧转发，只是限速功能无效。

（2）所有限速只对端口的 input 有效，即对进入交换机端口的流有效。目前无法做到对单一端口的 input/output 双向控制。若需对 output 方向控制，可以在另一端的交换机端口对 input 方向控制。

（3）限速配置可以 IP、MAC、TCP 及 7 层应用流，配置方法与前述内容相同。

实验 30 防火墙实现 URL 过滤

【背景描述】

丰乐公司是一家电子商务销售公司，为了保证公司内部销售数据的安全，需要实施公司内网的安全防范措施。公司购买了一台防火墙，安装在公司北京总部办公网的出口处。企业网络的出口使用该防火墙作为接入 Internet 的设备，满足基本的网络安全需求。

最近网络管理员发现，一些员工在上班时间经常访问一些娱乐网站（如 www.sohu.com），影响了工作效率。现在需要登录到防火墙对其进行配置，使员工在上班时间不能访问这些网站（www.sohu.com），但是销售部的员工因为业务需要，可以访问这些网站获取信息。

【实验目的】

掌握防护墙的基本配置，熟悉在防火墙实现 URL（Uniform Resource Locator，统一资源定位符）过滤策略的制定方案。

【实验拓扑】

按图 30-1 所示的网络场景，搭建防火墙的初始化环境，并按表 30-1 所示的信息配置 PC 的 IP 地址和网关信息。

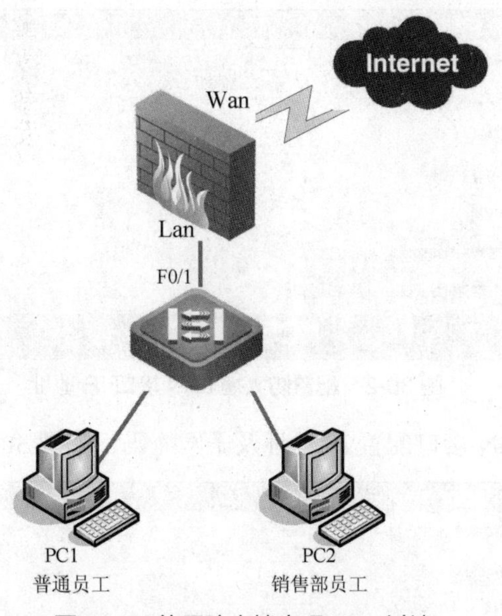

图 30-1 使用防火墙实现 URL 过滤

表 30-1 办公网地址规划

设备	接口	接口地址	网关	备注
FireWall	WAN	1.1.1.1/24	\	防火墙的 WAN 接口
	Lan	192.168.11/24	\	防火墙的 LAN 接口

续表

设备	接口	接口地址	网关	备注
PC1		192.168.1.30/24	192.168.1.1/24	公司后勤部门 PC 设备
PC2		192.168.1.200/24	192.168.1.1/24	公司销售部门 PC 设备

【实验设备】

锐捷 RG-WALL1600 系列防火墙（1 台），测试 PC（若干），网线(若干)。

【实验原理】

防火墙指是一种计算机硬件和软件的结合，其在 Internet 与 Intranet 之间建立起一个安全网关（Security Gateway），从而保护内部网免受非法用户的侵入。

防火墙主要由服务访问规则、验证工具、包过滤和应用网关等 4 个部分组成，防火墙就是一个位于计算机和它所连接的网络之间的软件或硬件，该计算机流入流出的所有网络通信和数据包均要经过此防火墙过滤和安全检查。

【实验步骤】

（1）配置防火墙接口 IP 地址。

① 进入防火墙的配置页面，选择“网络配置”→“接口 IP”，单击“添加”按钮为接口添加 IP 地址。这时为防火墙的 LAN 接口配置 IP 地址及子网掩码，如图 30-2 所示。

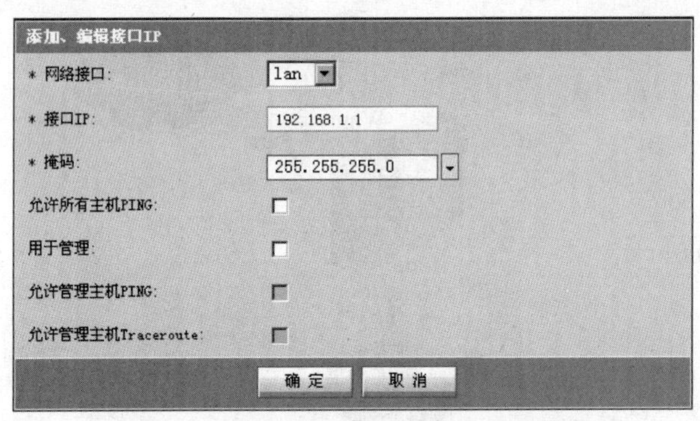

图 30-2 配置防火墙 LAN 接口 IP 地址

② 为防火墙的 WAN 接口配置 IP 地址及子网掩码，如图 30-3 所示。

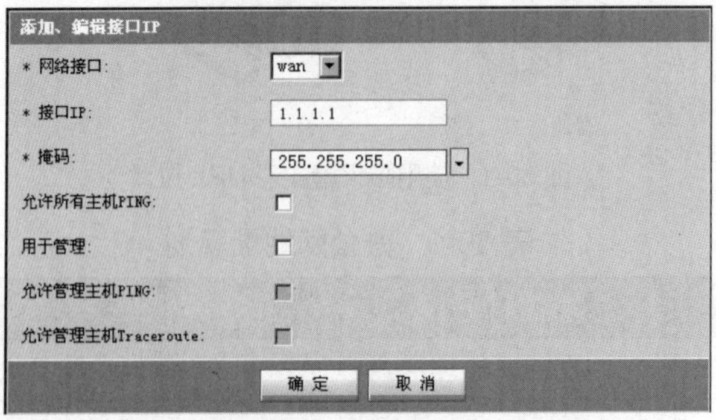

图 30-3 配置防火墙 WAN 接口 IP 地址

（2）配置默认路由。

进入防火墙的配置页面，选择“网络配置”→“策略路由”，单击“添加”按钮，添加一条到达 Internet 的默认路由，如图 30-4 所示。

添加、编辑策略路由
路由
源路由
路由负载均衡
目的地址:
0.0.0.0
/
0.0.0.0
下一跳地址:
地址:
1.1.1.2
vpn设备:
无
确 定
取 消

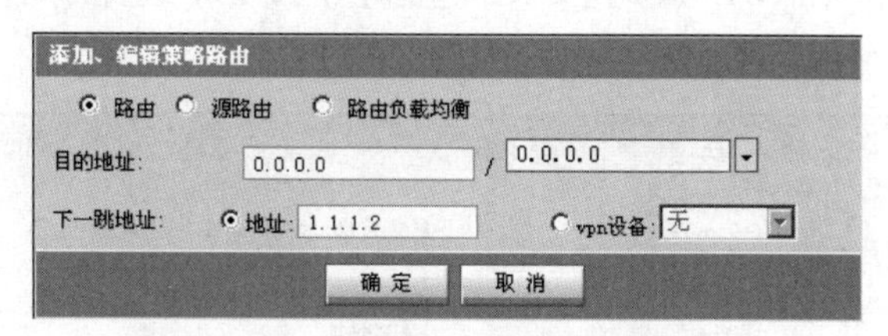

图 30-4　配置防火墙默认路由

（3）配置广告部的 NAT 规则。

进入防火墙配置页面，选择“安全策略”→“安全规则”，单击页面上方的“NAT 规则”按钮，添加 NAT 规则，如图 30-5 所示。

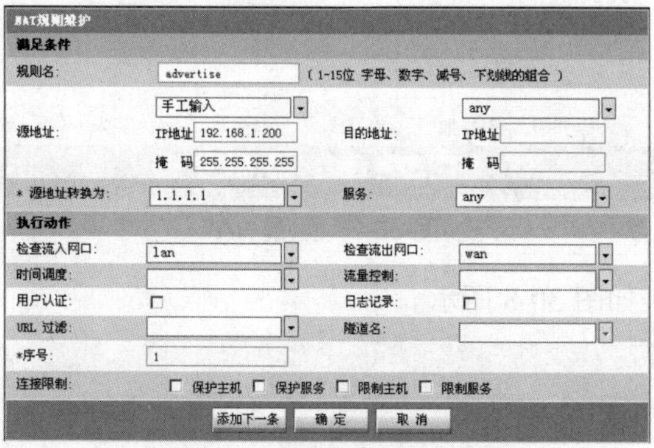

NAT规则维护
满足条件
规则名:
advertise
（1-15位 字母、数字、减号、下划线的组合）
手工输入
any
源地址:
IP地址
192.168.1.200
目的地址:
IP地址
掩 码
255.255.255.255
掩 码
* 源地址转换为:
1.1.1.1
服务:
any
执行动作
检查流入网口:
lan
检查流出网口:
wan
时间调度:
流量控制:
用户认证:
日志记录:
URL 过滤:
隧道名:
*序号:
1
连接限制:
保护主机
保护服务
限制主机
限制服务
添加下一条
确 定
取 消

图 30-5　配置防火墙 NAT 规则

（4）配置 URL 列表。

进入防火墙配置页面，选择“对象定义”→“URL 列表”，单击“添加”按钮创建 URL 列表。

URL 列表的类型选择[黑名单]，即拒绝访问该 URL；[http 端口]输入默认的端口 80；在“添加关键字”中输入 URL 的关键字，如图 30-6 所示。

添加、编辑URL过滤
* 名称:
deny_sohu
（1-15位 字母、数字、减号、下划线的组合）
类型:
黑名单
* http端口:
80
（多个端口用英文逗号分隔）
日志记录:
记录允许访问的URL
记录被禁止访问的URL
"www.sohu.com"
关键字列表:
（1-255位中文、字母、数字和":/.-_"的组合）
删 除
清 空
导 出
添加关键字:
添 加
导入关键字文件:
浏览...
导 入
备注:
确 定
取 消

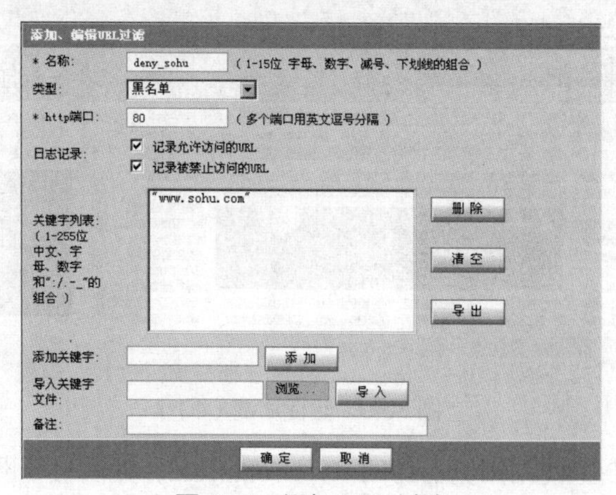

图 30-6　添加 URL 过滤

（5）配置普通员工的 NAT 规则。

进入防火墙配置页面，选择“安全策略”→“安全规则”，单击页面上方“NAT 规则”按钮，添加 NAT 规则。在 NAT 规则【URL 过滤】下拉框中选择刚才创建 URL 列表，如图 30-7 所示。

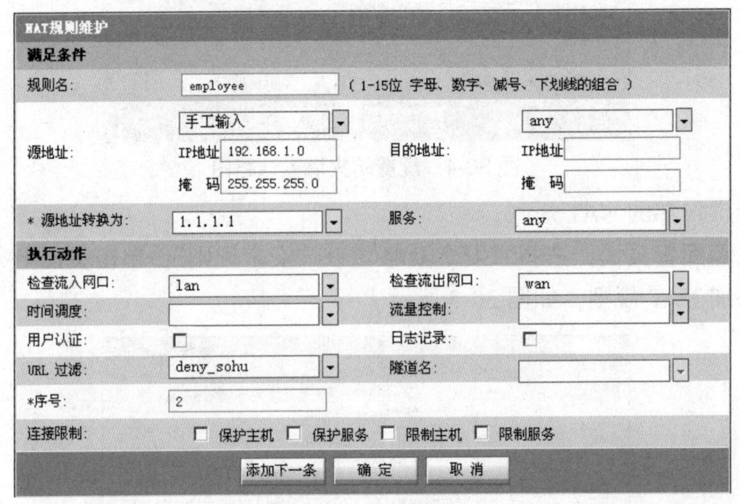

图 30-7 配置 NAT

配置完的规则列表如图 30-8 所示。

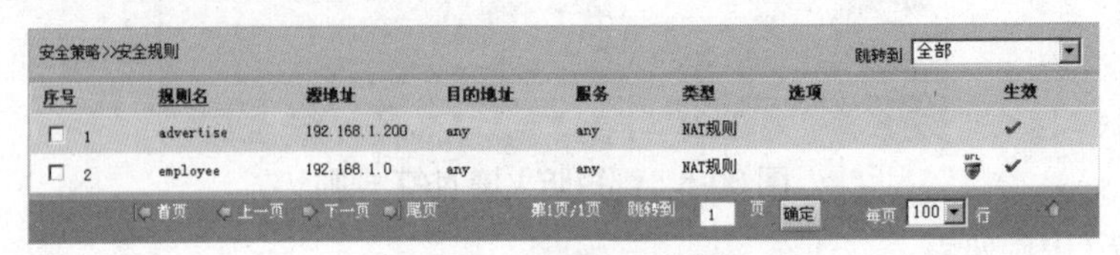
安全策略>>安全规则　　跳转到 全部

序号	规则名	源地址	目的地址	服务	类型	选项	生效
1	advertise	192.168.1.200	any	any	NAT规则		✔
2	employee	192.168.1.0	any	any	NAT规则	URL	✔

首页 上一页 下一页 尾页　第1页/1页　跳转到 1 页 确定　每页 100 行

图 30-8 查看规则列表

（6）验证测试。

在广告部的 PC 上使用浏览器访问 www.sohu.com，可以成功访问，如图 30-9 所示。

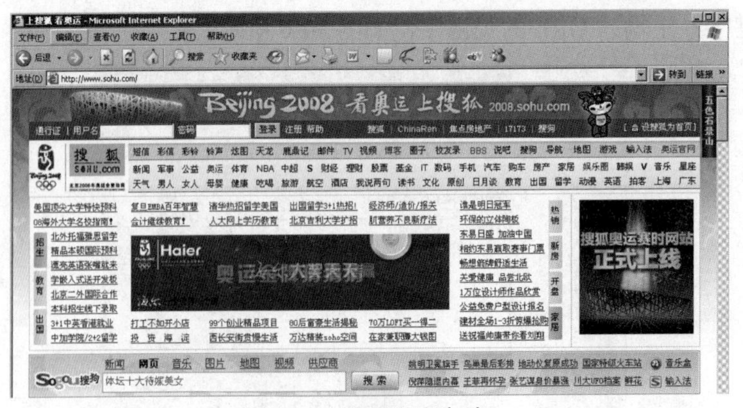

图 30-9 验证测试（1）

在普通员工的 PC 上使用浏览器访问 www.sohu.com，无法打开网页，因为防火墙已经将去往 www.sohu.com 的请求阻断，如图 30-10 所示。

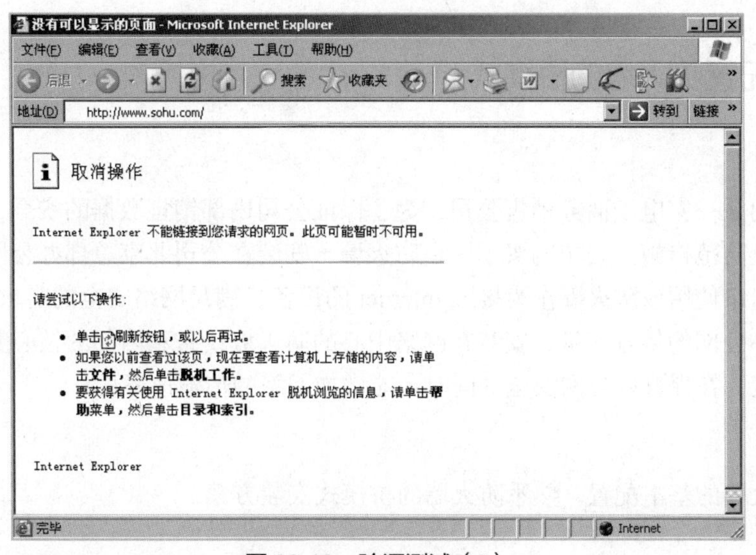
没有可以显示的页面 - Microsoft Internet Explorer
文件(F) 编辑(E) 查看(V) 收藏(A) 工具(T) 帮助(H)
后退
搜索
收藏夹
地址(D) http://www.sohu.com/
转到
链接
取消操作
Internet Explorer 不能链接到您请求的网页。此页可能暂时不可用。
请尝试以下操作:
单击 刷新按钮，或以后再试。
如果您以前查看过该页，现在要查看计算机上存储的内容，请单击文件，然后单击脱机工作。
要获得有关使用 Internet Explorer 脱机浏览的信息，请单击帮助菜单，然后单击目录和索引。
Internet Explorer
完毕
Internet

图 30-10　验证测试（2）

实验 31　配置防火墙的桥模式

【背景描述】

丰乐公司是一家电子商务销售公司，为了保证公司内部销售数据的安全，需要实施公司内网的安全防范措施。公司购买了一台防火墙，安装在公司北京总部办公网的出口处。企业网络的出口使用该防火墙作为接入 Internet 的设备，满足网络安全的需求。

为加快办公网的传输流量，安装在网络中心的防火墙设备和内部的核心交换机，采用网桥模式连接，在提升办公网安全的同时还能增加网络的传输速率。

【实验目的】

掌握防火墙的基本配置，熟悉防火墙的桥模式安装方案。

【实验拓扑】

按图 31-1 所示的防火墙的桥模式安装网络，搭建防火墙的网桥模式环境，并按表 31-1 所示的信息配置 PC 的 IP 地址信息。

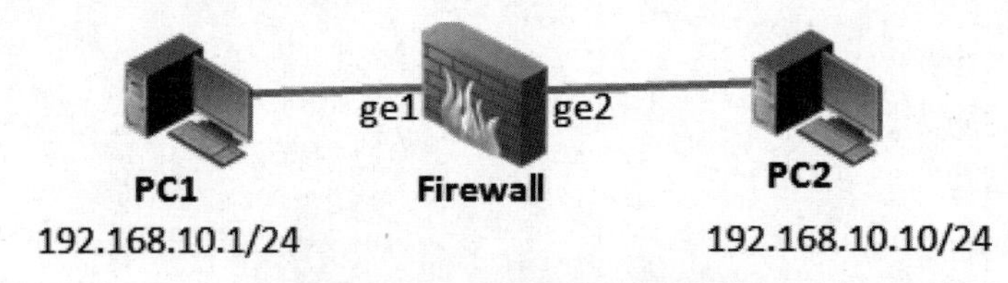

图 31-1　防火墙的网桥模式安装

表 31-1　办公网地址规划

设备	接口	接口地址	网关	备注
PC1	ge1	192.168.10.1/24	\	公司部门 PC 设备
PC2	ge2	192.168.10.10/24	\	互联网 PC 设备

【实验设备】

锐捷 RG-WALL1600 系列防火墙（1 台），测试 PC（若干），网线(若干)。

【实验原理】

防火墙的网桥模式也称为透明模式，顾名思义，首要的特点就是对用户是透明的(Transparent)，即用户意识不到防火墙的存在。要想实现透明模式，防火墙必须在没有 IP 地址的情况下工作，不需要对其设置 IP 地址，用户也不知道防火墙的 IP 地址。

透明模式的防火墙就好像是一台网桥(非透明的防火墙好像一台路由器)，网络设备(包括主机、路由器、工作站等)和所有计算机的设置(包括 IP 地址和网关)无须改变，同时解析所有通过它的数据包，既增加了网络的安全性，又降低了用户管理的复杂程度。

如果防火墙采用透明模式进行工作，此时防火墙对于子网用户来说是完全透明的。也就是说，用户完全感觉不到防火墙的存在。采用透明模式时，只需在网络中像放置网桥

（bridge）一样插入该防火墙设备即可，无需修改任何已有的配置。

【实验步骤】

（1）组建网络，测试网络连通。

如图 31-1 所示拓扑组建网络，配置 PC 的地址，测试网络连通。其中：

将 PC1 的 IP 地址设置为：192.168.10.1/24，PC2 的 IP 地址设置为：192.168.10.10/24。

在 PC1 机上，转到 DOS 命令测试环境，使用“ping”命令，测试和 PC2 设备的网络连通情况，如下所示。

```
ping 192.168.10.10
.........                ！虽然是直连网段，办公网 PC1 不能 ping 通目标 PC2
```

因为防火墙没有做任何配置，按照防火墙设备的安全规则，一切未被允许都被禁止通讯，所以网络不通。

（2）使用 Web 页面方式登录防火墙。

按照上述实验过程同样的方法，通过一台管理主机，使用 Web 页面方式登录防火墙。详细的过程见“实验 30 防火墙初始化配置”。

（3）配置防火墙桥模式。

默认防火墙工作桥模式的情况下，防火墙的接口为透传二层接口，不需要配置地址。

在登录成功的防火墙主页面上，选择进入“网络管理”→“接口”→“透明桥”，单击右侧页面上的“新建”按钮，即可创建防火墙的透明桥工作模式，如图 31-2 所示。

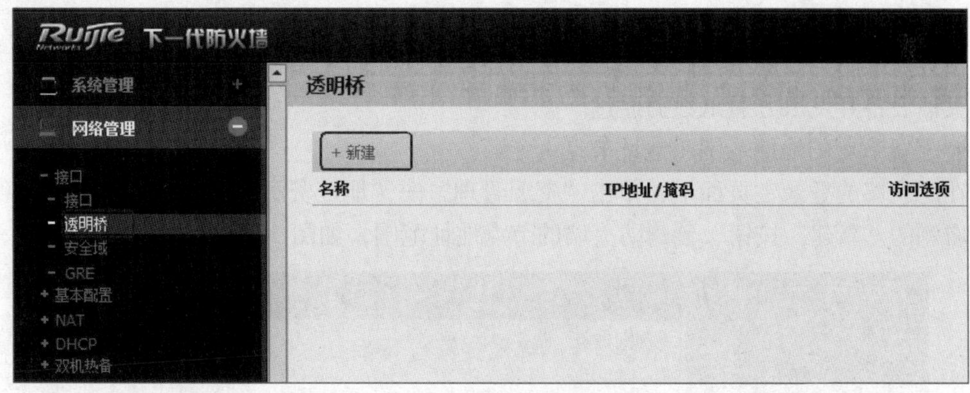

图 31-2 新建防火墙的透明桥工作模式

在打开的创建页面上，填写透明桥的地址及其安全信息。其中：

- 桥的“名称”为自定义、“IP 地址/掩码”为管理防火墙而设，不影响用户通信。
- 在“接口列表”栏，勾选防火墙的接口 ge1 和 ge2，表明将这两个接口划分到桥中。
- 在“管理访问”栏，勾选上 HTTPS 和 PING 功能，表示可以通过该桥对防火墙进行测试和管理，不影响用户通信，否则防火墙会禁 PING 功能。新建透明桥规则如图 31-3 所示。

设置完成后，单击“提交”按钮，配置完成的结果如图 31-4 所示。

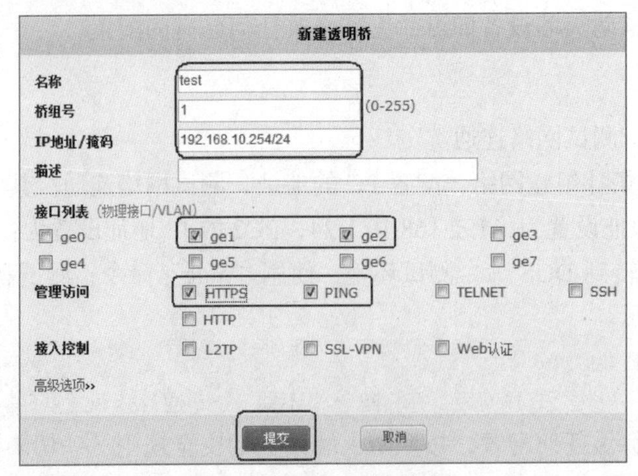

图 31-3　新建透明桥规则

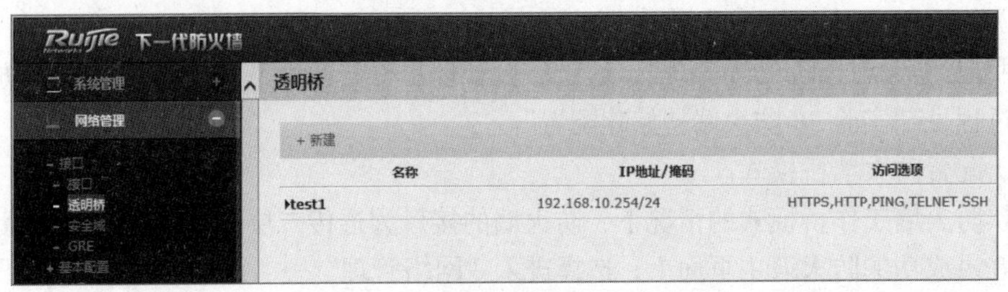

图 31-4　完成新建透明桥规则的结果

（4）配置防火墙桥模式的安全规则。

设置完成防火墙的桥模式工作状态后，还需要建立防火墙桥模式的安全通讯规则，允许防火墙设备开发双方通讯数据通过。

- 配置节点的地址范围（地址节点）。

在防火墙的登录主页面上，单击“资源管理”→“地址资源”→“地址节点”选项，单击右侧的“新建”按钮，创建防火墙的节点地址范围，如图 31-5 所示。

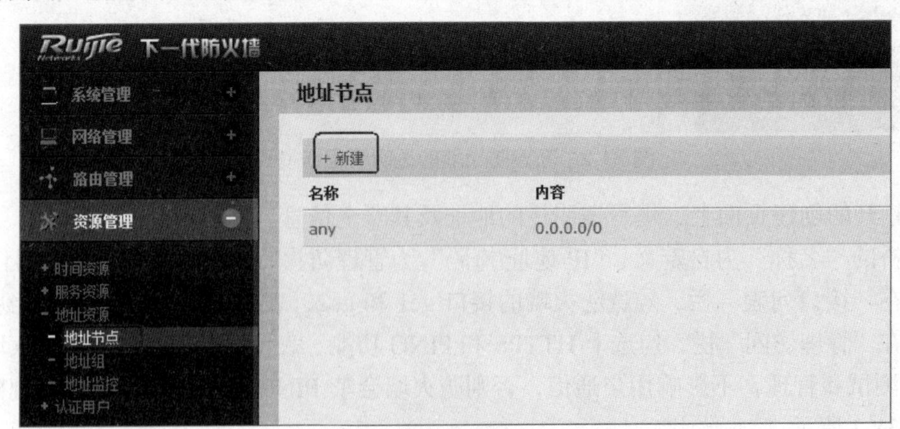

图 31-5　新建节点的地址范围

在打开的“新建地址节点”页面上，填写“名称”、“地址节点”范围，并单击“导入”（→）按钮，导入地址方案，最后单击“提交”按钮，完成配置地址节点范围的定义，如图

31-6 所示。

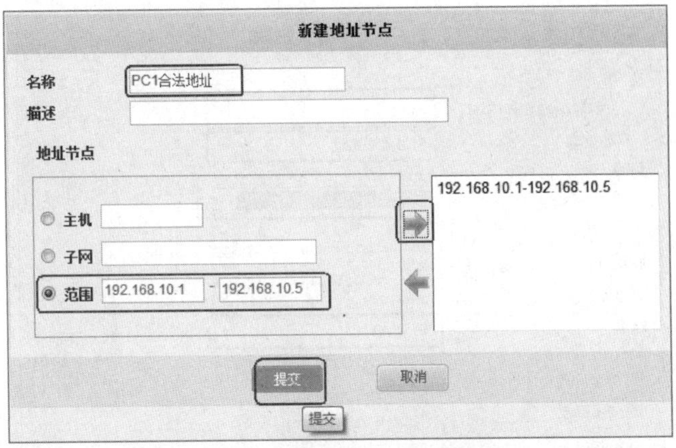

图 31-6　配置地址节点范围的定义

配置完成的结果如图 31-7 所示。

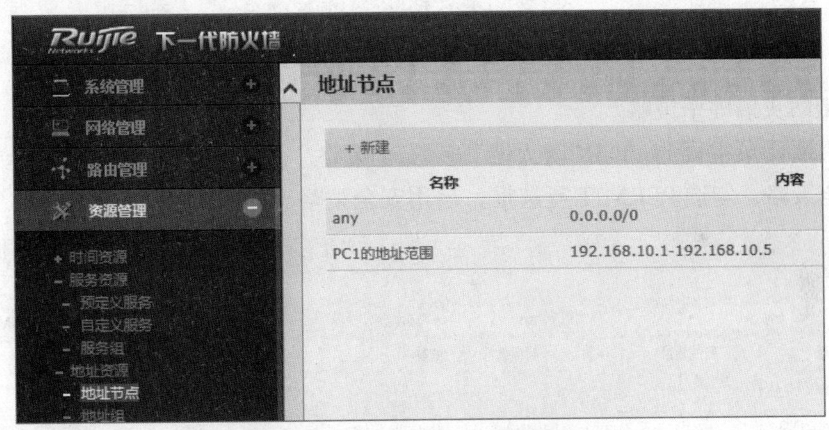

图 31-7　完成配置节点的地址范围

- 配置防火墙的安全策略。

在防火墙的登录主页面上，单击“防火墙”→“安全策略”→“安全策略”选项，单击右侧的“新建”按钮，创建防火墙节点访问的安全策略，如图 31-8 所示。

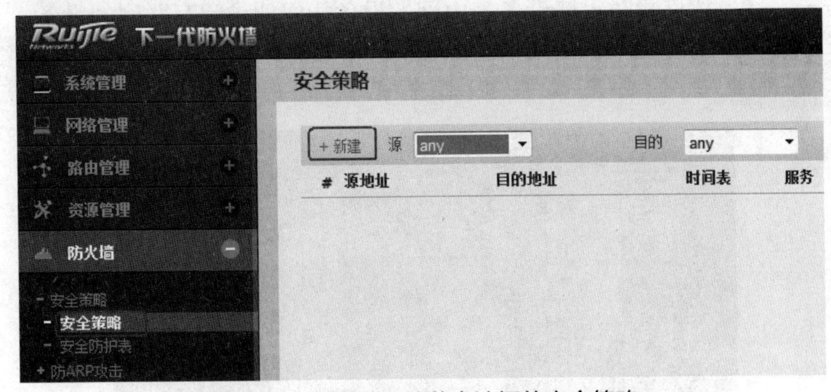

图 31-8　创建防火墙节点访问的安全策略

在打开防火墙节点访问安全策略页面上，填写安全策略信息，如图 31-9 所示。

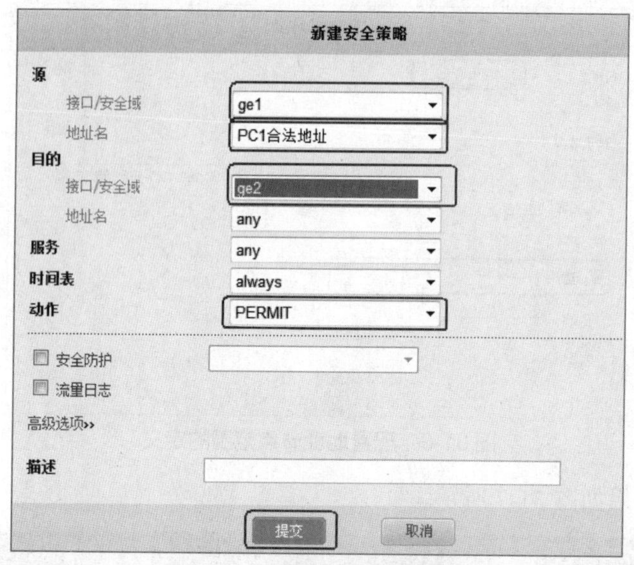

图 31-9　填写安全策略信息

● 启用防火墙安全策略。

在防火墙登录主页上，单击“防火墙”→“安全策略”→“安全策略”选项，选择“**ge1->ge2 (0/1)**”安全策略，勾选 PERMIT 复选框，启用安全策略，如图 31-10 所示。

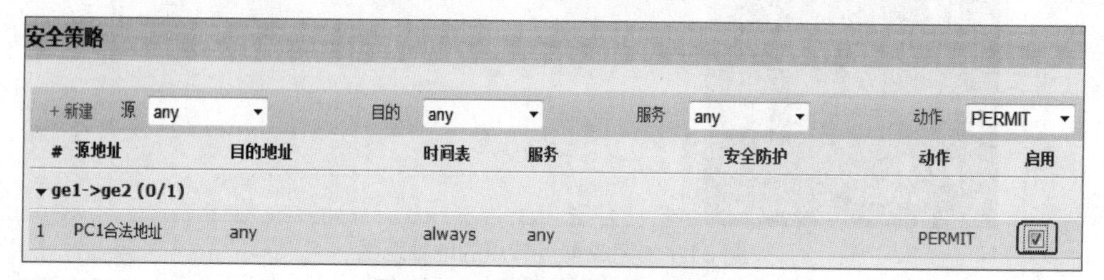

图 31-10　启用防火墙安全策略

（5）网络测试（1）：内网（PC1）访问外网（PC2）。

在 PC1 机上转到 DOS 命令环境，使用“ping”命令，测试和 PC2 设备网络连通，如图 31-11 所示，通过桥模式防火墙设备，内网的设备能成功访问互联网的设备。

```
ping 192.168.10.10
!!!!!
```

```
C:\Users\Administrator>ping 192.168.10.10

正在 Ping 192.168.10.10 具有 32 字节的数据:
来自 192.168.10.10 的回复: 字节=32 时间=10ms TTL=64
来自 192.168.10.10 的回复: 字节=32 时间=1ms TTL=64
来自 192.168.10.10 的回复: 字节=32 时间=7ms TTL=64
来自 192.168.10.10 的回复: 字节=32 时间=8ms TTL=64

192.168.10.10 的 Ping 统计信息:
    数据包: 已发送 = 4, 已接收 = 4, 丢失 = 0 (0% 丢失),
往返行程的估计时间(以毫秒为单位):
    最短 = 1ms, 最长 = 10ms, 平均 = 6ms
```

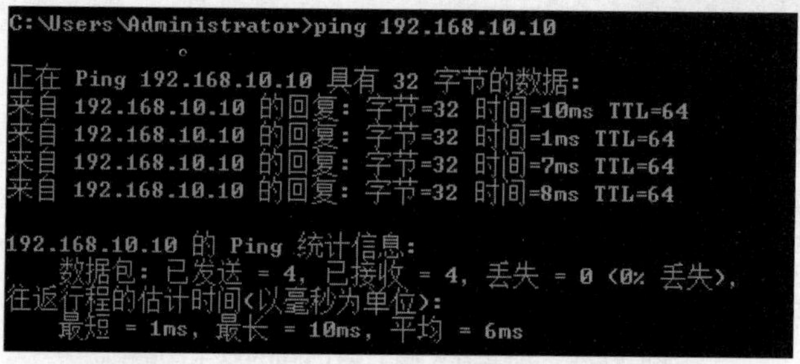

图 31-11　内网（PC1）访问外网（PC2）测试

（6）网络测试（2）：外网（PC2）攻击内网（PC1）。

在 PC2 机上，转到 DOS 命令测试环境，使用“ping”命令测试和 PC1 设备的网络连通情况，如图所示，在防火墙的默认规则中，禁止来自外部网络中 PC2 计算机主动发起测试和探测功能。外网的设备不能访问内网中的设备。

```
ping 192.168.10.10
..............        ! 用PC2 ping PC1，不通
```

（7）网络测试（3）：内网（PC1）未被允许的地址测试外网（PC2）。

将内网 PC1 设备的 IP 地址设置为 192.168.10.7。

通过如上访问，使用 PC 1 ping PC2，

```
ping 192.168.10.10
..............
```

如图 31-12 所示，网络也不通，不在地址节点范围内，未授权的地址禁止访问。

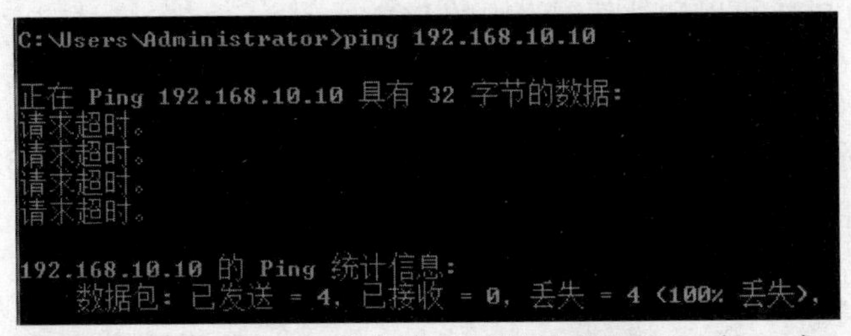

图 31-12　内网（PC1）未被允许的地址测试外网（PC2）

实验 32　配置防火墙的路由模式

【背景描述】

丰乐公司为了确保公司内部销售数据的安全，需要实施公司内网的安全防范措施。公司购买了一台防火墙，安装在公司北京总部办公网的出口处，满足网络安全需求。

安装在网络中心的防火墙和内部出口路由器之间互连，防火墙和出口路由器之间采用路由模式连接，希望防火墙主要承担网络安全的防范功能，出口路由器设备完成网络路由功能，以减轻防火墙的工作负担，在提升办公网安全的同时还能增加网络的传输速率。

【实验目的】

掌握防护墙的基本配置，熟悉防火墙的路由模式安装方案。会配置防火墙的静态路由，实现内部网络中的 PC1 可以和外部网络中的 PC2 通信。

【实验拓扑】

按图 32-1 所示的网络场景，搭建防火墙的路由模式环境，并按表 32-1 所示的信息配置 PC 的 IP 地址信息。

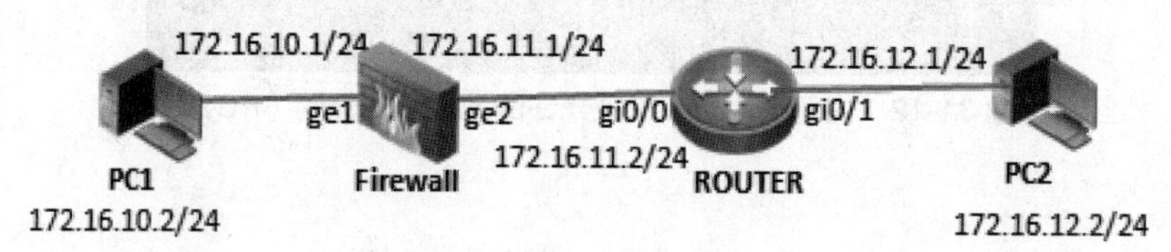

图 32-1　防火墙的路由模式环境

表 32-1　办公网地址规划

设备	接口	接口地址	网关	备注
PC1	ge1	172.16.10.2/24	172.16.10.1/24	公司部门 PC 设备
Firewall	ge1	172.16.10.1/24	\	
	ge2	172.16.11.1/24		
Router	gi0/0	172.16.11.2/24		
	gi0/1	172.16.12.1/24		
PC2	gi0/1	172.16.12.2/24	\	互联网上 PC 设备

【实验设备】

锐捷 RG-WALL1600 系列防火墙（1 台），路由器（1 台）、测试 PC（若干），网线(若干)。

【实验原理】

防火墙能够工作在三种模式下：路由模式、透明模式、混合模式。如果防火墙以第三层对外连接（接口具有 IP 地址），则认为防火墙工作在路由模式下；若防火墙通过第二层对外连接（接口无 IP 地址），则防火墙工作在透明模式下；若防火墙同时具有工作在路由模式和透明模式的接口（某些接口具有 IP 地址，某些接口无 IP 地址），则防火墙工作在混合模式下。

当防火墙位于内部网络和外部网络之间时，需要将防火墙与内部网络、外部网络以及 DMZ 三个区域相连的接口分别配置成不同网段的 IP 地址，重新规划原有的网络拓扑，此时相当于一台路由器。

采用路由模式时，可以完成 ACL 包过滤、ASPF 动态过滤、NAT 转换等功能。然而，路由模式需要对网络拓扑进行修改（内部网络用户需要更改网关、路由器需要更改路由配置等），这是一件相当费事的工作，因此在使用该模式时需权衡利弊。

【实验步骤】

（1）组建网络，测试网络连通。

如图 32-1 拓扑组建网络，配置 PC 的地址。

（2）使用 Web 页面方式登录防火墙。

按照“实验 30　防火墙初始化配置”实验过程，通过一台管理主机，使用 Web 页面方式登录防火墙。

（3）配置防火墙的接口 IP 地址。

在防火墙的登录主页面上，单击“网络管理”→“接口”选项，选择右侧的 ge1 接口，单击最右侧“编辑”按钮，配置 ge1 接口的 IP 地址，如图 32-2 所示。

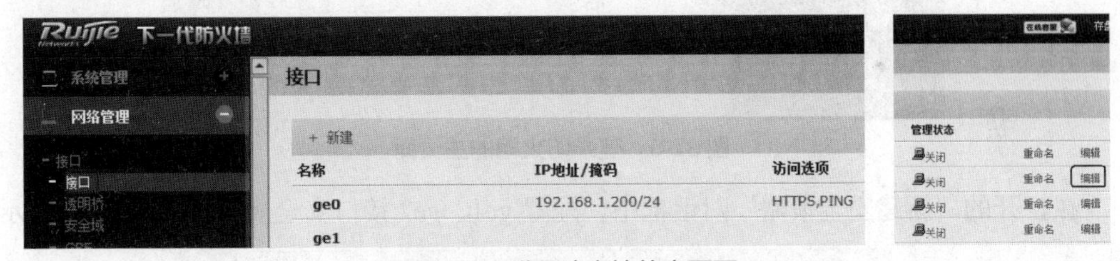

图 32-2　登录防火墙的主页面

如图 32-3 所示，在“编辑物理接口 ge1”界面上，配置 ge1 接口 IP 地址。

编辑物理接口 ge1

接口名称　ge1

描述

地址模式　静态　DHCP　PPPoE

IP地址/掩码　172.16.10.1/24

DDNS　启用

管理访问　HTTPS　PING　TELNET　SSH　HTTP

接入控制　L2TP　SSL-VPN　Web认证

高级选项 »

提交　取消

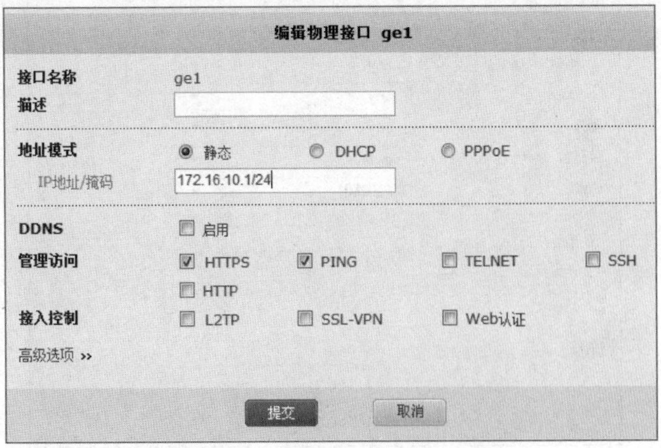

图 32-3　配置 ge1 接口 IP 地址

按照上述同样的方式，配置 ge2 接口的 IP 地址，如图 32-4 所示。

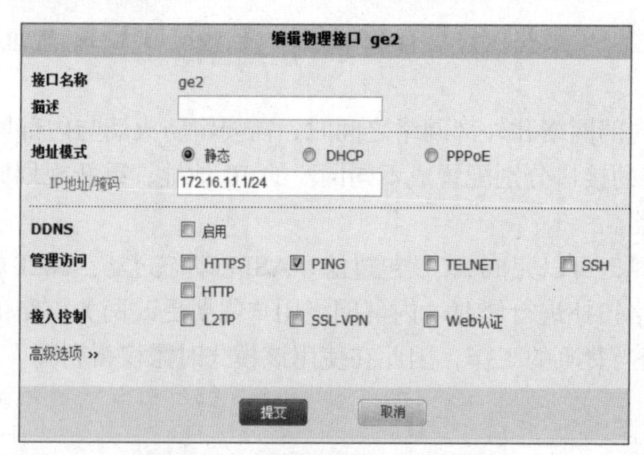

图 32-4　配置 ge2 接口 IP 地址

（4）配置防火墙的安全通信规则。

在防火墙的登录主页面上，单击“防火墙”→“安全策略”→“安全策略”选项，单击右侧的“新建”按钮，配置 ge1、ge2 接口的安全通信规则，如图 32-5 所示。

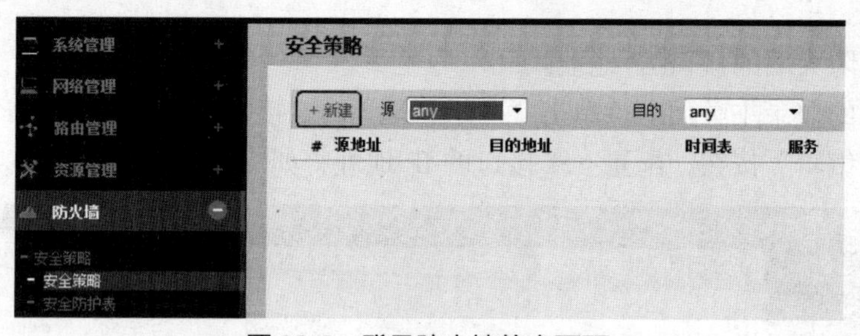

图 32-5　登录防火墙的主页面

在打开的“新建安全策略”对话框中，配置 ge1、ge2 接口安全规则，如图 32-6 所示。

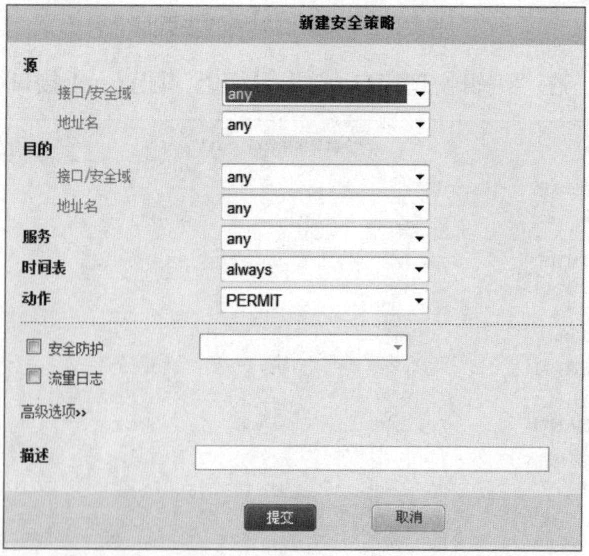

新建安全策略
源
接口/安全域　any
地址名　any
目的
接口/安全域　any
地址名　any
服务　any
时间表　always
动作　PERMIT
安全防护
流量日志
高级选项»
描述
提交　取消

图 32-6　配置 ge1、ge2 的接口安全通信规则

配置完成安全策略后，单击“提交”按钮，完成“新建安全策略”的配置，配置完成

的 ge1、ge2 接口安全规则如图 32-7 所示。

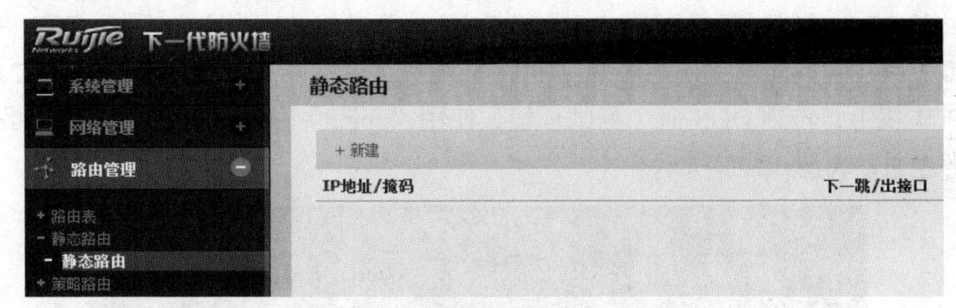

#	源地址	目的地址	时间表	服务	安全防护	动作	启用
any->any (0/1)							
1	any	any	always	any		PERMIT	☑

图 32-7　完成 ge1、ge2 的接口安全通信规则

（5）配置防火墙的静态路由。

在防火墙登录主页上，单击“路由管理”→“静态路由”→“静态路由”选项，单击右侧“新建”按钮，准备配置 ge1、ge2 接口之间的静态路由规则，如图 32-8 所示。

图 32-8　登录防火墙的主页面

单击“新建”按钮后，即可开启“新建静态路由”安全规则，配置静态路由，如图 32-9 所示。

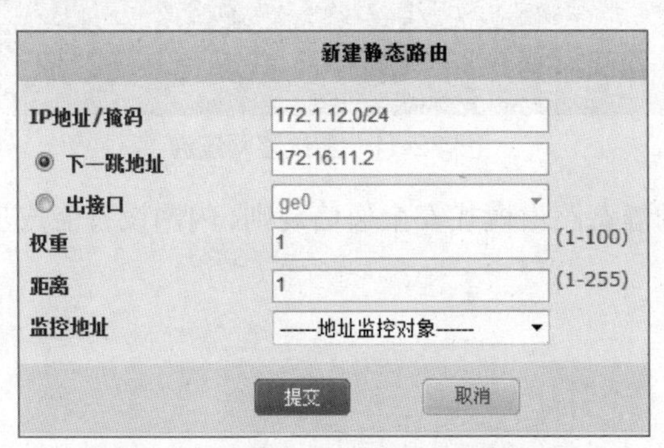

图 32-9　配置防火墙的静态路由规则

配置完成静态路由信息后，单击“提交”按钮，完成静态路由配置，如图 32-10 所示。

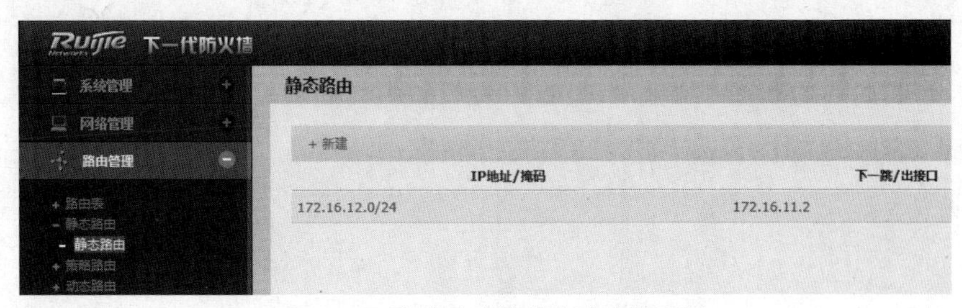

图 32-10　完成防火墙静态路由的配置

（6）配置出口路由器设备路由。

- 配置接口地址

```
Ruijie(config)#int gi0/0
Ruijie(config-if-GigabitEthernet 0/0)#
Ruijie(config-if-GigabitEthernet 0/0)#ip add 172.16.11.2 255.255.255.0
Ruijie(config-if-GigabitEthernet 0/0)#int gi0/1
Ruijie(config-if-GigabitEthernet 0/1)#ip add 172.16.12.1 255.255.255.0
Ruijie(config-if-GigabitEthernet 0/1)#exit
```

- 配置路由

```
Ruijie(config)#ip route 172.16.10.0 255.255.255.0 172.16.11.1
```

（7）网络测试。

按照表 32-1 规划地址，配置 PC1 和 PC2 计算机的 IP 地址。其中：PC1 的地址为 172.16.10.2/24，网关为 172.16.10.1/24；PC2 的地址为 172.16.12.2/24，网关为 172.16.12.1。

在 PC1 机上，转到 DOS 命令测试环境，使用“ ping”命令，测试和外部网络 PC2 设备的网络连通，如图 32-11 所示。

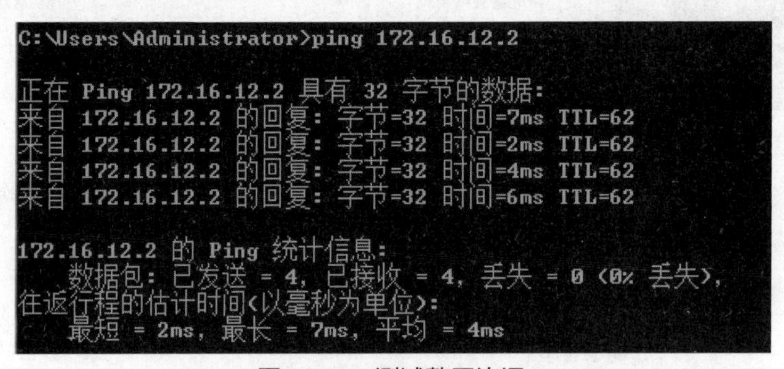

图 32-11　测试整网连通

通过防火墙设备的静态路由模式安全通信规则，内网设备能成功访问互联网中的设备。

实验 33　配置防火墙的地址转换 NAT 功能

【背景描述】

丰乐公司是一家电子商务销售公司，为了保证公司内部销售数据的安全，需要实施公司内网的安全防范措施。公司购买了一台防火墙，安装在公司北京总部办公网的出口处。企业网络的出口使用该防火墙作为接入 Internet 的设备，满足网络安全需求。

安装在网络中心的防火墙和核心交换机采用路由模式连接。防火墙在提升办公网安全的同时还承担全网地址转换功能，把私有地址的内部网络接入到 Internet 上。

【实验目的】

（1）掌握防火墙接口路由模式的配置方法。

（2）掌握防火墙 NAT 的配置方法。

【实验拓扑】

按图 33-1 所示的防火墙地址转换 NAT 场景，并按表 33-1 所示的信息配置 PC 的 IP 地址。

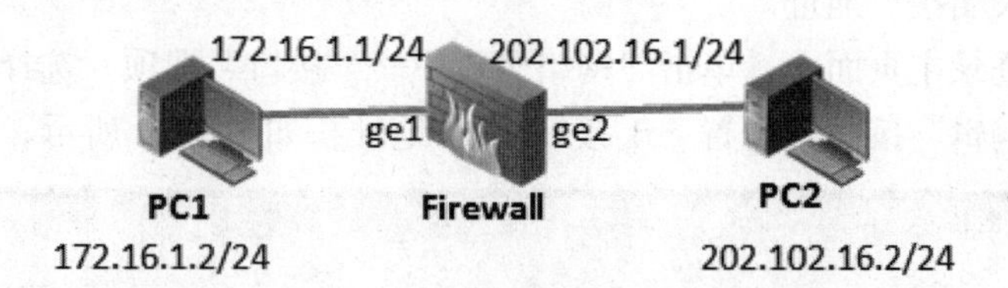

图 33-1　防火墙地址转换 NAT 场景

表 33-1　办公网地址规划

设备	接口	接口地址	网关	备注
PC1	ge1	172.16.1.2/24	172.16.1.1/24	公司部门 PC 设备
Firewall	ge1	172.16.1.1/24	\	\
	ge2	202.102.16.1/24	\	\
PC2	ge2	202.102.16.2/24	202.102.16.1/24	互联网上 PC 设备

【实验设备】

锐捷 RG-WALL1600 系列防火墙（1 台），测试 PC（若干），网线（若干）。

【实验原理】

NAT 是地址转换协议，将内网地址转换为公网地址。

简单地说，NAT 就是在局域网中使用内部地址，而当内部节点要与外部网络进行通讯时，就在网关处将内部地址替换成公用地址，从而在外部公网（internet）上正常使用，NAT 可以使多台计算机共享 Internet 连接，更好解决公共 IP 地址的紧缺问题。

防火墙技术是设置在被保护网络和外部网络之间的一道屏障，从而实现网络的安全保护。由于防火墙多安装在网络出口位置，通过配置 NAT 地址转换技术，可以替代网络中的出口路由器设备，减少网络设备上的投资，还提升了网络传输效率。

【实验步骤】

（1）组建网络，测试网络连通。

如图 33-1 所示的防火墙地址转换 NAT 场景，通过配置 PC 的地址，进行测试网络连通的情况。

在 PC1 机上，转到 DOS 命令测试环境，使用"ping"命令，测试 PC2 设备网络连通情况，如下所示。

```
ping 202.102.16.2
.........            !办公网 PC1 不能 ping 通互联网中的目标 PC2
```

因为防火墙没有做任何配置，按照防火墙设备的安全规则，一切未被允许都被禁止通讯，因此网络不通。

（2）使用 Web 页面方式登录防火墙。

按照上述实验过程运用同样的方法，通过一台管理主机，使用 Web 页面方式登录防火墙。详细过程请参见"实验 30　防火墙初始化配置"。

（3）配置防火墙接口地址。

在防火墙的登录主页面上，单击"网络管理"→"接口"选项，选择右侧的 ge1 接口，单击最右侧的"编辑"按钮，配置 ge1 接口的 IP 地址，如图 33-2 所示。

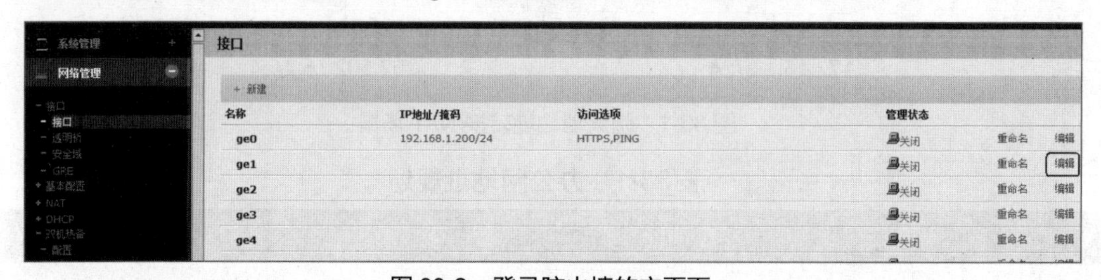

图 33-2　登录防火墙的主页面

在打开的防火墙接口地址配置界面上，配置 ge1 接口的地址，如图 33-3 所示。

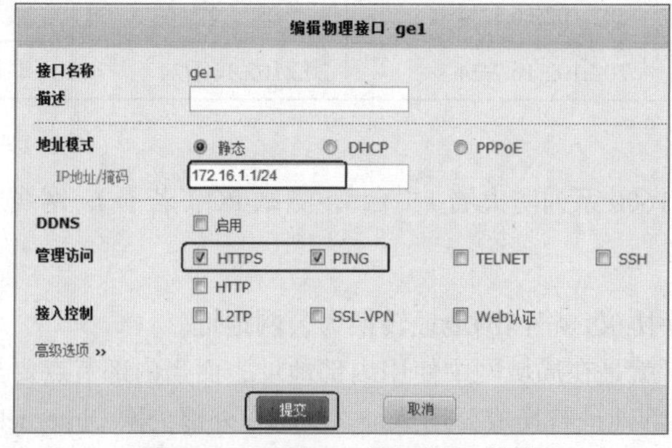

图 33-3　配置 ge1 接口的 IP 地址

按照上述同样的方式，配置 ge2 接口的 IP 地址，如图 33-4 所示。

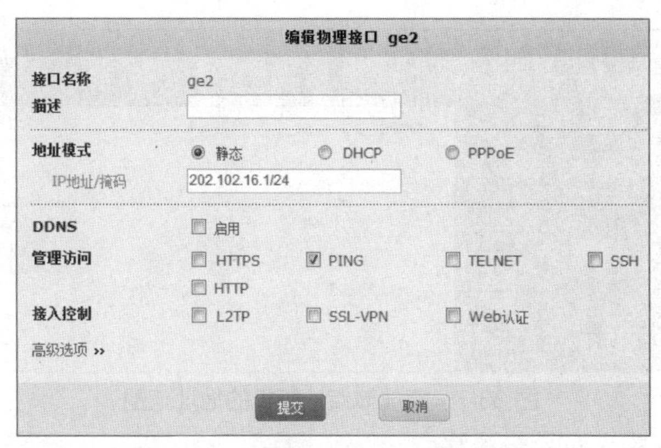

图 33-4 配置 ge2 接口的 IP 地址

在防火墙登录主页上，单击“网络管理”→“接口”选项，查看配置完成接口的 IP 地址，如图 33-5 所示。

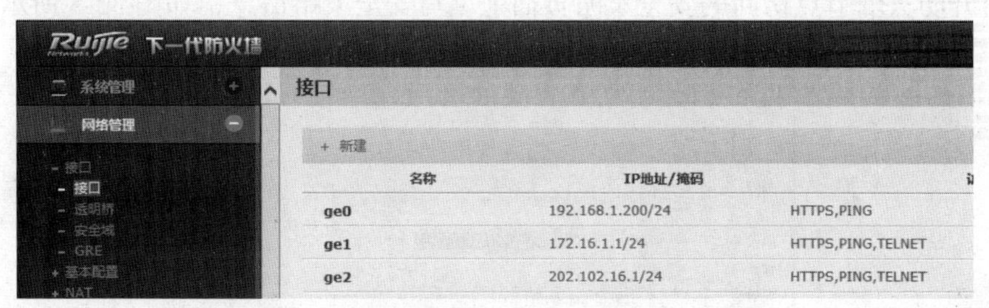

图 33-5 查看配置完成的防火墙接口的 IP 地址

（4）配置防火墙连接的节点计算机的地址范围。

在防火墙的登录主页上，单击“资源管理”→“地址资源”→“地址节点”选项，单击右侧“新建”按钮，创建防火墙的节点地址范围。首先，配置节点计算机的地址范围（地址节点）。

在打开“新建地址节点”页面上，填写“名称”“地址节点”范围，并单击“导入”（->）按钮，导入地址方案，最后单击“提交”按钮，完成地址节点范围的定义，如图 33-6 所示。

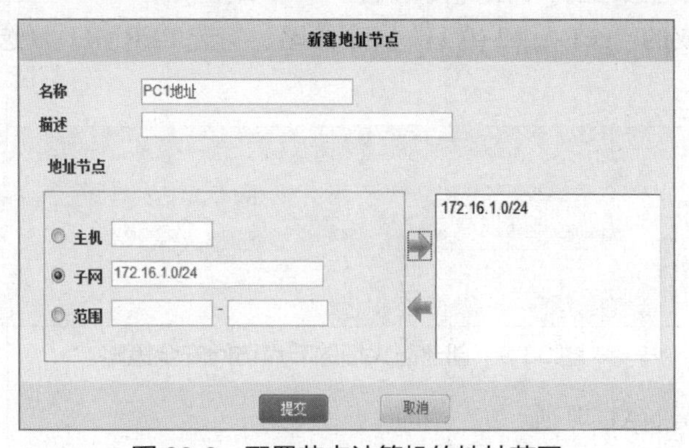

图 33-6 配置节点计算机的地址范围

配置完成 PC1 节点计算机的地址范围（地址节点）结果如图 33-7 所示。

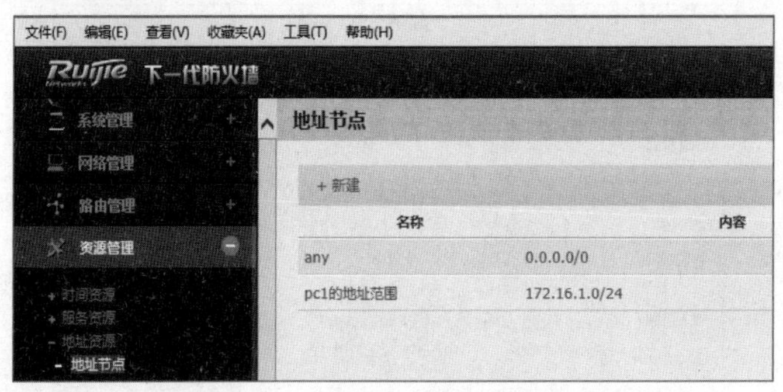

图 33-7 完成节点计算机的地址范围

（5）配置防火墙安全规则。

在防火墙的登录主页上，单击“防火墙”→“安全策略”→“安全策略”选项，单击右侧“新建”按钮，创建防火墙节点访问安全策略。

在打开防火墙节点访问的安全策略页面上填写安全策略信息，如图 33-8 所示。

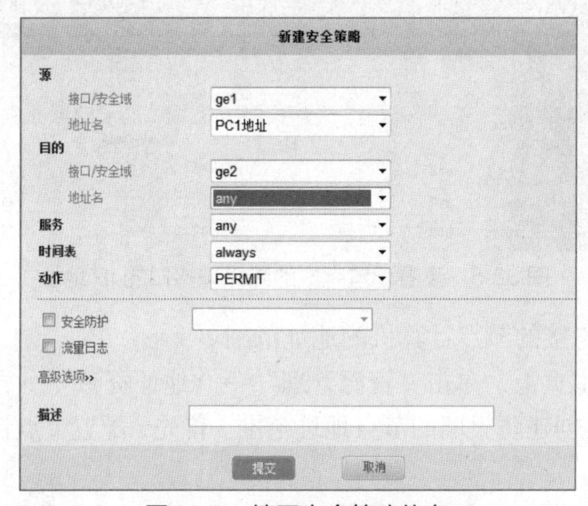

图 33-8 填写安全策略信息

在防火墙的登录主页上，单击“防火墙”→“安全策略”→“安全策略”选项，选择右侧的刚才配置完成的“ge1->ge2 (0/1)”安全策略，勾选 PERMIT 复选框，启用安全策略，如图 33-9 所示。

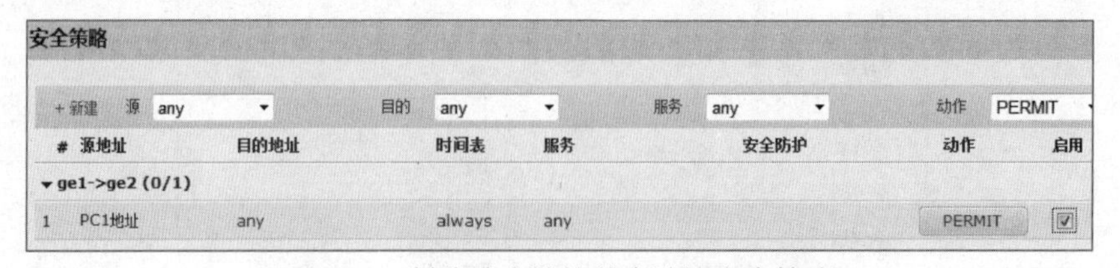

图 33-9 创建防火墙的节点访问安全策略

（6）配置防火墙 NAT 规则。

- 配置 NAT 地址池。

在防火墙的登录主页上，单击“网络管理”→“NAT”→“NAT 地址池”选项，单击右侧的“新建”按钮，新建 NAT 地址池中的地址范围，如图 33-10 所示。

图 33-10　新建 NAT 地址池中的地址范围(1)

单击右侧的“新建”按钮，在打开的“新建 NAT 地址池”对话框中，新建 NAT 地址池的范围，如图 33-11 所示。

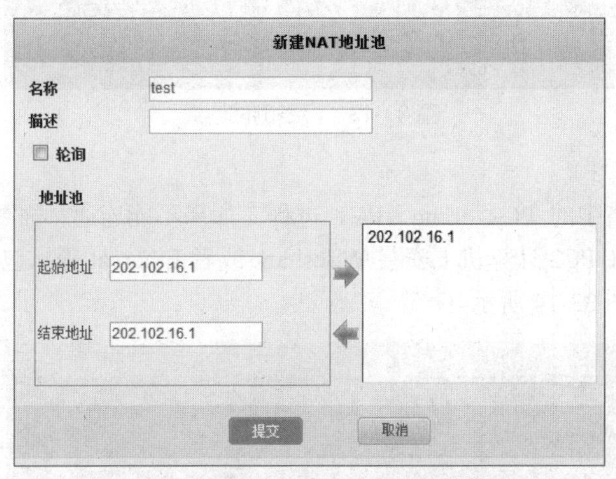

图 33-11　新建 NAT 地址池中的地址范围(2)

• 配置 NAT 规则。

在防火墙的登录主页上，单击“网络管理”→“NAT”→“NAT 规则”选项，选择右侧的“新建”按钮，新建源地址转换规则如图 33-12 所示。

（7）网络测试（1）。

如表 33-1 所示的办公网地址规划内容，配置 PC 的 IP 地址。其中：

PC1 的 IP 配置为 172.16.1.2/24，网关配置为 172.16.1.1；

PC2 的 IP 配置为 202.102.16.2/24，无需配置网关。

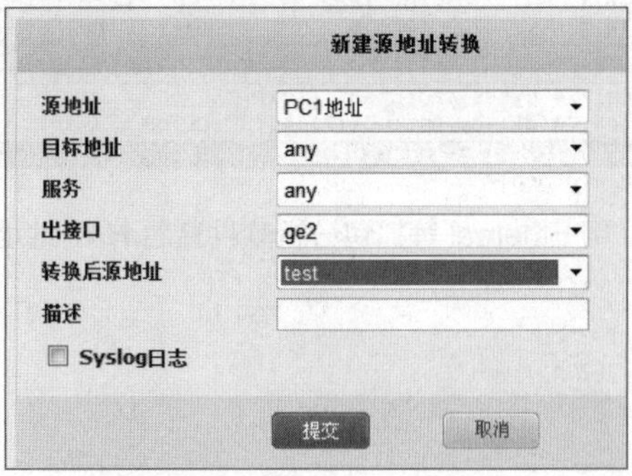

图 33-12　配置 NAT 规则

（8）网络测试（2）。

在 PC1 机上，转到 DOS 命令测试环境，使用“ping”命令测试 PC2 设备网络连通情况，如图 33-13 所示。

```
ping 202.102.16.2
!!!!!!        !办公网 PC1 能 ping 通互联网中目标 PC2
```

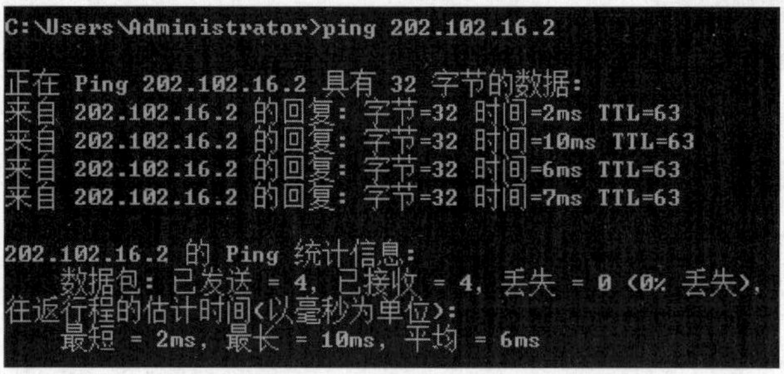

```
C:\Users\Administrator>ping 202.102.16.2

正在 Ping 202.102.16.2 具有 32 字节的数据:
来自 202.102.16.2 的回复: 字节=32 时间=2ms TTL=63
来自 202.102.16.2 的回复: 字节=32 时间=10ms TTL=63
来自 202.102.16.2 的回复: 字节=32 时间=6ms TTL=63
来自 202.102.16.2 的回复: 字节=32 时间=7ms TTL=63

202.102.16.2 的 Ping 统计信息:
    数据包: 已发送 = 4, 已接收 = 4, 丢失 = 0 (0% 丢失),
往返行程的估计时间(以毫秒为单位):
    最短 = 2ms, 最长 = 10ms, 平均 = 6ms
```

图 33-13　网络测试连通

（9）网络测试（3）。

在使用外部网络中的 PC2　ping　PC1 过程（如果不能连通，需要增加一条外网测试内网的安全策略），在 PC2 计算机上安装 Wireshark 或者 Ethereal 等抓包分析软件,查看 NAT 地址转换过程，如图 33-14 所示。

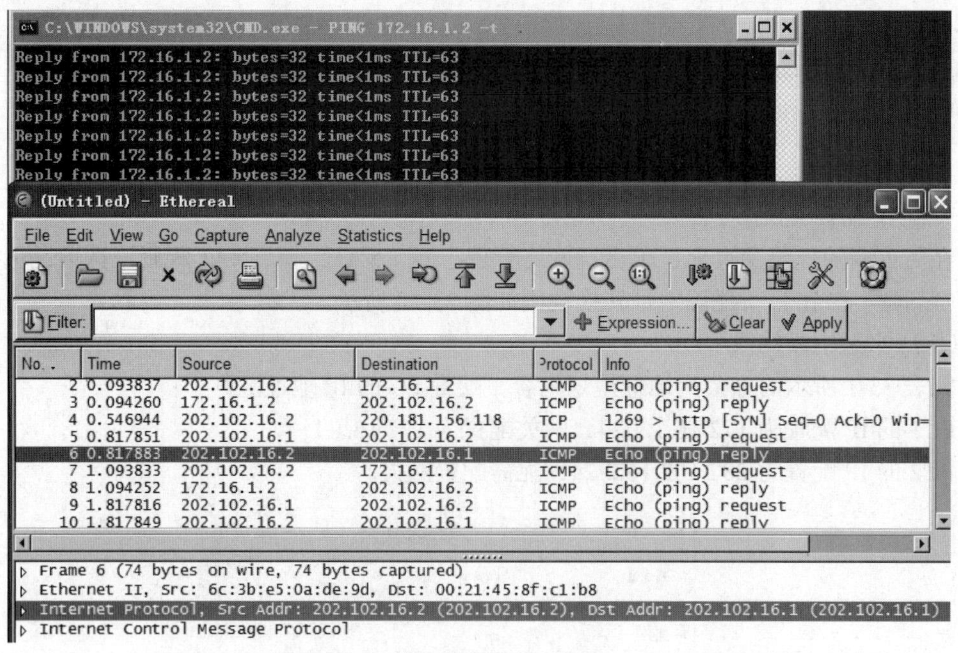

图 33-14　用 Ethereal 等抓包分析软件查看 NAT 地址转换过程

广域网单元

单元导语

广域网（Wide Area Network WAN）是一种跨地区的数据通信网络，通常包含一个国家或多个地区。广域网通常由两个或多个中小型的局域网组成，一般使用电信运营商提供的设备作为信息传输平台，如通过公用电话网连接到广域网，也可以通过运营商提供的专线技术实现连接。

本单元主要筛选了广域网通信过程中常见的 6 份典型技术项目文档，帮助理解企业网和运营商网络互连技术。学习时，需要注意以下两点。

（1）“34-利用 NAT 技术实现私有网络访问 Internet”、“35-利用动态 NAPT 实现小型企业网访问互联网”两份典型技术文档，帮助理解企业网和互联网连接通信过程。

（2）和局域网通信技术相比，以传输技术为核心的广域网技术，其中，“36-配置广域网协议的封装”、“37-配置广域网中 PPP PAP 认证”、“38-广域网 PPP CHAP 认证”、“39-利用 PPPoE 实现小型企业网访问互联网”4 份典型技术文档多为数据链路层协议及安全认证。

科技强国知识阅读

【扫码阅读】浪潮服务器稳居全球市场前三

实验 34　利用 NAT 技术实现私有网络访问 Internet

【背景描述】

丰乐公司网络核心使用三层交换设备实现不同办公子网的互联互通。在企业网络的出口处，安装了一台路由器设备作为企业网的出口设备，一方面实现企业内部办公网之间的互联互通；另一方面把办公网接入 Internet 网络。

企业内部网络在构建过程中，使用私有 IP 地址规划。为了把办公网接入 Internet 网络，企业向中国电信申请了 3 个公有地址（分别为 202.102.192.3、202.102.192.4、202.102.192.5），在三层路由设备上通过配置 NAT（Network Address Translation，网络地址转换）地址转换技术，实现私有网络访问外部 Internet 网。

【实验目的】

掌握 NAT 地址转换技术原理，熟悉 NAT 地址转换技术源地址转换和目的地址转换的过程，熟悉该技术实施的应用环境。

【实验拓扑】

图 34-1 所示的网络拓扑为丰乐公司北京总部企业办公网连接工作场景，下面据此组建和连接网络。表 34-1 为该公司网络 IP 地址规划，本实验据此另配地址。

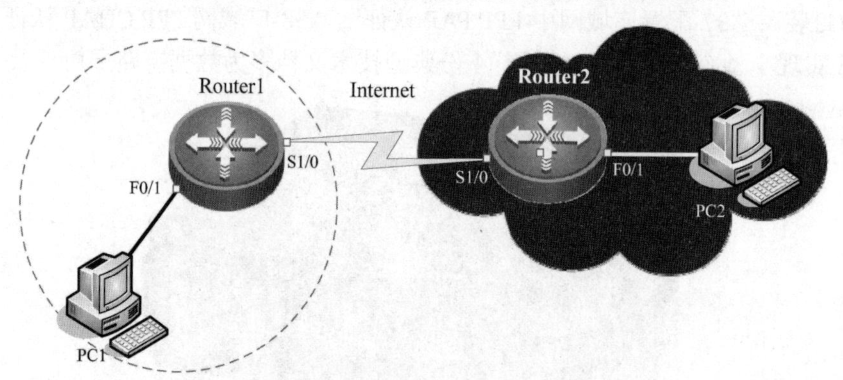

图 34-1　企业私有网络 NAT 技术访问 Internet

表 34-1　网络 IP 地址规划信息

设备	接口	接口地址	网关	备注
Router1	F0/1	172.16.1.1/24	—	公司办公网设备接口
	S1/0	202.102.192.1/24	DTE	接入互联网专线接口
Router2	S1/0	202.102.192.2/24	DCE	电信接入路由器接口
	F0/1	10.10.1.1/24	—	Internet 中设备接口
PC1		172.16.1.2/24	172.16.1.1/24	公司办公网 PC 机
PC2		10.10.1.2/24	10.10.1.1/24	Internet 中办公设备

【实验设备】

路由器（2 台），V35DCE（1 根），V35DTE（1 根），网线（若干），PC（若干）。

【实验原理】

NAT 是指将网络地址从一个地址空间转换为另一个地址空间的行为，其将网络划分为内部网络（inside）和外部网络（outside）两部分。

NAT 分为两种类型，分别为 NAT（网络地址转换）和 NAPT（Network Address Port Translation，网络地址端口转换）。当申请了多个公有 IP 地址，并需要将企业私有网络对应多个全局地址转换时，可应用 NAT 地址转换技术。当只申请了一个公有 IP 地址，就需要使用 NAPT 地址转换技术实现多个本地私有 IP 地址对应一个全局 IP 地址转换环境。

【实验步骤】

（1）安装网络工作环境。

按图 34-1 所示网络拓扑，连接设备，组建网络，注意设备连接的接口标识。

（2）配置企业网路由器设备。

```
Router# configure terminal
Router (config) # hostname Router1                ! 配置企业网路由器名称
Router1(config) # interface FastEthernet 1/0
Router1(config-if) # ip address 172.16.1.1 255.255.255.0 ! 配置接口 IP 地址
Router1(config-if) # no shutdown
Router1(config-if) # exit

Router1(config) # interface Serial1/0
Router1(config-if) # ip address 202.102.192.1 255.255.255.0
                                                  ! 配置 V35 接口地址
Router1(config-if) # no shutdown
Router1(config-if) # end
```

（3）配置电讯路由器信息。

```
Router# configure terminal
Router (config) # hostname Router2                ! 配置电信接入路由器名称
Router2(config) # interface Serial1/0
Router2(config-if) # clock rate 64000             ! 配置 Router 的 DCE 时钟频率
Router2(config-if) # ip address 202.102.192.2 255.255.255.0
                                                  ! 配置 V35 接口地址
Router2(config-if) # no shutdown
Router2(config-if) # exit

Router2(config) # interface FastEthernet 1/0
Router2(config-if) # ip address 10.10.1.1 255.255.255.0
                                                  ! 配置 Internet 接口地址
```

```
Router2(config-if) # no shutdown
Router2(config-if) # end
```

（4）配置路由器单区域 OSPF 动态路由。

```
Router1(config) #
Router1(config) # router ospf                ！启用 ospf 路由协议
Router1(config-router) # network 172.16.1.0  0.0.0.255  area 0
Router1(config-router) # network 202.102.192.0  0.0.0.255  area 0
！对外发布直连网段信息，并宣告该接口所在的骨干（area 0）区域号
Router1(config-router) # end

Router2(config) #
Router2(config) # router ospf                ！启用 ospf 路由协议
Router2(config-router) # network 202.102.192.0  0.0.0.255  area 0
Router2(config-router) # network 10.10.1.0  0.0.0.255  area 0
！对外发布直连网段信息，并宣告该接口所在骨干（area 0）区域号
Router2(config-router) # end

Router1 # show ip route                      ！查看企业内网路由表信息
```

上述命令执行后的显示结果如下。

```
Codes:  C - connected, S - static,  R - RIP B - BGP
        O - OSPF, IA - OSPF inter area
        N1 - OSPF NSSA external type 1, N2 - OSPF NSSA external type 2
        E1 - OSPF external type 1, E2 - OSPF external type 2
        i - IS-IS, L1 - IS-IS level-1, L2 - IS-IS level-2, ia - IS-IS inter area
        * - candidate default
Gateway of last resort is no set
C    172.16.1.0/24 is directly connected, FastEthernet 0/1
C    172.16.1.1/32 is local host.
C    202.102.192.0/24 is directly connected, serial 1/0
C    202.102.192.1/32 is local host.
O    10.10.1.0/24  [110/51]  via 202.102.192.1, 00:00:21, serial 1/0
```

查看路由表发现，产生全网络的 OSPF 动态路由信息。

（5）配置企业网路由器 NAT 技术。

企业内部网络使用私有地址规划，为了把办公网接入 Internet 网络，企业向中国电信申请到 3 个公有 IP 地址，分别为 202.102、192.3、202.102、192.4、202.102、192.5。因此，需要在企业网三层路由设备上，通过 NAT 地址转换技术，把私有地址转换为公有地址。

```
Router1 (config) #
Router1 (config) # interface fastEthernet 0/1
Router1 (config-if) # ip nat inside      ！设置连接的内网接口
Router1 (config-if) # exit
```

```
Router1 (config-if) # interface serial 1/0
Router1 (config-if) # ip nat outside        ! 设置连接的 Internet 网接口
Router1 (config-if)#exit

Router1(config)# access-list 10 permit 172.16.1.0 0.0.0.255
                                    ! 定义企业内部网络中可以访问外网的私有地址范围
Router1(config)# ip nat pool abc 202.102.192.3 202.102.192.5 netmask
255.255.255.0
                                                ! 定义企业申请到公有地址池范围
Router1(config)# ip nat inside source list 10 pool abc
                                        ! 建立私有地址范围和公有地址之间的映射关系
Router1(config)# end
```

（6）测试和验证转换状态。

① 查看配置完成的地址转换信息，相关代码如下。

```
Router1#show ip nat translations        ! 查看地址转换的信息
......
Router1#show ip nat statistics          ! 查看地址转换的信息
    ......
Router1#show running-config             ! 查看配置文件的信息
    ......
```

② 使用 ping 命令测试网络连通。按照表 34-1 的规划地址信息，配置 PC1 和 PC2 设备 IP 地址、网关，配置过程为："网络"→"本地连接"→"右键"→"属性"→"TCP/IP 属性"→使用文中的 IP 地址。

打开公司办公网 PC1 机，使用"CMD"→转到 DOS 工作模式，并输入以下命令。

```
ping 172.16.1.1
!!!!        ! 由于直连网络连接，公司办公网 PC1 能 ping 通目标网关
ping 10.10.1.2
!!!!        ! 通过路由，公司办公网 PC1 能 ping 通 Internet 中设备 PC2
```

【注意事项】

（1）路由器接口名称因设备不同而不同，有些设备标识为 Fa1/1，本案例中为 Fa0/1；WAN 口有些设备标识为 S1/1，使用"show ip interface brief"查询具体设备名称。

（2）如果实验中缺少 WAN 接口模块及 V35 线缆，可借助路由器 Fastethernet 口，使用普通的网线，也可以组建网络，配置动态路由，实现网络连通。

（3）内网和外网的接口，以及对应的地址不要搞混淆。

实验 35　利用动态 NAPT 实现小型企业网访问互联网

【背景描述】

乐城公司是一家小型儿童玩具电子商务销售公司，其办公网络使用三层路由设备连接所有办公设备并把办公网接入 Internet 网络。

为了把办公网接入 Internet 网络，公司向中国电信只申请了一个公有 IP 地址（202.102.192.3），需要利用这一个公有 IP 地址，把公司的私有网络接入互联网。

企业在只拥有一个公有 IP 地址情况下，把企业内部多台设备接入到 Internet 中，需要在三层路由设备上启用 NAPT 端口地址转换技术。

【实验目的】

掌握 NAPT 地址转换技术原理，熟悉 NAPT 地址转换技术，了解源地址转换和目的地址转换的过程，熟悉 NAPT 技术实施环境。

【实验拓扑】

图 35-1 所示的网络拓扑为乐城公司办公网连接场景，下面据此组建和连接网络。表 35-1 所示的信息为本实验的 IP 地址规划。

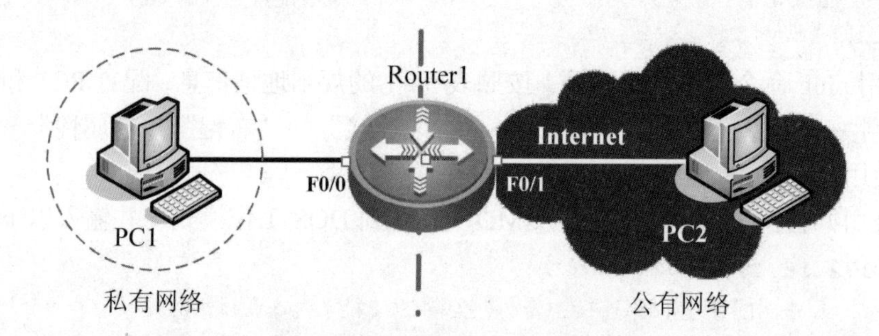

图 35-1　企业利用私有网络 NAPT 技术访问 Internet

表 35-1　网络 IP 地址规划

设备	接口	接口地址	网关	备注
Router1	F0/0	172.16.1.1/24	—	公司办公网内网接口
	F0/1	202.102.192.1/24	—	接入互联网接口
PC1		172.16.1.2/24	172.16.1.1/24	公司办公网 PC 机
PC2		202.102.192.2/24	202.102.192.1/24	Internet 中设备

【实验设备】

路由器（1 台），网线（若干），PC（若干）。

【实验原理】

企业建设的私有网络中，向电信运营商申请到有限的公有 IP 地址，只能通过改变外出数据包的源端口并进行端口转换，即端口地址转换（PAT，Port Address Translation），采用端口多路复用方式，区别网络中不同数据通信建立的链路。

NAPT 端口多路复用技术保证内部网络的所有主机，均可共享一个合法外部公有 IP 地址，实现私有网络主机对 Internet 的访问，从而可以最大限度地节约 IP 地址资源。

【实验步骤】

（1）安装网络工作环境。

按图 35-1 网络拓扑，连接设备，组建网络，注意设备连接的接口标识。

（2）配置企业内网路由器设备基本信息。

```
Router # configure terminal
Router(config) # interface fastEthernet 0/0     ! 配置内网接口 IP 地址
Router(config-if) # ip address 172.16.1.1 255.255.255.0
Router(config-if) # no shutdown
Router(config-if) # exit
Router(config) # interface fastEthernet 1/0     ! 配置外网接口 IP 地址
Router(config-if) # ip address 202.102.192.1 255.255.255.0
Router(config-if) # no shutdown
Router(config-if) # end

Router # show ip route                           ! 查看路由表信息
```

上述命令执行后的显示结果如下。

```
Codes:  C - connected, S - static,  R - RIP B - BGP
        O - OSPF, IA - OSPF inter area
        N1 - OSPF NSSA external type 1, N2 - OSPF NSSA external type 2
        E1 - OSPF external type 1, E2 - OSPF external type 2
        i - IS-IS, L1 - IS-IS level-1, L2 - IS-IS level-2, ia - IS-IS inter area
        * - candidate default
Gateway of last resort is no set
C    172.16.1.0/24 is directly connected, FastEthernet 0/0
C    172.16.1.1/32 is local host.
C    202.102.192.0/24 is directly connected, FastEthernet 0/1
C    202.102.192.1/32 is local host.
```

（3）配置企业网路由器设备 NAPT 地址转换技术。

为了把企业网接入 Internet 网络，企业向中国电信申请了 1 个公有 IP 地址（202.102.192.3），企业内网所有设备都共享这一个公有 IP 地址。实现对 Internet 的访问。因此需要在三层路由设备上，通过 NAPT 地址转换技术,把私有地址转换为公有地址。

```
Router(config) #
Router (config) # interface fastEthernet 0/0
Router (config-if) # ip nat inside     ! 设置连接的内网接口
Router (config-if) # exit
```

```
Router (config) # interface fastEthernet 0/1
Router (config-if) # ip nat outside          ! 设置连接的 Internet 网接口
Router (config-if)#exit

Router1(config)# access-list 10 permit 172.16.1.0 0.0.0.255
                                 ! 定义企业内部网络中可以访问外网的私有地址范围
Router1(config)# ip nat pool abc 202.102.192.3 202.102.192.3 netmask
255.255.255.0
                                 ! 定义企业申请到一个公有地址
Router1(config)# ip nat inside source list 10 pool abc Overload
                                 !建立私有地址范围和公有地址之间 NAPT 端口映射关系
Router1(config)# end
```

（4）测试和验证转换状态。

① 查看配置完成的地址转换信息，相关命令代码如下。

```
Router1#show ip nat translations        ! 查看地址转换的信息
……
Router1#show ip nat statistics          ! 查看地址转换的信息
……
Router1#show running-config             ! 查看配置文件的信息
……
```

② 使用“ping”命令测试网络连通。按照表 35-1 的规划地址，配置 PC1 和 PC2 设备 IP 地址、网关，配置过程为“网络”→“本地连接”→“右键”→“属性”→“TCP/IP 属性”→使用文中的 IP 地址。

打开公司办公网 PC1 机，使用“CMD”→转到 DOS 工作模式，并输入以下命令。

```
ping 172.16.1.1
!!!!        ! 由于直连网络连接，公司办公网 PC1 能 ping 通目标网关
ping 202.102.192.2
!!!!        ! 通过路由，公司办公网 PC1 能 ping 通 Internet 中设备 PC2
```

【注意事项】

（1）路由器接口名称因设备不同而不同，有些设备标识为 Fa1/1，本案例中为 Fa0/1；WAN 口有些设备标识为 S1/1，使用“show ip interface brief”查询具体设备名称。

（2）尽量不要用广域网接口地址作为映射的全局地址，本例中特定仅有一个公网地址，实际工作中不推荐。

实验 36　配置广域网协议的封装

【背景描述】

丰乐公司网络核心使用三层交换设备，实现不同办公子网的互连互通。此外，在企业网络的出口处，安装了一台路由器设备作为企业网的出口设备，使用该路由器设备可实现公司总部网络的互连互通。

同时，公司还借助专线接入技术，把总部的网络接入 Internet 网络，利用 Internet 网络，和公司在天津的分公司网络中心路由器连接，实现公司全网互连互通。

为了保护公司总部的网络和分公司网络的安全，丰乐公司需要对公司网络中的出口路由器设备做安全认证，实现全公司网络的安全通信。

【实验目的】

了解路由器广域网接口支持的数据链路层协议，并进行正确的封装。掌握在路由器上的 WAN 接口封装类型和封装方法，了解 WAN 接口安全认证过程。

【实验拓扑】

如图 36-1 连接网络，组建网络场景。如表 36-1 所示，规划网络中的 IP 地址信息。

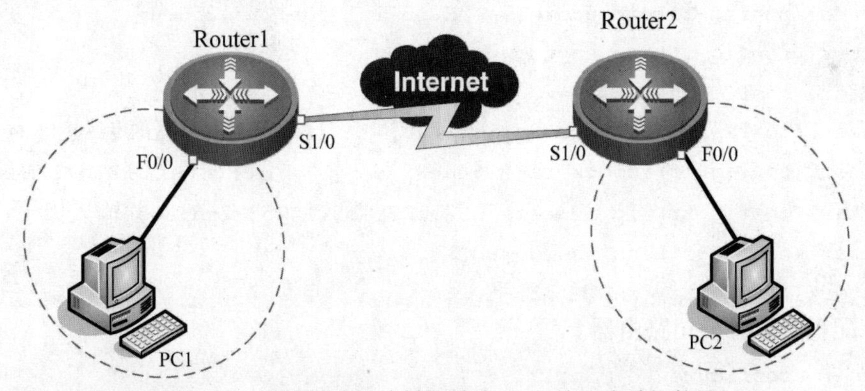

图 36-1　配置路由器广域网接口 PPP 协议实验拓扑图

表 36-1　路由器接口 IP 地址规划

设备		接口地址	网关	备注
Router1	F0/0	172.16.1.1/24	—	北京总部办公网接口
	S1/0	202.102.192.1/24	DCE	接入互联网专线接口
Router2	S1/0	202.102.192.2/24	DTE	接入互联网专线接口
	F0/0	172.16.3.1/24	—	天津分封死办公网接口
PC1		172.16.1.2/24	172.16.1.1/24	北京总部办公网设备
PC2		172.16.3.2/24	192.168.3.1/24	天津分公司办公网设备

【实验设备】

路由器（2台），V35DCE（1根），V35DTE（1根），网线（若干），PC（若干）。

【实验原理】

常见的广域网（WAN）的数据链路层协议有HDLC（High-Level Data Link Control，高级数据链路控制）、PPP（Point to Point.Proocd，点对点协议）、SLIP（Serial Line Internet Protocol，串行线路网际协议）等，其中，高级数据链路控制协议HDLC，是面向比特的数据链路控制协议。该协议数据报文可透明传输，易于硬件实现，全双工通信，有较高的数据链路传输效率，是默认的广域网（WAN）的数据链路层协议。

PPP 是广域网中另外一种应用广泛的数据链路层协议，其是一种点对点的串行通信协议，具有处理错误检测、支持多个协议、允许在连接时刻协商IP地址、允许身份认证等功能。PPP协议是一种面向字符类型的协议。

【实验步骤】

（1）配置北京总部路由器。

```
Router #configure terminal
Router (config)#hostname Router1                    ！配置路由器的名称
Router1(config)#interface fastEthernet 0/0          ！配置连接办公网接口 IP 地址
Router1(config-if)#ip address 172.16.1.1 255.255.255.0
Router1(config-if)#no shutdown
Router1(config-if)#exit
Router1(config)#interface Serial1/0             ！配置连接互联网专线接口 IP 地址
Router1(config-if)#clock rate 64000             ！配置 Router 的 DCE 时钟频率
Router1(config-if)#ip address 202.102.192.1 255.255.255.0
Router1(config-if)#no shutdown
Router1(config-if)#end
```

（2）配置天津分公司路由器。

```
Router #configure terminal
Router (config)#hostname Router2                ！配置路由器的名称
Router2(config)#interface Serial1/0             ！配置 Router 的 DTE 接口
Router2(config-if)#ip address  202.102.192.2 255.255.255.0
Router2(config-if)#no shutdown
Router2(config-if)#exit
Router2(config)#interface fastEthernet 0/0
Router2(config-if)#ip address 172.16.3.1 255.255.255.0  ！配置接口 IP 地址
Router2(config-if)#no shutdown
Router2(config-if)#end
```

（3）配置公司全部路由器的动态路由。

```
Router1(config) #
Router1(config) # router ospf                   ！启用 ospf 路由协议
```

```
Router1(config-router) # network 172.16.1.0 0.0.0.255 area 0
Router1(config-router) # network 202.102.192.0 0.0.0.255 area 0
! 对外发布直连网段信息，并宣告该接口所在的骨干（area 0）区域号
Router1(config-router) # end

Router2(config) #
Router2(config) # router ospf             ! 启用 ospf 路由协议
Router2(config-router) # network 202.102.192.0 0.0.0.255 area 0
Router2(config-router) # network 172.16.3.0 0.0.0.255 area 0
    ! 对外发布直连网段信息，并宣告该接口所在骨干（area 0）区域号
Router2(config-router) # end

Router1 # show ip route              ! 查看公司总部的路由表信息
```

上述命令执行后的显示结果如下。

```
Codes: C - connected, S - static, R - RIP B - BGP
       O - OSPF, IA - OSPF inter area
       N1 - OSPF NSSA external type 1, N2 - OSPF NSSA external type 2
       E1 - OSPF external type 1, E2 - OSPF external type 2
       i - IS-IS, L1 - IS-IS level-1, L2 - IS-IS level-2, ia - IS-IS inter area
       * - candidate default
Gateway of last resort is no set
C   172.16.1.0/24 is directly connected, FastEthernet 0/1
C   172.16.1.1/32 is local host.
C   202.102.192.0/24 is directly connected, serial 1/0
C   202.102.192.1/32 is local host.
O   172.16.3.0/24  [110/51]  via 202.102.192.1, 00:00:21, serial 1/0
```

查看路由表发现，产生全网络的 OSPF 动态路由信息。

（4）实施 WAN 接口安全认证协议 PPP 封装。

```
Router1 #
Router1 # configure terminal
Router1 (config) # interface serial 1/0
Router1 (config-if) # encapsulation ppp          ! WAN 接口上封装 PPP 协议
Router1 (config-if) # end

Router2 #
Router2 # configure terminal
Route 2 (config) # interface serial 1/0
Router2 (config-if) # encapsulation ppp          ! WAN 接口上封装 PPP 协议
Router2 (config-if) # end

Router1 # show interfaces serial 1/0         ! 验证广域网接口的封装类型
```

上述命令执行后的显示结果如下。

```
Index(dec):1 (hex):1
serial 1/0 is UP  , line protocol is UP
Hardware is Infineon DSCC4 PEB20534 H-10 serial
Interface address is: 201.102.192.1/24
  MTU 1500 bytes, BW 2000 Kbit
  Encapsulation protocol is PPP, loopback not set
  Keepalive interval is 10 sec , set
  Carrier delay is 2 sec
  RXload is 1 ,Txload is 1
  LCP Open
  Open: ipcp
  Queueing strategy: WFQ
  11421118 carrier transitions
  V35 DCE cable
  DCD=up  DSR=up  DTR=up  RTS=up  CTS=up
  5 minutes input rate 30 bits/sec, 0 packets/sec
  5 minutes output rate 19 bits/sec, 0 packets/sec
    123 packets input, 3638 bytes, 0 no buffer, 28 dropped
    Received 68 broadcasts, 0 runts, 0 giants
    0 input errors, 0 CRC, 0 frame, 0 overrun, 0 abort
    89 packets output, 2312 bytes, 0 underruns , 0 dropped
    0 output errors, 0 collisions, 7 interface resets
```

（5）第一次测试网络连通。

① 配置全公司网络 PC 的 IP 地址。按表 33-1 的规划地址，配置办公网中 PC1、PC2 设备 IP 地址、网关，配置过程为：

“网络”→“本地连接”→“右键”→“属性”→“TCP/IP 属性”使用文中的 IP 地址。

② 使用“ping”命令测试网络连通。打开北京总部办公网 PC1，使用“CMD”→转到 DOS 工作模式，并输入以下命令。

```
ping 172.16.1.1
!!!!        ! 由于直连网段连接，办公网 PC1 能 ping 通目标网关
ping 172.16.3.2
!!!!        ! 通过三层路由，能 ping 通天津分公司办公网 PC2 设备
```

（6）WAN 接口还原为封装 HDLC。

高级数据链路 HDLC 协议是路由器的所有 WAN 接口默认的安装链路层协议，具有高效、封装快、传输透明等优点。路由器的 WAN 接口模块，默认封装的都是 HDLC 协议。

```
Router1 #
Router1 # configure terminal
Router1 (config) # interface serial 1/0
Router1 (config-if) # encapsulation HDLC   ! WAN 接口上还原为封装 hdlc 协议
Router1 (config-if) # end
```

```
Router2 #
Router2 # configure terminal
Route 2 (config) # interface serial 1/0
Router2 (config-if) # encapsulation HDLC  ! WAN 接口上还原为封装 hdlc 协议
Router2 (config-if) # end

Router1 # show interfaces serial 1/0      ! 验证广域网接口的封装类型
```

上述命令执行后的显示结果如下。

```
Index(dec):1 (hex):1
serial 1/0 is UP  , line protocol is UP
Hardware is Infineon DSCC4 PEB20534 H-10 serial
Interface address is: 202.102.192.1/24
  MTU 1500 bytes, BW 2000 Kbit
  Encapsulation protocol is HDLC, loopback not set
  Keepalive interval is 10 sec , set
  Carrier delay is 2 sec
  RXload is 1 ,Txload is 1
  Queueing strategy: WFQ
  11421118 carrier transitions
  V35 DCE cable
  DCD=up  DSR=up  DTR=up  RTS=up  CTS=up
  5 minutes input rate 17 bits/sec, 0 packets/sec
  5 minutes output rate 17 bits/sec, 0 packets/sec
    57 packets input, 1664 bytes, 0 no buffer, 0 dropped
    Received 52 broadcasts, 0 runts, 0 giants
    0 input errors, 0 CRC, 0 frame, 0 overrun, 0 abort
    68 packets output, 2726 bytes, 0 underruns , 0 dropped
    0 output errors, 0 collisions, 0 interface resets
```

（7）第二次测试网络连通。

使用“ping”命令测试网络连通。这时，打开北京总部办公网 PC1，使用“CMD”→转到 DOS 工作模式，并输入以下命令。

```
ping 172.16.1.1
!!!!        ! 由于直连网段连接，办公网 PC1 能 ping 通目标网关
ping 172.16.3.2
!!!!        ! 通过三层路由，能 ping 通天津分公司办公网 PC2 设备
```

【注意事项】

（1）封装广域网协议时，要求 V35 线缆的两个端口封装协议一致，否则无法建立链路。

（2）试试在网络的一端封装 HDLC 协议，网络的另一端封装 PPP 协议，在链路层协议不对等的情况下，网络是否能继续保持连通。

答案是不能，因为协议不对等。

实验 37　配置广域网中 PPP PAP 认证

【背景描述】

丰乐公司网络核心使用三层交换设备，实现不同办公子网的互连互通。此外，在企业网络的出口处，安装了一台路由器设备作为企业网的出口设备，使用该路由器设备实现公司总部网络的互连互通。

同时，公司还借助专线接入技术，把总部的网络接入 Internet 网络，利用 Internet 网络，和公司在天津分公司的网络中心路由器连接，实现公司全网互联互通。

为了保护总部网络和分公司网络安全，丰乐公司需要针对公司网络中的路由器做 PPP 协议中的 PAP（Password Authentication Protocol，密码认证协议）安全认证，因为客户端路由器与电信运营商进行链路协商时要验证身份，实现全公司网络的安全通信。

【实验目的】

掌握在路由器上的 WAN 接口封装 PPP 协议的方法，了解 WAN 接口 PPP 协议中 PAP 安全认证技术原理，掌握 PAP 认证的过程及配置。

【实验拓扑】

如图 37-1 连接网络，组建网络场景。如表 37-1 所示，规划网络中的 IP 地址信息。

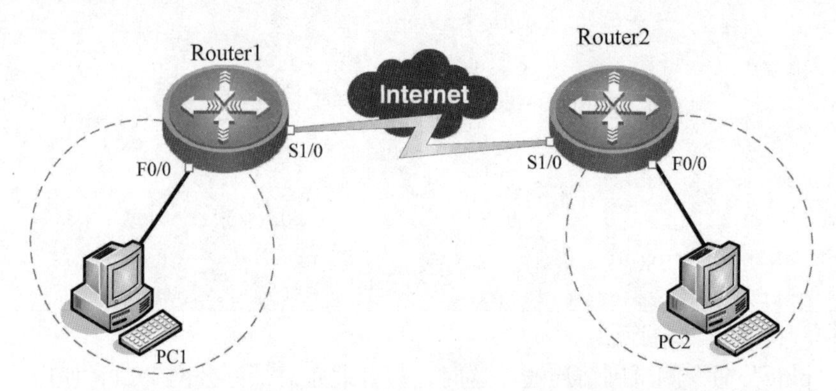

图 37-1　广域网接口 PPP 协议 PAP 认证实验拓扑图

表 37-1　路由器接口 IP 地址规划

设备		接口地址	网关	备注
Router1	F0/0	172.16.1.1/24	—	北京总部办公网接口
	S1/0	202.102.192.1/24	DCE	接入互联网专线接口
Router2	S1/0	202.102.192.2/24	DTE	接入互联网专线接口
	F0/0	172.16.3.1/24	—	天津分公司办公网接口
PC1		172.16.1.2/24	172.16.1.1/24	北京总部办公网设备
PC2		172.16.3.2/24	192.168.3.1/24	天津分公司办公网设备

【实验设备】

路由器（2 台），V35DCE（1 根），V35DTE（1 根），网线（若干），PC（若干）。

【实验原理】

PPP 协议位于 OSI 模型的数据链路层，其按照功能划分为两个子层，分别为 LCP（Link Control Protocol 链路控制协议）、NCP（Networt Conrol Protocol，网络控制协议）。LCP 主要负责链路的协商、建立、回拨、认证及数据的压缩、多链路捆绑等功能。NCP 主要负责和上层的协议进行协商，为网络层协议提供服务。

PPP 的认证功能是指在建立 PPP 链路的过程中，进行密码的验证，验证通过建立连接，验证不通过拆除链路。PPP 协议支持两种认证方式 PAP 和 CHAP（Challenge Handshake Authentication Protocol，挑战式握手验证协议）。

PAP（Password Authentication Protocol，密码验证协议）是指验证双方通过两次握手完成验证过程，用于对试图登录点对点协议的用户进行身份验证。由被验证方主动发出验证请求，包含验证的用户名和密码。由验证方验证后做出回复，通过验证或验证失败。在验证过程中用户名和密码以明文的方式在链路上传输。

【实验步骤】

（1）配置北京总部路由器信息。

```
Router # configure terminal
Router (config)# hostname Router1                 ! 配置路由器的名称
Router1(config)# interface fastEthernet 0/0       ! 配置连接办公网接口 IP 地址
Router1(config-if)# ip address 172.16.1.1 255.255.255.0
Router1(config-if)# no shutdown
Router1(config-if)# exit
Router1(config)# interface Serial1/0         ! 配置连接互联网专线接口 IP 地址
Router1(config-if)# clock rate 64000         ! 配置 Router 的 DCE 时钟频率
Router1(config-if)# ip address 202.102.192.1 255.255.255.0
Router1(config-if)# no shutdown
Router1(config-if)# end
```

（2）配置天津分公司路由器信息。

```
Router # configure terminal
Router (config)# hostname Router2             ! 配置路由器的名称
Router2(config)# interface Serial1/0          ! 配置 Router 的 DTE 接口
Router2(config-if)# ip address  202.102.192.2 255.255.255.0
Router2(config-if)# no shutdown
Router2(config-if)# exit
Router2(config)# interface fastEthernet 0/0
Router2(config-if)# ip address 172.16.3.1 255.255.255.0  ! 配置接口 IP 地址
Router2(config-if)# no shutdown
Router2(config-if)# end
```

（3）配置公司全部路由器动态路由。

```
Router1(config) #
Router1(config) # router ospf                    ! 启用 ospf 路由协议
Router1(config-router) # network  172.16.1.0  0.0.0.255  area 0
Router1(config-router) # network  202.102.192.0  0.0.0.255  area 0
! 对外发布直连网段信息，并宣告该接口所在的骨干（area 0）区域号
Router1(config-router) # end

Router2(config) #
Router2(config) # router ospf                    ! 启用 ospf 路由协议
Router2(config-router) # network  202.102.192.0  0.0.0.255  area 0
Router2(config-router) # network  172.16.3.0  0.0.0.255  area 0
! 对外发布直连网段信息，并宣告该接口所在骨干（area 0）区域号
Router2(config-router) # end

Router1 # show ip route                          ! 查看公司总部的路由表信息
```

上述程序执行后的显示结果如下。

```
Codes:  C - connected, S - static,  R - RIP B - BGP
        O - OSPF, IA - OSPF inter area
        N1 - OSPF NSSA external type 1, N2 - OSPF NSSA external type 2
        E1 - OSPF external type 1, E2 - OSPF external type 2
        i - IS-IS, L1 - IS-IS level-1, L2 - IS-IS level-2, ia - IS-IS inter area
        * - candidate default
Gateway of last resort is no set
C    172.16.1.0/24 is directly connected, FastEthernet 0/1
C    172.16.1.1/32 is local host.
C    202.102.192.0/24 is directly connected, serial 1/0
C    202.102.192.1/32 is local host.
O    172.16.3.0/24  [110/51]  via 202.102.192.1, 00:00:21, serial 1/0
```

查看路由表发现，全网络的 OSPF 动态路由信息已经产生。

（4）实施 WAN 接口 PPP 协议封装及 PAP 认证。

```
Router1 #
Router1 # configure terminal
Router1(config) # username Router2 password 123
! 总公司路由器为验证方，为被验证方建立账户：Router2，验证密码：123
Router1 (config) # interface serial 1/0
Router1 (config-if) # encapsulation ppp      ! WAN 接口上封装 PPP 协议
Router1(config-if) # ppp authentication pap
Router1 (config-if) # end
```

```
Router2 #
Router2 # configure terminal
Route 2 (config) # interface serial 1/0
Router2 (config-if) # encapsulation ppp    ! WAN 接口上封装 PPP 协议
Router2 (config-if) # ppp pap sent-username Router2 password 0 123
!分公司路由器为客户端（被验证方），发送验证账户（Router2）和加密（0）密码（123）
Router2 (config-if) # end

Router1 # show interfaces serial 1/0        ! 验证广域网接口的封装类型
```

上述程序执行后的显示结果如下。

```
Index(dec):1 (hex):1
serial 1/0 is UP , line protocol is UP
Hardware is Infineon DSCC4 PEB20534 H-10 serial
Interface address is: 202.102.192.1/24
  MTU 1500 bytes, BW 2000 Kbit
  Encapsulation protocol is PPP, loopback not set
  Keepalive interval is 10 sec , set
  Carrier delay is 2 sec
  RXload is 1 ,Txload is 1
  LCP Open
  Open: ipcp
  Queueing strategy: WFQ
  11421118 carrier transitions
  V35 DCE cable
  DCD=up  DSR=up  DTR=up  RTS=up  CTS=up
  5 minutes input rate 54 bits/sec, 0 packets/sec
  5 minutes output rate 46 bits/sec, 0 packets/sec
    677 packets input, 14796 bytes, 0 no buffer, 28 dropped
    Received 68 broadcasts, 0 runts, 0 giants
    0 input errors, 0 CRC, 0 frame, 0 overrun, 0 abort
    655 packets output, 11719 bytes, 0 underruns , 5 dropped
    0 output errors, 0 collisions, 18 interface resets
```

（5）测试网络连通。

① 配置全公司网络 PC 的 IP 地址信息。按表 34-1 所规划的地址，配置办公网中 PC1、PC2 设备 IP 地址、网关，配置过程为：

“网络”→“本地连接”→“右键”→“属性”→“TCP/IP 属性→使用文中的 IP 地址。

② 使用“ping”命令测试网络连通。打开北京总部办公网 PC1，使用“CMD”→转到 DOS 工作模式，并输入以下命令：

```
ping 172.16.1.1
!!!!        ! 由于直连网段连接，办公网 PC1 能 ping 通目标网关
ping 172.16.3.2
!!!!        ! 通过三层路由，能安全 ping 通天津分公司办公网 PC2 设备
```

【注意事项】

（1）封装广域网协议时，要求 V35 线缆的两个端口封装协议一致，否则无法建立链路。

（2）由于需要在路由器上建立安全认证密码，因此必须具有 15 最高权限操作功能。

实验 38 广域网 PPP CHAP 认证

【背景描述】

丰乐公司网络核心使用三层交换设备，实现办公子网间的互连互通。此外，在企业网络的出口处，安装了一台路由器设备作为企业网的出口设备，使用该路由器设备实现公司总部网络的互连互通。

同时，公司还借助专线接入技术，把总部的网络接入 Internet 网络，利用 Internet 网络，和公司在天津分公司的网络中心路由器连接，实现公司全网互连互通。

为了保护总部网络和分公司网络的安全，丰乐公司针对公司网络中路由器，做 PPP 协议中 CHAP 安全认证，客户端路由器与电信运营商进行链路协商时要验证身份，实现全公司网络的安全通信。

【实验目的】

掌握在路由器上的 WAN 接口封装 PPP 协议的方法，了解 WAN 接口 PPP 协议中 CHAP 安全认证的技术原理，掌握 PPP CHAP 认证的过程及配置。

【实验拓扑】

如图 38-1 连接网络，组建网络场景。如表 38-1 所示，规划网络中的 IP 地址信息。

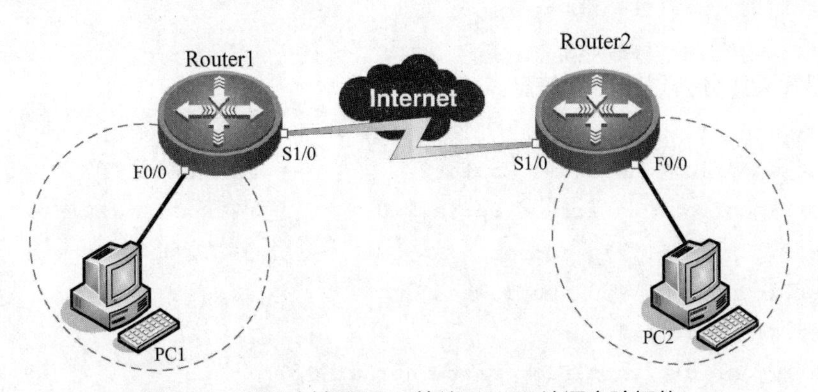

图 38-1 配置广域网 PPP 协议 CHAP 认证实验拓扑

表 38-1 IP 地址规划

设备		接口地址	网关	备注
Router1	F0/0	172.16.1.1/24	—	北京总部办公网接口
	S1/0	202.102.192.1/24	DCE	接入互联网专线接口
Router2	S1/0	202.102.192.2/24	DTE	接入互联网专线接口
	F0/0	172.16.3.1/24	—	天津分公司办公网接口
PC1		172.16.1.2/24	172.16.1.1/24	北京总部办公网设备
PC2		172.16.3.2/24	192.168.3.1/24	天津分公司办公网设备

【实验设备】

路由器（2 台），V35DCE（1 根），V35DTE（1 根），网线（若干），PC（若干）。

【实验原理】

CHAP（Challenge Handshake Authentication Protocol，挑战式握手验证协议）的验证双方通过三次握手完成验证过程，比 PAP 更安全。由验证方主动发出挑战报文，由被验证方应答。在整个验证过程中，链路上传递的信息都进行了加密处理。

【实验步骤】

（1）配置北京总部路由器。

```
Router #configure terminal
Router (config)# hostname Router1              ! 配置路由器的名称
Router1(config)# interface fastEthernet 0/0    ! 配置连接办公网接口 IP 地址
Router1(config-if)# ip address 172.16.1.1 255.255.255.0
Router1(config-if)# no shutdown
Router1(config-if)# exit
Router1(config)# interface Serial1/0           ! 配置连接互联网专线接口 IP 地址
Router1(config-if)# clock rate 64000           ! 配置 Router 的 DCE 时钟频率
Router1(config-if)# ip address 202.102.192.1 255.255.255.0
Router1(config-if)# no shutdown
Router1(config-if)# end
```

（2）配置天津分公司路由器信息。

```
Router # configure terminal
Router (config)# hostname Router2              ! 配置路由器的名称
Router2(config)# interface Serial1/0           ! 配置 Router 的 DTE 接口
Router2(config-if)#ip address  202.102.192.2 255.255.255.0
Router2(config-if)#no shutdown
Router2(config-if)# exit
Router2(config)# interface fastEthernet 0/0
Router2(config-if)# ip address 172.16.3.1 255.255.255.0  ! 配置接口 IP 地址
Router2(config-if)# no shutdown
Router2(config-if)# end
```

（3）配置公司全部路由器动态路由。

```
Router1(config) #
Router1(config) # router ospf                  ! 启用 ospf 路由协议
Router1(config-router) # network  172.16.1.0  0.0.0.255  area 0
Router1(config-router) # network  202.102.192.0  0.0.0.255  area 0
          ! 对外发布直连网段信息，并宣告该接口所在的骨干（area 0）区域号
Router1(config-router) # end
```

```
Router2(config) #
Router2(config) # router ospf                ! 启用 ospf 路由协议
Router2(config-router) # network  202.102.192.0  0.0.0.255  area 0
Router2(config-router) # network  172.16.3.0  0.0.0.255  area 0
! 对外发布直连网段信息，并宣告该接口所在骨干（area 0）区域号
Router2(config-router) # end

Router1 # show ip route                      ! 查看公司总部的路由表信息
```

上述程序执行后的显示结果如下。

```
Codes:  C - connected, S - static,  R - RIP B - BGP
        O - OSPF, IA - OSPF inter area
        N1 - OSPF NSSA external type 1, N2 - OSPF NSSA external type 2
        E1 - OSPF external type 1, E2 - OSPF external type 2
        i - IS-IS, L1 - IS-IS level-1, L2 - IS-IS level-2, ia - IS-IS inter area
        * - candidate default
Gateway of last resort is no set
C    172.16.1.0/24 is directly connected, FastEthernet 0/1
C    172.16.1.1/32 is local host.
C    202.102.192.0/24 is directly connected, serial 1/0
C    202.102.192.1/32 is local host.
O    172.16.3.0/24  [110/51]  via 202.102.192.1, 00:00:21, serial 1/0
```

（4）实施 WAN 接口 PPP 协议封装及 PAP 认证。

```
Router1 #
Router1 # configure terminal
Router1(config)# username Router2 password 0 123
! 总公司路由器为验证方建立账户：Router2，验证密码：123
Router1 (config) # interface serial 1/0
Router1 (config-if) # encapsulation ppp          ! WAN 接口上封装 PPP 协议
Router1(config-if) # ppp authentication chap
Router1 (config-if) # end

Router2 #
Router2 # configure terminal
Router2(config) # username Router1 password 0123
Router2 (config) # interface serial 1/0
Router2 (config-if) # encapsulation ppp          ! WAN 接口上封装 PPP 协议
! 分公司路由器为对方建立账户 Router1，验证密码：123
Router2 (config-if) # end

Router1 # show interfaces serial 1/0             ! 验证广域网接口的封装类型
```

上述程序执行后的显示结果如下。

```
Index(dec):1 (hex):1
serial 1/0 is UP , line protocol is UP
Hardware is Infineon DSCC4 PEB20534 H-10 serial
Interface address is: 202.102.192.1/24
  MTU 1500 bytes, BW 2000 Kbit
  Encapsulation protocol is PPP, loopback not set
  Keepalive interval is 10 sec , set
  Carrier delay is 2 sec
  RXload is 1 ,Txload is 1
  LCP Open
  Open: ipcp
  Queueing strategy: WFQ
  11421118 carrier transitions
  V35 DCE cable
  DCD=up  DSR=up  DTR=up  RTS=up  CTS=up
  5 minutes input rate 54 bits/sec, 0 packets/sec
  5 minutes output rate 46 bits/sec, 0 packets/sec
    677 packets input, 14796 bytes, 0 no buffer, 28 dropped
    Received 68 broadcasts, 0 runts, 0 giants
    0 input errors, 0 CRC, 0 frame, 0 overrun, 0 abort
    655 packets output, 11719 bytes, 0 underruns , 5 dropped
    0 output errors, 0 collisions, 18 interface resets
```

（5）测试网络连通。

① 配置全公司网络 PC 的 IP 地址信息。按表 35-1 的规划地址，配置办公网中 PC1、PC2 设备 IP 地址、网关，配置过程为：“网络”→“本地连接”→“右键”→“属性”→“TCP/IP 属性”→使用文中的 IP 地址。

② 使用“ping”命令测试网络连通。打开北京总部办公网 PC1，使用“CMD”→转到 DOS 工作模式，并输入以下命令。

```
ping 172.16.1.1
!!!!        ! 由于直连网段连接，办公网 PC1 能 ping 通目标网关
ping 172.16.3.2
!!!!        ! 通过三层路由，能安全 ping 通天津分公司办公网 PC2 设备
```

【注意事项】

（1）封装广域网协议时，要求 V35 线缆的两个端口封装协议一致，否则无法建立链路。

（2）由于需要在路由器上建立安全认证密码，所以必须具有 15 最高权限操作功能。

实验 39　利用 PPPoE 实现小型企业网访问互联网

【背景描述】

乐城公司是一家小型儿童玩具电子商务销售公司，公司办公网络使用三层路由设备连接所有的办公设备，并把办公网接入 Internet 网络。

为了将办公网接入 Internet 网络，公司向中国电信申请了一个公有 IP 地址（202.102.192.3），需要利用这一个公有 IP 地址，把公司网络接入互联网。

需要在三层路由设备上，通过利用 PPPoE（poont-to-poont over etherner，以太网上的点对点协议）和 NAPT 地址转换技术，实现企业私有网络进行 DDR（did-on-demand routing，拨号路由）按需拨号访问 Internet 网。

【实验目的】

掌握 PPPoE 技术原理，熟悉 NAPT 地址转换技术，了解企业私有网络进行 DDR 按需拨号的上网过程，熟悉 PPPoE 技术实施环境。

【实验拓扑】

图 39-1 所示的网络拓扑为乐城公司办公网连接场景，下面中据此组建和连接网络。

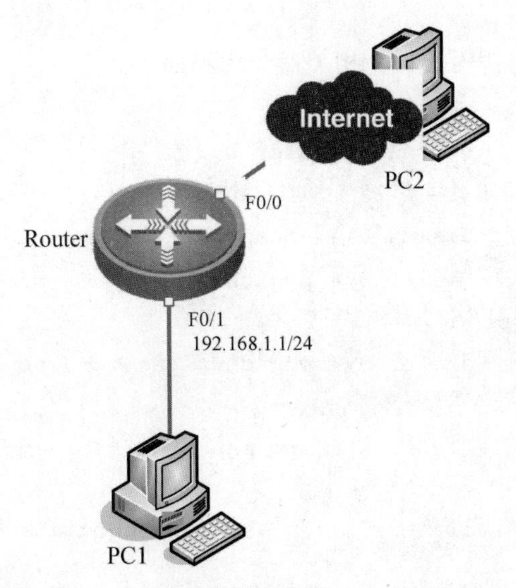

图 39-1　企业私有网络 PPPOE 访问 Internet

【实验设备】

路由器（1 台），网线（若干），PC（若干）。

【实验原理】

小型企业网中使用传统 Modem 技术接入 Internet，既要通过一个用户前置接入设备，连接远程的多台用户主机，又要提供类似拨号一样接入控制，计费功能，而且还要尽可能减少用户配置操作，这都面临一些相互矛盾目标。PPPoE 的目标就是解决上述问题。

PPPoE 是以太网上的点对点协议简称，简单地说，就是将以太网和 PPP 协议结合后的协议。PPPoE 可以使以太网的主机通过一个简单的桥接设备，连到一个远端的接入集中器上。通过 PPPoE 协议，远端接入设备能够实现对每个接入用户的控制和计费。

目前，广泛应用的 ADSL 接入方式中，通过 PPPoE 技术和宽带调制解调器（如 ADSL Modem），就可以实现高速宽带网的个人身份验证访问，为每个用户创建虚拟拨号连接。这样就可以高速连接到 Internet。

【实验步骤】

（1）安装网络工作环境。

按图 39-1 所示的网络拓扑，连接设备，组建网络，注意设备连接的接口标识。

（2）配置路由器 PPPoE 协议。

① 物理接口下开启 PPPoE，相关命令代码如下。

```
Router >enable
Router # configure terminal
Router (config)# interface FastEthernet 0/0
Router (config-if)# pppoe enable          ! 打开 PPPoE 功能
Router (config-if)# pppoe-client dial-pool-number 5 no-ddr
! 绑定以太网口到拨号池 5
Router (config-if)# exit
```

② 配置路由器拨号逻辑接口，相关命令代码如下。

```
Router (config)#
Router (config)# interface dialer 0                  ! 激活逻辑拨号接口
! Dialer 为路由器逻辑拨号接口，能够实现数据交换，可通过配置建立逻辑接口
Router (config-if-dialer 0)# encapsulation ppp      ! 在逻辑接口上封装 ppp
Router (config-if-dialer 0)# ppp chap hostname pppoe
  ! 配置 chap 加密用户名“pppoe”
Router (config-if-dialer 0)# ppp chap password pppoe
! 配置 chap 加密的密码“pppoe”
Router (config-if-dialer 0)# ppp pap sent-username pppoe password pppoe
! 配置 pap 加密的用户名和密码
Router (config-if-dialer 0)# ip address negotiate ! 允许接口协商获取 IP 地址

Router (config-if-dialer 0)# dialer pool 5           ! 关联拨号池 5
Router (config-if-dialer 0)# dialer-group 1
! 关联接口刺激拨号规则，一个接口试图拨号，首先确定什么报文可以刺激拨号，然后 ! 在接口
上关联其中一条拨号规则
Router (config-if-dialer 0)# dialer idle-timeout 300
                                                     ! 300s 没有流量后，拨号断开
Router (config-if-dialer 0)# exit
```

```
Router (config)# access-list 1 permit any
Router (config)# dialer-list 1 protocol ip permit    ! 全局的拨号规则列表
```

（3）配置路由器 NAT 地址转换技术。

```
Router (config)#
Router (config)# interface dialer 0          ! 打开逻辑拨号接口
Router (config-if)# ip nat outside           ! 定义为 NAT 外网接口
Router (config-if)#exit
Router (config)#
 Router (config-if)#interface fastEthernet 0/1    ! 打开连接内网以太网接口
Router (config-if)# ip nat inside            ! 定义为 NAT 内网接口
 Router (config-if)# ip address 192.168.1.1 255.255.255.0
! 配置内网的地址，作为内网网关
 Router (config-if)# exit

Router (config)#
Router (config)# access-list 100 permit ip any any
! 定义要执行 NAT 数据流，此处定义的内网所有子网
 Router (config)# ip nat pool ruijie prefix-length 24
 ! 配置 nat 地址池名为 ruijie 匹配掩码 24 位
 Router (config-nat-pool)# address interface dialer 0 match interface dialer 0
     ! 配置 nat 转换 ip,数据从 dialer 0 转发，使用 dialer 0 上地址做 NAT
Router (config-nat-pool)# exit
Router (config)#

Router (config)# ip nat inside source list 100 pool ruijie overload
 ! 配置 NAT 策略，100 表示 access-list 100 ;ruijie 表示 NAT 地址池
```

（4）配置内网的默认路由。

```
Router (config)#
Router (config)# ip route 0.0.0.0 0.0.0.0 dialer 0
```

（5）验证配置。

① 检查是否拨号成功，相关命令代码如下。

```
Router # show ip interface brief
```

上述命令执行后的显示结果如下。

```
Interface            IP-Address(Pri)      OK?     Status
FastEthernet 0/0     no address           YES     DOWN
FastEthernet 0/1     192.168.1.1/24       YES     UP
dialer 0             222.168.1.2          YES     UP
```

如果配置无误，查看接口 IP 线路时，可看到 dialer 0 后面可以获取到 IP 地址。

② 内网的计算机配置 192.168.1.x 的 IP 地址，掩码 255.255.255.0，网关配置为 192.168.1.1，配置正确 DNS（Domain Name System，域名系统），即可正常上网。

无线局域网单元

单元导语

无线局域网（Wireless Local Area networks，WLAN）指应用无线通信技术将计算机设备互联起来，构成可以互相通信和实现资源共享的网络体系。无线局域网的特点是不再使用通信电缆连接网络，而是通过无线方式连接，使网络的构建和终端移动更加灵活。

本单元主要筛选了构建无线局域网的 7 份典型项目工程文档，帮助读者理解在企业网构建过程，搭建无线局域网环境，WLAN 技术的主要应用场景和工程项目介绍。

考虑篇幅问题，本单元筛选的 WLAN 基础实验包括：“组建 Ad-Hoc 模式无线局域网”、“组建 Infrastructure 模式无线局域网”、“建立开放式无线接入服务”、“搭建采用 WEP 加密方式的无线局域网络”、“搭建跨 AP 的二层漫游无线局域网络”、“搭建跨 AP 的三层漫游无线局域网络”、“相同 SSID 提供不同接入服务” 等 7 份典型 WLAN 项目文档。

科技强国知识阅读

【扫码阅读】我国量子通信技术处于世界领先水平

实验 40　组建 Ad-Hoc 模式无线局域网

【背景描述】

小王是丰乐电子商务公司的新进网管，承担公司办公网络管理工作，优化和改善企业网环境，提高网络工作效率。

一天，公司业务员打电话说，要给客户共享一个资料，同事与客户均都不希望使用移动存储设备，希望使用无线局域网模式进行联络，完成同事与客户的资料共享。

【实验目的】

掌握没有无线局域网、没有无线 AP（Wireless Access Point，无线访问接入点）的情况下，通过无线网卡实现移动设备之间互联的方法。

【实验拓扑】

以图 40-1 所示的网络场景，组建 Ad-Hoc 无线局域网网络拓扑。的信息配置 IP 地址如表 40-1 所示。

图 40-1　组建 Ad-Hoc 无线局域网

表 40-1　IP 地址规划信息

设备	接口地址	子网掩码	网关	备注
PC1	192.168.1.1	255.255.255.0	—	办公网设备代表
PC2	192.168.1.2	255.255.255.0	—	办公网设备代表

【实验设备】

内置无线的笔记本电脑（2 台）。或

测试 PC（2 台），无线局域网外置 USB 网卡（2 块）。

【实验原理】

Ad Hoc 结构无线局域网组网模式，是一种省去了无线中介设备 AP，而搭建起来的对等网络结构线局域网组网。只要安装了无线网卡的计算机彼此之间就可以通过无线网卡，实现无线互联。其原理是网络中的一台计算机主机建立点到点连接，相当于虚拟 AP，而其他计算机就可以直接通过这个点对点连接进行网络互联与共享。

在 Ad-Hoc 模式无线网络中，利用无线网卡组建无线局域网：无线网卡通过设置相同的 SSID，相同的信道，最终实现通过移动设备之间的通信。

由于省去了无线 AP，Ad-Hoc 无线局域网的网络架设过程十分简单。不过，一般的无线网卡在室内环境下传输距离通常为 40m 左右，当超过此有效传输距离，就不能实现彼此之间的通讯，因此该种模式非常适合一些简单、甚至是临时性的无线互联需求。

无线局域网中的 Ad Hoc 结构，类似与有线网络中的双机互联的对等网络组网模式。

【实验步骤】

（1）在台式机安装无线局域网外置 USB 网卡。

备注：部分笔记本电脑，带有内置的无线功能，此步可省略。

① 把外置 USB 网卡插入到计算机 USB 端口，系统自动搜索到新硬件，并提示安装驱动程序。

② 选择“从列表或指定位置安装”，插入驱动光盘，选择驱动所在相应位置（或者指定的位置），然后再单击“下一步”按钮。

③ 计算机将找到设备驱动程序，按照屏幕指示安装无线局域网外置 USB 网卡，单击“下一步”按钮。

④ 单击“完成”按钮结束，屏幕右下角出现无线局域网络连接图标，包括速率和信号强度，如图 40-2 所示。

IEEE 802.11g Wireless LAN Utility
11:57

图 40-2　无线局域网络连接图标

（2）配置 PC1 设备无线网络连接。

① 打开 PC1 设备，按照“桌面”→“网络”→“本地连接”→“无线网络连接”的流程找到“无线网络连接”，如图 40-3 所示。

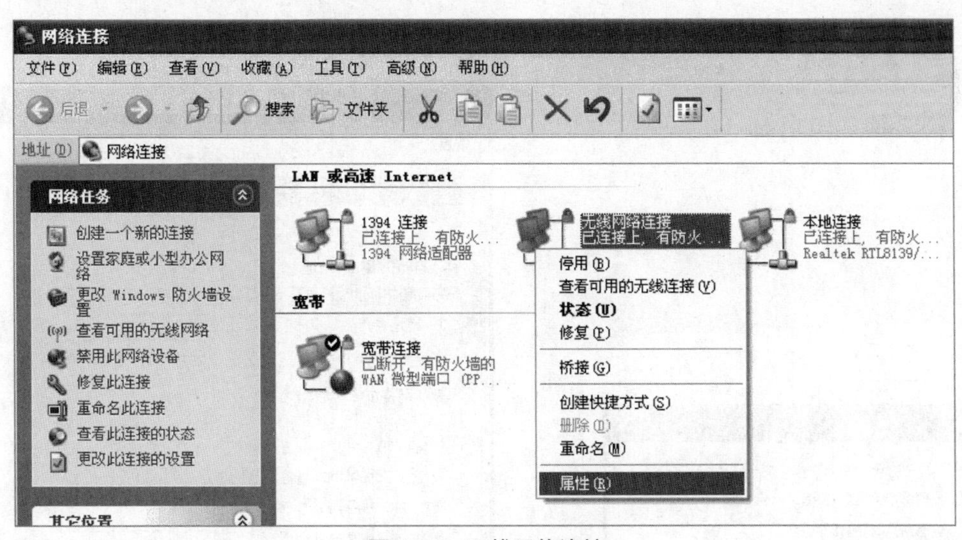

图 40-3　无线网络连接

② 设置 PC2 无线网卡之间相连的 SSID 为 ruijie。

选择“无线网络连接”，单击右键，启动快捷菜单，进入无线网卡的属性配置项。

在“无线网络连接　属性”对话框中，选择“首选网络”项，单击左下角的“添加”按钮，添加一个新的 SSID 连接，名称为“ruijie”，如图 40-4 所示。注意：此处 SSID 标识必须与对端的 PC1 设备无线局域网卡属性配置完全一致。

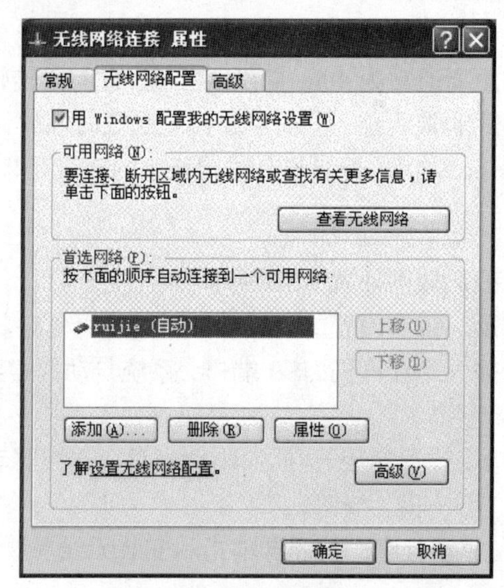

图 40-4　SSID 连接名称

在“高级”对话框中，选择“仅计算机到计算机”模式，或者可以通过第三方的“无线网络配置软件”，选择“Ad-Hoc”模式，如图 40-5 所示。

（3）配置 PC2 无线局域网卡 IP 地址。

选择“网络”→“无线网络连接”，单击右键，启动快捷菜单，进入无线网卡的属性配置项。

选择“常规”选项卡，设置 PC2 无线局域网卡的 IP 地址，如图 40-6 所示。

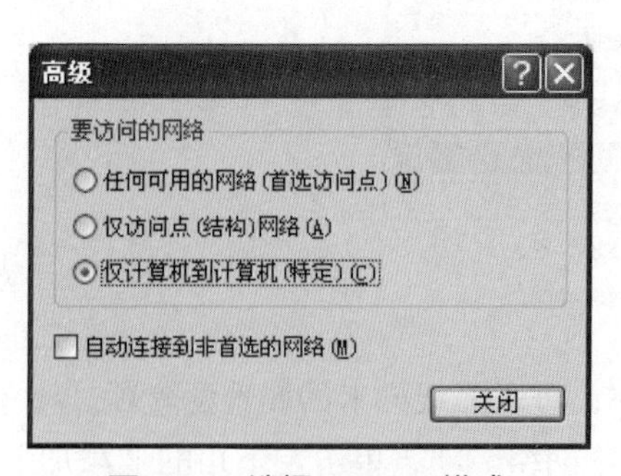

图 40-5　选择 Ad-Hoc 模式

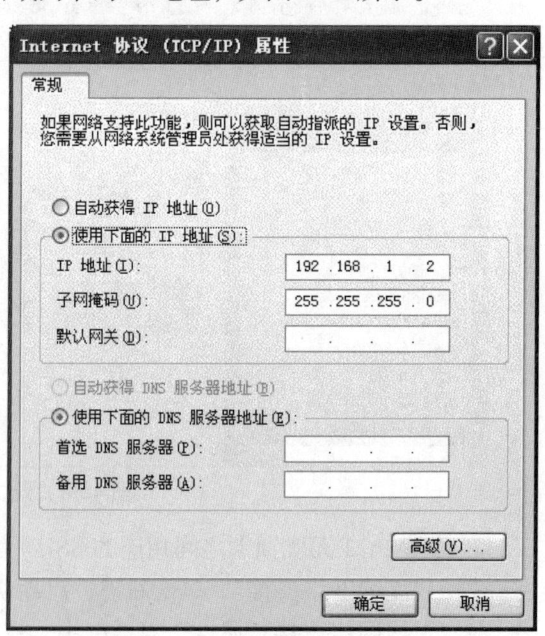

图 40-6　无线局域网卡 IP 地址

（4）配置 PC1 设备无线局域网卡属性。

按照上述同样的方法和流程，配置 PC1 的相关属性。

（5）测试网络连通。

打开办公网 PC1 机，使用“CMD”→转到 DOS 工作模式，并输入以下命令。

```
ping 192.168.1.2
!!!!        ! 由于同一办公网段连接，办公网 PC1 能 ping 通 PC2 设备
```

【注意事项】

（1）两台移动设备的无线网卡的 SSID（Server Set Identifier，服务集标识）必须为一致。

（2）无线局域网卡默认的信道为 1，如遇其他系列网卡，则要根据实际情况调整无线网卡的信道，使多块无线网卡的信道一致。

（3）注意两块无线网卡的 IP 地址设置为同一网段。

（4）无线网卡通过 Ad-Hoc 方式互联，对两块网卡的距离有限制，工作环境下一般不建议超过 10 米。

实验 41　组建无线局域网

【背景描述】

小王是丰乐电子商务公司新进的网管，承担公司办公网络管理工作，优化和改善企业网环境，提高网络工作效率的职责。

公司的会议室由于没有网络接入，在日常部门开会过程中，共享会议资源不方便。公司希望小王在会议室组建一个无线局域网。由于会议室需要很多人都能共享上网，所以小王就利用一台无线路由器设备，临时组建会议室无线局域网。

【实验目的】

配置无线路由器设备，组建无线局域网。

【实验拓扑】

按图 41-1 所示的网络拓扑，组建会议室临时无线局域网。

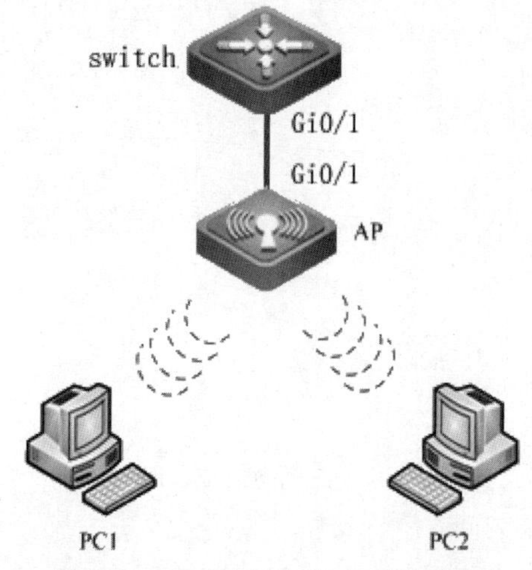

图 41-1　组建会议室临时无线局域网

【实验设备】

无线 AP（1 台），笔记本电脑（2 台）。或：测试 PC（2 台），外置 USB 无线网卡（2 块）。

【实验原理】

无线 AP 设备一般指无线网络接入点，俗称无线“热点”，用于扩大无线覆盖范围。一体设备一般是无线网络的核心。无线 AP 设备主要有路由交换接入一体设备和纯接入点设备，也就是俗称的胖 AP（FAT-AP）和瘦 AP（FIT-AP）两种。

FAT-AP 模式是传统的 WLAN 组网方案，无线 FAT-AP 本身承担了认证终结、漫游切换、动态密钥产生等复杂功能，执行接入和路由工作，相对来说 AP 的功能较重，因此称为 FAT-AP。

一般来说，FAT-AP 可以单独使用，每一台 FAT-AP 都需要配置才可以使用，在少量台数建议使用，但设备结构复杂，且难于集中管理。

【实验步骤】

（1）组建会议室无线局域网。

按图 41-1 所示拓扑连接设备，组建以 FAT-AP 为中心的临时无线局域网。其中，注意 POE 电源、FAT-AP 设备直接的连接方式。

（2）切换 AP 模式为 FAT-AP。

默认情况下，断电后的 AP 的模式为 FIT-AP 模式。通过 AP 设备的 console 登录 AP 设备，在 AP 上切换其模式为 FAT-AP 模式。

备注：登录 AP 设备时，如果提示输入密码，默认密码为 ruijie（或 admin）。

```
Password: ruijie
Ruijie>show ap-mode          !   查看 AP 的当前模式
current mode: fit            !   AP 当前模式模式为 FIT-AP（默认为瘦 AP 模式）
```

```
Ruijie>ap-mode fat           !   修改 AP 的工作模式为 FAT-AP（胖 AP 模式）
apmode will change to FAT.
```

（3）在 AP 上创建用户 VLAN。

```
Ruijie(config)#
Ruijie(config)#vlan 10                  !   创建用户  vlan 10
```

（4）在 AP 上创建 WLAN，关联用户 VLAN。

```
Ruijie(config)#dot11 wlan 1                      !   创建无线局域网 wlan 1
Ruijie(dot11-wlan-config)#ssid ruijie            !   设置 SSID 信息 ruijie
Ruijie(dot11-wlan-config)#vlan 10                !   wlan 1 关联 vlan 10
Ruijie(dot11-wlan-config)#exit
```

（5）在 AP 上配置射频口 1，关联 WLAN。

```
Ruijie(config)#interface dot11radio 1/0
Ruijie(config-if-Dot11radio 1/0)#encapsulation dot1Q 10
!   在视频口上封装 gi0/1 接口 dot1Q 协议，并映射给 vlan  10
Ruijie(config-if-Dot11radio 1/0)#wlan  1   !   该视频接口和 wlan  1 关联
```

（6）在 AP 上配置默认网关。

```
Ruijie(config-if-BVI 1)#exit
Ruijie(config)#ip route 0.0.0.0  0.0.0.0 172.16.10.1
                              !  配置 AP 的默认网关（路由）
```

（7）配置 AP 以太网接口。

```
Ruijie(config)#interface GigabitEthernet 0/1
                         !   配置 AP 以太网接口，让用户数据正常传输
Ruijie(config-if-GigabitEthernet 0/1)#encapsulation dot1Q 10
                         !   封装相应的用户 VLAN 信息，否则无法通信
```

（8）配置三层交换机用户 VLAN 以及分配地址。

```
Switch(config)#
Switch(config)#vlan 10        ! 创建用户 VLAN
Switch(config-vlan)#exit
Switch(config)#interface vlan 10          !   打开 vlan 10 接口
Switch(config-if-vlan 10)#ip address 172.16.10.1 255.255.255.0
                                  !   配置网关地址
Switch (config-if-vlan 10)#exit
```

```
Switch (config)#service dhcp       !   给用户 VLAN 分配地址
Switch (config)#ip dhcp pool USE10-IP   !   设置自动获取地址池名称 USE10-IP
Switch (dhcp-config)#network 172.16.10.0 255.255.255.0
                            !   设置自动获取地址池范围
Switch (dhcp-config)#default-router 172.16.10.1       设置默认网关
```

```
Switch (config)#interface GigabitEthernet 0/1
Switch (config-if-GigabitEthernet 0/1)#switch access vlan 10
           !   该接口必须分配到 VLAN10 中，作为 vlan 10 连接的一台 AP 设备
Switch (config-if-interface)#exit
```

（9）配置测试 PC 的无线网络连接。

打开 PC 无线网络连接，搜索附近 SSID，然后选择配置完成的 SSID：ruijie，单击“确定”按钮，即可实现接入到无线 AP 中，如图 41-2 所示。

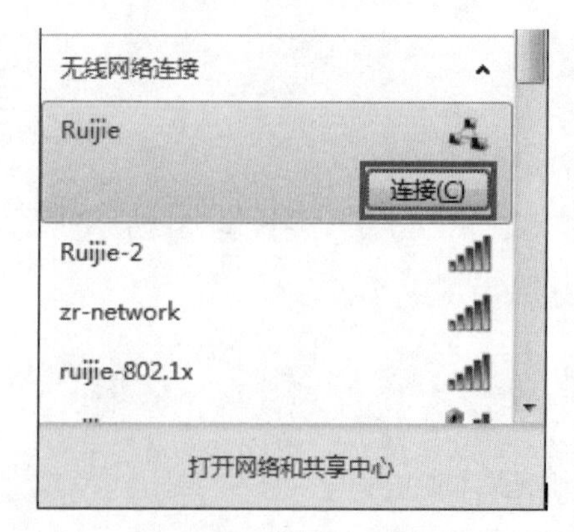

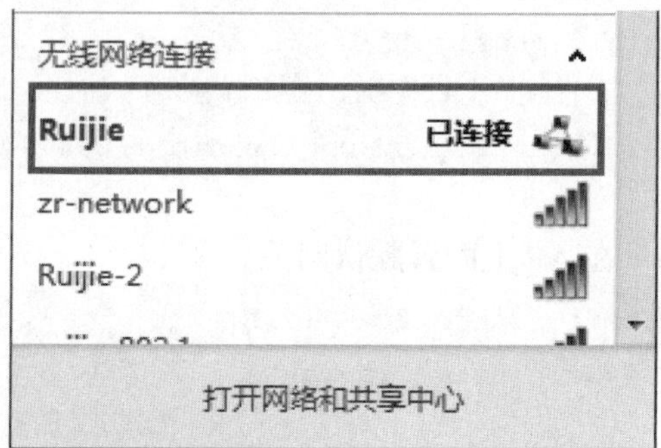

图 41-2　在 PC 上搜索附近 SSID

（10）网络连通性测试。

分别为PC1和PC2计算机配置同网段的管理地址。在PC2计算机上，打开“开始”菜单，调出“运行”窗口，输入cmd，转到DOS命令测试状态。测试PC2与PC1的连通性。

```
ping 192.168.1.2
!!!!          ! 由于同一办公网段连接，办公网 PC1 能 ping 通 PC2 设备
```

使用PC1和PC2通过无线路由器设备连接通信，实现无线局域网的互连互通。

实验 42 组建 Infrastructure 模式无线局域网

【背景描述】

小王是某学校的新进网管，承担学校网络管理工作，优化和改善学校教育网环境，提高数字化校园工作环境的职责。学校通过部署多 SSID 的无线局域网，实现教师和学生都可以通过无线通信。小王购买了一台无线 AP 组建 Infrastructure 模式的无线局域网，针对教师分配一个教师 SSID，教师使用教师的 SSID 上网；针对学生分配一个学生的 SSID，学生使用该 SSID 上网，从而方便无线网络管理。

【实验目的】

配置 FAT-AP 设备，组建 Infrastructure 模式的多 SSID 无线局域网。

【实验拓扑】

按图 42-1 所示的网络拓扑，组建 Infrastructure 模式多 SSID 无线局域网。

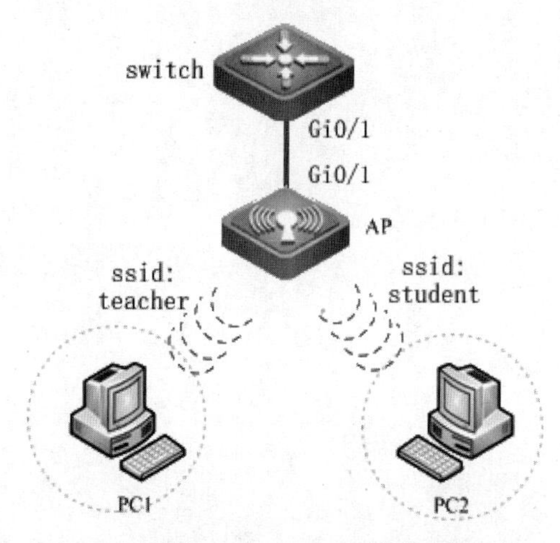

图 42-1 组建 Infrastructure 模式无线局域网

【实验设备】

AP（WLAN 接入器，1 台），内置无线笔记本电脑（2 台）。或：测试 PC（2 台），无线局域网外置 USB 网卡（2 块）。

【实验原理】

Infrastructure 是无线网络搭建的基础模式。移动设备通过无线网卡或者内置无线模块与无线 AP 取得联系。多台移动设备可以通过一个无线 AP 来构建无线局域网，实现多台移动设备的互联。无线 AP 覆盖范围一般在 100~300m，适合移动设备灵活接入网络。

【实验步骤】

（1）组建会议室无线局域网。

按图 42-1 所示拓扑连接设备，组建以 FAT-AP 为中心的临时无线局域网。其中，注意 POE 电源、FAT-AP 设备直接的连接方式。

（2）切换 AP 模式为 FAT-AP。

默认情况下，断电后的 AP 的模式为 FIT-AP 模式。通过 AP 设备的 console 登录 AP 设备，在 AP 上切换其模式为 FAT-AP 模式。

备注：登录 AP 设备时，如果提示输入密码，默认密码为 ruijie（或 admin）。

```
Password: ruijie
Ruijie>show ap-mode          !   查看AP的当前模式
current mode: fit            !   AP当前模式模式为FIT-AP（默认为瘦AP模式）
```

```
Ruijie>ap-mode fat           !   修改AP的工作模式为FAT-AP（胖AP模式）
apmode will change to FAT.
```

（3）在 AP 上创建用户 VLAN。

```
Ruijie(config)#
Ruijie(config)#vlan 10                 !   创建教师用户  vlan 10
Ruijie(config-vlan)#vlan 20            !   创建学生用户  vlan 20
Ruijie(config-vlan)#exit
```

（4）在 AP 上创建 WLAN1（教师）、WLAN2（学生），关联用户 vlan 10、vlan 20。

```
Ruijie(config)#dot11 wlan 1                    !   创建无线局域网wlan 1
Ruijie(dot11-wlan-config)#ssid teacher         !   设置SSID信息teacher给教师用
Ruijie(dot11-wlan-config)#vlan 10              !   wlan 1关联vlan 10
Ruijie(dot11-wlan-config)#exit
Ruijie(config)#dot11 wlan 2                    !   创建无线局域网wlan 2
Ruijie(dot11-wlan-config)#ssid student         !   设置SSID信息student给学生用
Ruijie(dot11-wlan-config)#vlan 20              !   wlan 2关联vlan 20
Ruijie(dot11-wlan-config)#exit
```

（5）在 AP 的两个射频口上创建、封装射频口的子接口。

```
Ruijie(config)#interface dot11radio 1/0.10   ! 进入射频卡1/0.10
Ruijie(config-subif)#encapsulation dot1Q 10
                 ! 必须封装vlan 并且此vlan 10要和以太物理子接口一致
Ruijie(config-subif)#exit
Ruijie(config)#interface dot11radio 1/0.20   ! 进入射频卡1/0.20
Ruijie(config-subif)#encapsulation dot1Q 20
                 ! 必须封装vlan 并且此vlan 20要和以太物理子接口一致
Ruijie(config-subif)#exit

Ruijie(config)#interface dot11radio 2/0.10   ! 进入射频卡1/0.10
```

```
Ruijie(config-subif)#encapsulation dot1Q 10
                  ！必须封装 vlan 并且此 vlan 10 要和以太物理子接口一致
Ruijie(config-subif)#exit
Ruijie(config)#interface dot11radio 2/0.20    ！进入射频卡 1/0.20
Ruijie(config-subif)#encapsulation dot1Q 20
                  ！必须封装 vlan 并且此 vlan 20 要和以太物理子接口一致
Ruijie(config-subif)#exit
```

（6）在 AP 的两个射频口上分别关联 wlan 1、wlan 2。

```
Ruijie(config)#interface dot11radio 1/0          ！    进入射频卡 1/0
Ruijie(config-if-Dot11radio 1/0)#wlan 1          ！    射频卡和 SSID 进行关联
Ruijie(config-if-Dot11radio 1/0)#wlan 2          ！    射频卡和 SSID 进行关联

Ruijie(config)#interface dot11radio 2/0          ！    进入射频卡 2/0
Ruijie(config-if-Dot11radio 1/0)#wlan 1          ！    射频卡和 SSID 进行关联
Ruijie(config-if-Dot11radio 1/0)#wlan 2          ！    射频卡和 SSID 进行关联
```

（7）配置 AP 连接交换机的以太网接口。

```
Ruijie(config)#interface gigabitEthernet 0/1.10
                         !进入端口配置模式配置端口 G0/1.10
Ruijie(config-subif)#encapsulation dot1Q 10
           !接口封装相应的教师用户 VLAN 信息，否则无法通信，封装 vlan 10
Ruijie(config-subif)#exit
Ruijie(config)#interface gigabitEthernet 0/1.20
                         !进入端口配置模式配置端口 G0/1.20
Ruijie(config-subif)#encapsulation dot1Q 20
           !接口封装相应的学生用户 VLAN 信息，否则无法通信，封装 vlan 20
Ruijie(config-subif)#exit
```

（8）在三层交换机创建用户 vlan 10、vlan 20 以及分别配置相应网关地址。

```
Switch(config)#
Switch(config)#vlan 10          ！创建教师用户 VLAN
Switch(config-vlan)#exit
Switch(config)#interface vlan 10        ！   打开 vlan 10 接口
Switch(config-if-vlan 10)#ip address 172.16.10.1 255.255.255.0
                          ！  配置教师用户的网关地址
Switch (config-if-vlan 10)#exit


Switch(config)#
Switch(config)#vlan 20          ！创建学生师用户 VLAN
```

```
Switch(config-vlan)#exit
Switch(config)#interface vlan 20          !   打开 vlan 20 接口
Switch(config-if-vlan 20)#ip address 172.16.20.1 255.255.255.0
                                !   配置学生用户的网关地址
Switch (config-if-vlan 20)#exit
```

（9）在三层交换机位用户 vlan 10、vlan 20 自动分配地址。

```
Switch(config)#service dhcp         !   开启 DHCP 服务
Switch(config)#ip dhcp pool USE10-IP
                         !   设置教师用户自动获取地址池名称 USE10-IP
Switch(dhcp-config)#network 172.16.10.0 255.255.255.0
                               !   设置自动获取地址池范围
Switch(dhcp-config)#default-router 172.16.10.1        设置默认网关
```

```
Switch(dhcp-config)#ip dhcp pool USE20-IP
                         !   设置学生用户自动获取地址池名称 USE20-IP
Switch(dhcp-config)#network 172.16.20.0 255.255.255.0
                               !   设置自动获取地址池范围
Switch(dhcp-config)#default-router 172.16.20.1        设置默认网关
```

实验 43　组建 Infrastructure 模式 FIT AP +AC 无线局域网

【背景描述】

无线局域网组网中应用到的 FIT AP（瘦 AP 设备），是指需要无线控制器 AC（无线接入控制器）进行管理、调试和控制的 AP，瘦 AP 设备不能独立工作，只具有网络的接入功能，必须与 AC 配合使用。

丰乐电子商务公司组建了互连互通的无线办公网。之前使用 FAT AP 组建的无线办公网由于只能在局域范围,公司希望能使用无线 AP 设备覆盖整个办公区,所以传统的 FAT AP 设备的无线组网模式不能适应新的需要。

为了使用 AP 设备覆盖办公网，保障手机、笔记本电脑都能移动办公，公司购买了一台无线交换机设备，组建 FIT AP +AC 无线办公网络环境。

【实验目的】

配置 AC（AP 控制器）设备，了解 FIT AP +AC 无线局域网组建原理。通过 AC（AP 控制器）统一配置和管理无线 FIT AP 设备，包括配置下发、升级、重启等。

【实验拓扑】

按图 43-1 所示的网络拓扑，组建 Infrastructure 模式 FIT AP +AC 无线局域网。

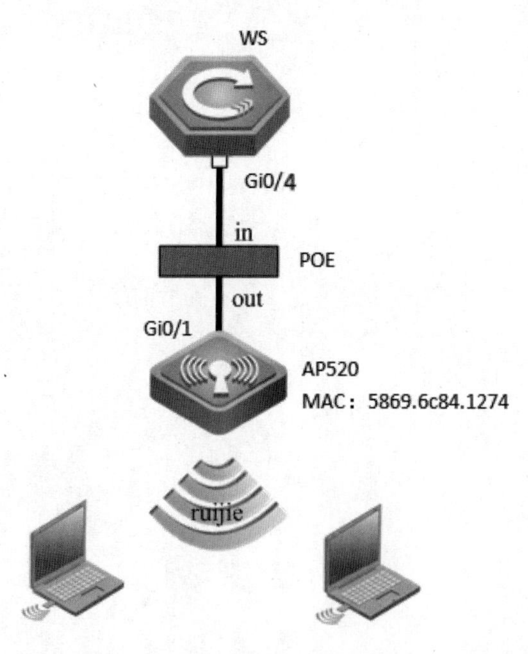

图 43-1　组建 Infrastructure 模式 FIT AP +AC 无线局域网

【实验设备】

FIT-AP（1 台），AP 供电模块 E130（1 套）、无线交换机 AC（1 台）、测试笔记本电脑（2 台）、网线（若干）。

【实验原理】

无线局域网组网核心是AP设备，有FAT AP和FIT AP区分。本单元实验中用到的是FIT AP设备。FIT AP不能独立使用，需要和无线控制器AC设备配合使用。

【实验步骤】

（1）组建Infrastructure模式下的无线局域网。

如图43-1所示，连接设备，组建以FIT AP+AC的无线局域网。其中，注意POE电源、胖AP设备直接的连接方式，关于FIT AP的E130电源模块和AP的连接模式，同上一单元连接方式相同。

（2）切换AP模式为FIT AP。

通过AP设备的console，使用超级终端方式登录，在AP设备上切换其模式为瘦AP工作模式。

备注：登录AP设备时，如果提示输入密码，默认密码为：ruijie （或 admin）

```
Password: ruijie
Ruijie>
Ruijie>show ap-mode          ！ 查看AP的当前模式
current mode: fit           ！ AP当前模式为 FIT AP（默认为瘦AP模式）
```

如果查看不是默认瘦AP的工作模式，需要通过以下命令，配置工作模式为瘦AP的工作模式。

```
Ruijie#configure terminal                ！进入全局配置模式
Ruijie(config)#ap-mode fit               ！修改成廋模式
```

瘦AP在FIT AP+AC的无线局域网中零配置，所有的配置操作都在AC设备上完成。

（3）在AC设备上创建用户VLAN，AP VLAN。

配置无线控制器AC设备和配置交换机设备相同，通过超级终端设备，连接AC设备console接口，使用超级终端方式登录AC设备，配置AC。

```
Ruijie#
Ruijie#configure terminal
Ruijie(config)#vlan 1                    ！ 创建AP的VLAN
Ruijie(config-vlan)#vlan 2               ！ 用户的VLAN
```

（4）在AC设备上配置AP、无线用户网关和loopback 0地址。

```
Ruijie(config)#
Ruijie(config)#interface vlan 1          ！配置p的网关
Ruijie(config-int-vlan)#ip address  172.16.1.1 255.255.255.0

Ruijie(config-int-vlan)#interface vlan 2
                    ！配置用户的SVI接口（必须配置）
Ruijie(config-int-vlan)#ip address  172.16.2.1 255.255.255.0

Ruijie(config-int-vlan)#interface loopback 0
```

```
Ruijie(config-int-loopback)#ip address 1.1.1.1 255.255.255.255
            ！必须是 loopback 0，用于 AP 需找 AC 的地址，DHCP 中的 option138 字段.
Ruijie(config-int-loopback)#exit
Ruijie(config)#
```

（5）配置 AC 和 AP 之间的通讯。

```
Ruijie(config)#
Ruijie(config)# interface GigabitEthernet 0/4
Ruijie(config-int-GigabitEthernet 0/4)#switchport access vlan 1
                              ！与 AP 相连的接口，把接口划到 AP 的 VLAN 中
```

（6）在 AC 上配置连接 AP 设备的 DCHP，用户的 DHCP 信息。

```
Ruijie(config)#
Ruijie(config)#service dhcp              ！开启 DHCP 服务
Ruijie(config)#ip dhcp pool ap-rui40
                 ！创建 DHCP 地址池，名称是 ap_ruijie
Ruijie(config-dhcp)#option 138 ip 1.1.1.1
                 ！配置 option 字段，指定 AC 的地址，即 AC 的 loopback 0 地址
Ruijie(config-dhcp)#network 172.16.1.0 255.255.255.0
                                        ！分配给 AP 的地址
Ruijie(config-dhcp)#default-route 172.16.1.1       ！分配给 AP 的网关地址
注意：AP 的 DHCP 中的 option 字段和网段、网关要配置正确，否则会出现 AP 获取不到 DHCP 信息，导致无法建立隧道
Ruijie(config)#ip dhcp pool user-rui40
                 ！配置 DHCP 地址池，名称是 user_ruijie
Ruijie(config-dhcp)#network 172.16.2.0 255.255.255.0
                                        ！分配给无线用户的地址
Ruijie(config-dhcp)#default-route 172.16.2.1       ！分配给无线用户的网关
Ruijie(config-dhcp)#exit
```

（7）在 AC 上查看 AP 设备地址从而获取信息。

```
Ruijie#Show ip dhcp  binding
……
```

（8）在 AC 上创建 WLAN 信息。

- 使用 WLAN-config 配置，创建 SSID。

```
Ruijie(config)#
Ruijie(config)# wlan-config 1  ruijie40
          ！配置 wlan-config，id 是 1，SSID（无线信号）是 Ruijie100
Ruijie(config-wlan)#exit
```

- 使用 ap-group 配置，关联 WLAN-config 和用户 VLAN。

```
Ruijie(config)#ap-group abc                        !创建 abc 组
Ruijie(config-ap-group)#interface-mapping 1 和 2
                              ！把 wlan-config 1 和 Vlan 2 进行关联
```

```
Ruijie(config-ap-group)#exit
```

（9）把 AC 上的配置分配到 AP 上。

```
Ruijie(config)#
Ruijie(config)#ap-config 5869.6c84.1274
    ！把 AP 组的配置关联到 AP 上（XXX 为某个 AP 的名称时，那么表示只在该 AP 下应用
ap-group；第一次部署时默认 XXX 实际是 AP 的 MAC 地址）。
！或者：ap-config 5869.6c84.1274
       Ap-name  AP1
Ruijie(config-ap-config)#ap-group abc
！注意：ap-group Ruijie_group 要配置正确，否则会出现无线用户搜索不到 ssid。
Ruijie(config-ap-group)#exit
```

（10）在 AC 上查看 AC 和 AP 的隧道建立信息。

```
Ruijie# Show  ap-config summary    ！查看 AP 的配置信息
……
Ruijie# Show  capwap state         ！查看 AC 和 AP 的隧道信息
……
Ruijie# show  running-config       ！查看 AC 的配置信息
……
```

实验 44　建立开放式无线接入服务

【背景描述】

丰乐电子商务公司的会议室一直没有网络接入，日常部门开会过程中，共享会议资源很不方便。该公司希望新进的网管小王在会议室组建一个无线局域网网络。小王就使用胖AP 设备组建了临时的无线办公网。

随着智能终端设备的大规模使用，公司需要更多的会议室、办公区甚至走廊都能有无线覆盖。不久后公司采购一套无线交换机产品，用于公司办公区中整体无线覆盖。

由于该企业员工对计算机的操作水平比较低，只会打开无线网卡搜寻 AP 信号，不会配置 IP 地址，使用无线网络也只是进行简单的网页浏览和收发邮件。因此，小王需要建立一个开放式无需认证的无线网络。

【实验目的】

掌握通过无线 AP 设备进行无线局域网互联，实现最基础开放式无线接入服务配置方法。实现一个不需要加密、认证的无线网络，无线客户端通过 DHCP 方式获取 IP 地址。

【实验拓扑】

按图 44-1 所示的网络拓扑，组建 Infrastructure 模式无线局域网，注意接口连接标识，以保证和后续配置保持一致。

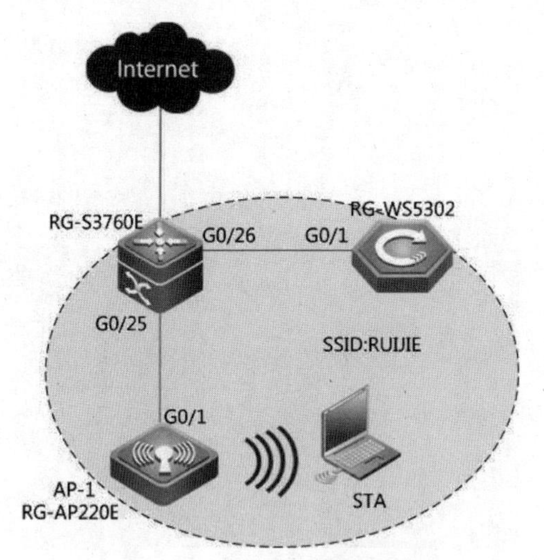

图 44-1　开放式无线接入服务

【实验设备】

无线控制器（1 台），无线 AP（1 台），三层交换机（1 台），POE 电源模块 RG-E-130（1 台），无线网卡（一块，可选），测试笔记本或 PC（2 台），网络（若干）。

【实验原理】

客户需要一个不使用加密、认证的无线网络，无线客户端通过 DHCP 方式获取 IP 地址。

配置开放式无线网络后，任何无线客户端可以扫描到该网络的 SSID，并且能够联入该无线网络，获取到 IP 地址，客户端之间可以相互通信。

【实验步骤】

（1）基本拓扑连接。

根据图 44-1 所示的拓扑图，将设备连接起来，并注意设备状态灯是否正常。

（2）切换 AP 模式为 FIT AP。

登录 AP 设备，在 AP 上切换其模式为瘦 ap 工作模式。在 FTI AP+AC 的组网模式中，FIT AP 设备零配置。

备注：登录 AP 设备时，如果提示输入密码，默认密码为：ruijie（或 admin）。

```
Password: ruijie
Ruijie>
Ruijie>show ap-mode          ！ 查看 AP 的当前模式
current mode: fit            ！ AP 当前模式模式为 FIT AP（默认为瘦 AP 模式）
```

（3）配置三层交换机设备基本信息。

```
Switch(config)#
Switch (config)# hostname RG-3760E
RG-3760E (config)# vlan 10                          ！ 创建 VLAN10
RG-3760E (config)# vlan 20
RG-3760E (config)# vlan 100

RG-3760E (config)# service dhcp                     !启用 DHCP 服务
RG-3760E (config)# ip dhcp pool ap-pool             !创建地址池，为 AP 分配 IP 地址
RG-3760E (dhcp-config)# option 138 ip 9.9.9.9
                                    ！ 配置 DHCP138 选项，地址为 AC 的环回接口地址
RG-3760E (dhcp-config)# network 192.168.10.0 255.255.255.0      !指定地址池
RG-3760E (dhcp-config)# default-router 192.168.10.254       !指定默认网关
RG-3760E (dhcp-config)#exit

RG-3760E (config)#
RG-3760E (config)# ip dhcp pool vlan100        !创建地址池，为用户分配 IP 地址
RG-3760E (dhcp-config)# domain-name 202.106.0.20    !指定 DNS 服务器
RG-3760E (dhcp-config)# network 192.168.100.0 255.255.255.0    !指定地址池
RG-3760E (dhcp-config)# default-router 192.168.100.254      !指定默认网关
RG-3760E (dhcp-config)# exit

RG-3760E (config)#
RG-3760E (config)# interface VLAN 10          !配置 VLAN10 地址
RG-3760E (config-VLAN 10)# ip address 192.168.10.254 255.255.255.0
RG-3760E (config)# interface VLAN 20
```

```
RG-3760E (config-VLAN 20)# ip address 192.168.11.2 255.255.255.0
RG-3760E (config)# interface VLAN 100
RG-3760E (config-VLAN 100)# ip address 192.168.100.254 255.255.255.0
RG-3760E (config-VLAN 100)# exit

RG-3760E (config)#
RG-3760E (config)# interface GigabitEthernet 0/25
RG-3760E (config-if- GigabitEthernet 0/25)# switchport access vlan 10
! 将接口加入到 VLAN10
RG-3760E (config)# interface GigabitEthernet 0/26
RG-3760E (config-if- GigabitEthernet 0/26)# switchport mode trunk
! 将接口设置为 trunk 模式
RG-3760E (config)# ip route 9.9.9.9 255.255.255.255 192.168.11.1
! 配置静态路由
```

（4）配置无线交换机设备基本信息。

```
Ruijie(config)#
Ruijie(config)# hostname AC                 ! 命名无线交换机
AC(config)# vlan 10
AC(config)# vlan 20
AC(config)# vlan 100
AC(config)# wlan-config 1  RUIJIE          ! 创建 WLAN，SSID 为“RUIJIE”
AC(config-wlan)# enable-broad-ssid          ! 允许广播
AC(config-wlan)# exit

AC(config)#
AC(config)# ap-group default                ! 提供 WLAN 服务
AC(config-ap-group)# interface-mapping 1 100
! 配置 AP 提供 WLAN 1 接入服务，配置用户的 Vlan 为 100
AC(config-ap-group)# exit

AC(config)#
AC(config)# ap-config 001a.a979.40e8      ! 登录 AP
AC(config-AP)# ap-name AP-1                 ! 命名 AP
AC(config-AP)# exit

AC(config)#
AC(config)# interface GigabitEthernet 0/1
AC(config-if-GigabitEthernet 0/1)# switchport mode trunk !定义为 trunk 模式
AC(config-if-GigabitEthernet 0/1) # exit

AC(config)# interface Loopback 0           !为环回接口配置 IP 地址
```

```
AC(config-if- Loopback 0)# ip address 9.9.9.9 255.255.255.255
AC(config-if- Loopback 0)# exit

AC(config)# interface VLAN 20
AC(config-vlan 20)# ip address 192.168.11.1 255.255.255.252
! 配置 VLAN20 接口 IP 地址
AC(config-vlan 20)#exit

AC(config)# ip route 0.0.0.0 0.0.0.0 192.168.11.2        ! 配置默认路由
```

（5）连接测试。

① 在 STA（Station，站）上打开无线功能，这时会扫描到“RUIJIE”这个无线网络，如图 44-2 所示。

② 选择此无线网络，单击“连接”按钮，如图 44-3 所示。

③ 连接成功，如图 44-4 所示。

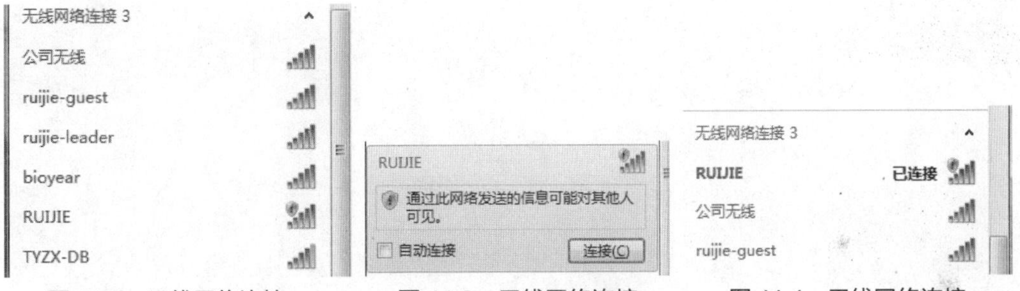

图 44-2 无线网络连接　　　图 44-3 无线网络连接　　　图 44-4 无线网络连接

（6）连通测试。

① 打开命令窗口，使用“ipconfig”命令查看其获取的 IP 地址，如图 44-5 所示。

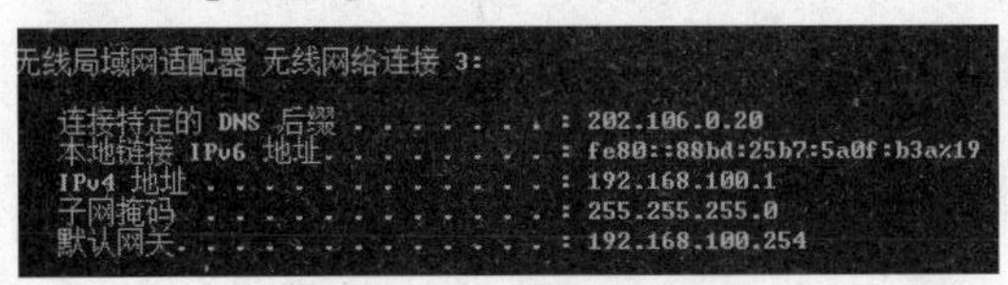

图 44-5 获取的 IP 地址

② 在命令窗口，使用“ping”命令测试其与网关的连通性，如图 44-6 所示。

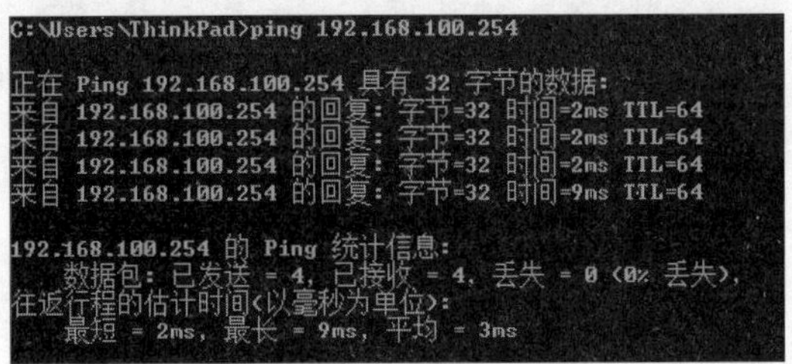

图 44-6 测试网络连通

（7）查看配置结果信息。

```
AC# show ap-config summary
```

```
……
AC# show ac-config client summary by-ap-name
……
AC# show capwap state
……
AC# show running-config
……
RG-3760E# show running-config
……
```

实验 45 搭建采用 WEP 加密方式的无线局域网络

【背景描述】

丰乐电子商务公司一直没有构建无线局域网，日常部门会议室开会、智能终端设备 Wi-Fi 接入，共享资源都很不方便，公司希望组建一个无线局域网。

公司内网的无线局域网构建完成后，由于购买的是大功率的无线智能化设备，无线信号可能会传播到公司办公室以外的地方，或者大楼外，或者别的临近的公司，都可以搜到公司的 SSID，且可以直接接入无线网络，没有任何认证加密手段。这样收到信号的人就可以随意地接入公司的内部网络，很不安全。

于是，公司建议网管小王对公司无线局域网实施加密，以保护公司网络安全。小王决定采用 WEP（Wired Equivalent Privacy，有线等保密协议）加密方式，对无线网进行加密及接入控制，只有输入正确密钥才可以接入到无线网络，并且空中数据传输也是加密，从而有效地杜绝 WLAN 安全事故的发生。

【实验目的】

搭建采用 WEP 加密方式无线网络，掌握 WEP 加密方式无线网络的概念及搭建方法。

【实验拓扑】

按图 45-1 所示的网络拓扑，组建无线局域网，注意接口标识，保持后续配置一致。

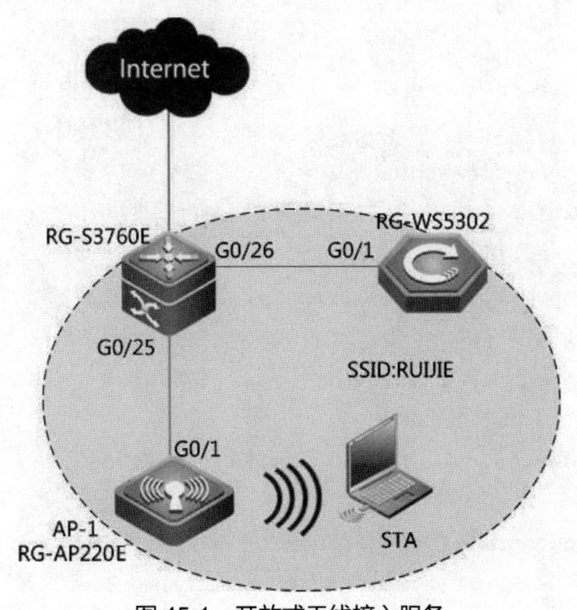

图 45-1 开放式无线接入服务

【实验设备】

无线控制器（1 台），无线 AP（1 台），三层交换机（1 台），POE 电源模块 RG-E-130（1 台），无线网卡（1 块，可选），测试笔记本或 PC（2 台），网络（若干）。

【实验原理】

使用 WEP 加密方式的无线局域网络是采用共享密钥形式的接入、加密方式，即在 AP 上设置相应 WEP 密钥，在客户端也需要输入和 AP 端一样密钥才可以正常接入，并且 AP 与无线客户端的通信也通过了 WEP 加密。这样一来，即使空中有人抓取到无线数据包，也看不到里面相应的内容。

但是，WEP 加密方式存在漏洞，现在有些软件可以对此密钥进行破解，所以它不是最安全的加密方式。但是由于大部分的客户端都支持 WEP，所以现在 WEP 的应用场合还是很多。

采用 WEP 加密的无线接入服务，能够保证无线网络的安全性。用户连接该无线网络需要输入预先设定的加密密钥，若不输入密钥或者输入错误的密钥，则用户不能接入网络。

【实验步骤】

（1）基本拓扑连接。

根据图 45-1 所示的拓扑图，将设备连接起来，并注意设备状态灯是否正常。

（2）配置三层交换机设备基本信息。

```
Switch (config)#
Switch (config)#hostname RG-3760E            ！为交换机命名
RG-3760E (config)#vlan 10                    ！创建 VLAN 10
RG-3760E (config)#vlan 20
RG-3760E (config)#vlan 100

RG-3760E (config)#service dhcp               ！启用 DHCP 服务
RG-3760E (config)#ip dhcp pool ap-pool       ！创建地址池，为 AP 分配 IP 地址
RG-3760E (dhcp-config)#option 138 ip 9.9.9.9
            ！配置 DHCP138 选项，地址为 AC 的环回接口地址
RG-3760E (dhcp-config)#network 192.168.10.0 255.255.255.0 ！指定地址池
RG-3760E (dhcp-config)#default-router 192.168.10.254       ！指定默认网关
RG-3760E (config)#ip dhcp pool vlan100       ！创建地址池，为用户分配 IP 地址
RG-3760E (dhcp-config)#domain-name 202.106.0.20
            ！指定 DNS 服务器
RG-3760E (dhcp-config)#network 192.168.100.0 255.255.255.0
            ！指定地址池
RG-3760E (dhcp-config)#default-router 192.168.100.254      ！指定默认网关

RG-3760E (config)#interface VLAN 10
RG-3760E (config-VLAN 10)#ip address 192.168.10.254 255.255.255.0
RG-3760E (config)#interface VLAN 20
RG-3760E (config-VLAN 20)#ip address 192.168.11.2 255.255.255.0
RG-3760E (config)#interface VLAN 100
```

```
RG-3760E (config-VLAN 100)#ip address 192.168.100.254 255.255.255.0

RG-3760E (config)#interface GigabitEthernet 0/25
RG-3760E (config-if- GigabitEthernet 0/25)#switchport access vlan 10
            ! 将接口加入到 Vlan10
RG-3760E (config)#interface GigabitEthernet 0/26
RG-3760E (config-if- GigabitEthernet 0/26)#switchport mode trunk
            ! 将接口设置为 trunk 模式
RG-3760E (config)#ip route 9.9.9.9 255.255.255.255 192.168.11.1
            ! 配置静态路由
```

（3）无线交换机配置。

```
Ruijie(config)#
Ruijie(config)#hostname AC        ! 命名无线交换机
AC(config)#vlan 10                ! 创建 VLAN10
AC(config)#vlan 20
AC(config)#vlan 100
AC(config)#wlan-config 1  RUIJIE          ! 创建 WLAN，SSID 为 RUIJIE
AC(config-wlan)#enable-broad-ssid         ! 允许广播
AC(config)#ap-group default               ! 提供 WLAN 服务
AC(config-ap-group)#interface-mapping 1 100
            ! 配置 AP 提供 WLAN 1 接入服务，配置用户的 VLAN 为 100
AC(config)#ap-config 001a.a979.40e8       ! 登录 AP
AC(config-AP)#ap-name AP-1                ! 命名 AP
AC(config)#interface GigabitEthernet 0/1
AC(config-if-GigabitEthernet 0/1)switchport mode trunk
            ! 定义接口为 trunk 模式
AC(config)#interface Loopback 0
AC(config-if- Loopback 0)#ip address 9.9.9.9 255.255.255.255
            ! 为环回接口配置 IP 地址
AC(config)#interface VLAN 10
AC(config)#interface VLAN 20
AC(config-vlan 20)#ip address 192.168.11.1 255.255.255.252
AC(config)#interface VLAN 100
AC(config)#ip route 0.0.0.0 0.0.0.0 192.168.11.2             ! 配置默认路由
```

（4）配置 WEP 加密。

```
AC(config)#wlansec 1
AC(wlansec)#security static-wep-key encryption 40 ascii 1 12345
            ! 配置 WEP 加密，其口令为“12345”
```

（5）连接测试。

① 在 STA 上打开无线功能，这时会扫描到“RUIJIE”这个无线网络，如图 45-2 所示。

② 选择此无线网络，单击连接按钮，如图 45-3 所示。

图 45-2 扫描“RUIJIE”无线网络

图 45-3 选择此无线网络连接

③ 提示输入口令，如图 45-4 所示。

④ 连接成功，如图 45-5 所示。

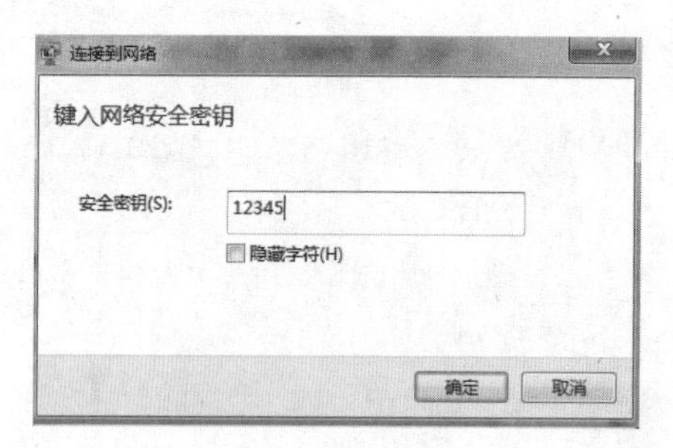

图 45-4 输入口令

图 45-5 无线局域网连接成功

⑤ 打开命令窗口，使用“ipconfig”命令查看其获取的 IP 地址，如图 45-6 所示。

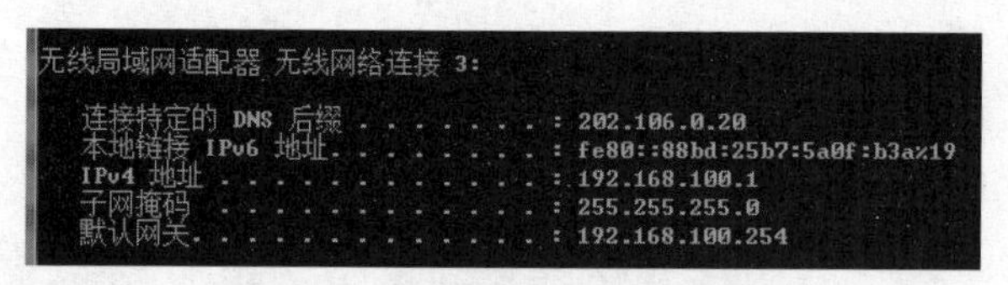

图 45-6 查看其获取的 IP 地址

⑥ 在命令窗口，使用“ping”命令测试其与网关的连通性，如图 45-7 所示。

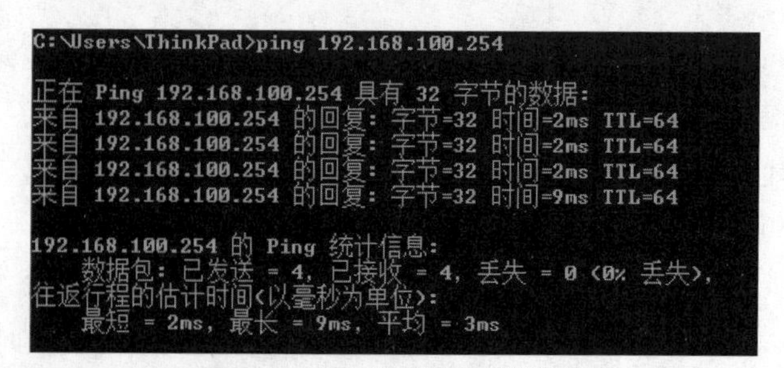

图 45-7 测试其与网关的连通

（6）在无线交换机上查看状态信息。

```
AC#show ap-config summary
......
AC#show ac-config client summary by-ap-name
......
AC#show capwap state
......
AC#sh wlan security 1
......


RG-3760E#show running-config
......
```

【注意事项】

WPA（Wi-Fi Protected Access，Wi-Fi 保护访问）是 Wi-Fi 商业联盟在 IEEE 802.11i 草案的基础上制定的一项无线局域网安全技术，其目的在于代替传统的 WEP 安全技术，为无线局域网硬件产品提供一个过渡性的高安全解决方案，同时保持与未来安全协议的向前兼容。可以把 WPA 看作 IEEE802.11i 的一个子集，其核心是 IEEE 802.1X 和 TKIP。

无线安全协议发展到现在，有了很大的进步。加密技术从传统的 WEP 加密到 IEEE 802.11i 的 AES-CCMP 加密，认证方式从早期的 WEP 共享密钥认证到 802.1x 安全认证。新协议、新技术的加入，同原有 802.11 混合在一起，使得整个网络结构更加复杂。

现有的 WPA 安全技术允许采用更多样的认证和加密方法来实现 WLAN 的访问控制、密钥管理与数据加密。例如，接入认证方式可采用预共享密钥（PSK 认证）或 802.1X 认证，加密方法可采用 TKIP 或 AES。WPA 同这些加密、认证方法一起保证了数据链路层的安全，同时保证了只有授权用户才可以访问无线网络 WLAN。

如果需要搭建采用 WPA 加密方式的无线网络，可以实施以下步骤。

（1）基本的网络拓扑如图 45-1 所示。

（2）三层交换机的基本配置也与本实验的“配置三层交换机设备基本信息”步骤相同。

（3）无线交换机配置的配置过程和本实验“无线交换机配置”步骤相同。

（4）在无线 AC 设备上，通过以下命名，配置 WPA 加密。

```
AC(config)#
AC(config)#wlansec 1
AC(wlansec)#security wpa enable
AC(wlansec)#security wpa ciphers aes enable
AC(wlansec)#security wpa akm psk enable
AC(wlansec)#security wpa akm psk set-key ascii 0123456789
```

（5）在测算过程中，在 STA 上打开无线功能，这时会扫描到“RUIJIE”这个无线网络，选择此无线网络，单击右键并选择“属性”，打开“RUIJIE 无线网络属性”对话框，选择“安全”选项卡，如图 45-8 所示。

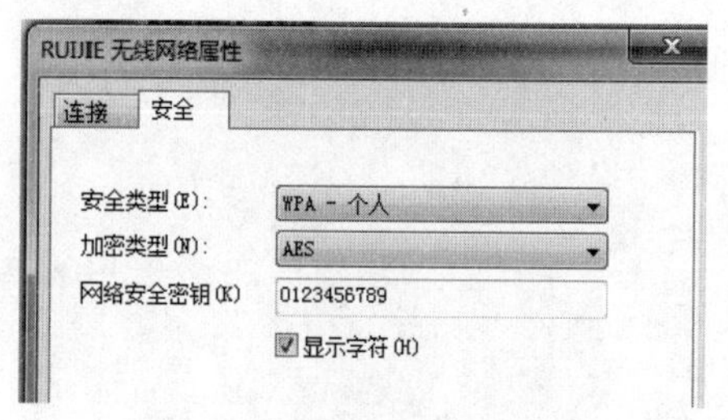

图 45-8　配置 WPA 加密

实验 46　搭建跨 AP 的二层漫游无线局域网络

【背景描述】

丰乐电子商务公司一直没有构建无线局域网，日常部门会议室开会、智能终端设备 Wi-Fi 接入，共享资源都很不方便，公司希望组建一个无线局域网。

公司内网的无线局域网构建完成后，由于公司办公区域很大，在同一个办公区域部署了很多 AP，但其用户都在同一 VLAN 中；为了保障网络的稳定性，需要用户的笔记本电脑在办公区内移动时不会造成网络中断。

【实验目的】

搭建跨 AP 的二层漫游无线局域网络，掌握跨 AP 的二层漫游工作原理。

【实验拓扑】

按图 46-1 所示的网络拓扑，组建无线局域网，注意接口标识，保持后续配置一致。

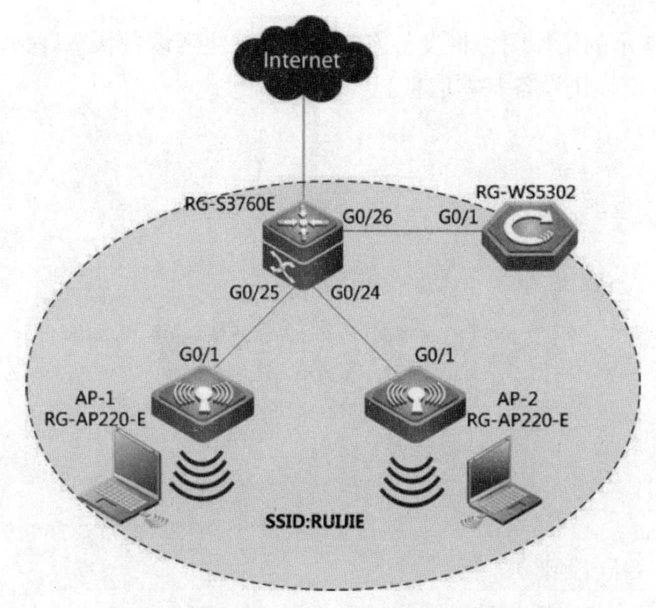

图 46-1　搭建跨 AP 的二层漫游无线局域网络

【实验设备】

无线控制器（1 台），无线 AP（1 台），三层交换机（1 台），POE 电源模块 RG-E-130（1 台），无线网卡（1 块，可选），测试笔记本或 PC（2 台），网络（若干）。

【实验原理】

在无线网络中，终端用户具备移动通信能力，但由于单个 AP（Access Point，无线访问接入点）设备的信号覆盖范围都是有限的，终端用户在移动过程中，往往会出现从一个 AP 服务区跨越到另一个 AP 服务区的情况。为了避免移动用户在不同的 AP 之间切换时，网络通信中断，就引入了无线漫游概念。

无线漫游就是指 STA（Station，无线工作站）移动到两个 AP 覆盖范围的临界区域时，STA 与新的 AP 进行关联并与原有 AP 断开关联，且在此过程中保持不间断的网络连接。简单来说，就如同手机的移动通话功能，手机从一个基站的覆盖范围移动到另一个基站的覆盖范围时，能提供不间断、无缝的通话能力。

对于用户来说，漫游的行为是透明的无缝漫游，即用户在漫游过程中，不会感知到漫游的发生。这同手机相类似，手机在移动通话过程中可能变换了不同的基站，而我们感觉不到也不必去关心。WLAN 漫游过程中，STA 的 IP 地址始终保持不变。

配置两个 AP，同时广播同一个 SSID，并且属于同一个 VLAN，将无线客户端关联上其中一个 AP，并长 Ping 网关。然后，移动 STA 从 AP1 移向 AP2，由于漫游是由 STA 主动发起，所以两个 AP 需要距离 20m 以上；否则，如果 AP 离太近很难产生漫游。

另外，可以关闭该 AP 的射频口（或者直接给该 AP 断电）来模拟漫游场景，STA 应该会丢 1 ~ 2 个 Ping 包，并且 IP 地址没有发生变化，即完成了漫游过程。

【实验步骤】

（1）基本拓扑连接。

根据图 46-1 所示的拓扑图，将设备连接起来，并注意设备状态灯是否正常。

（2）配置三层交换机设备基本信息。

```
Switch (config)#
Switch (config)#hostname RG-3760E        ！为交换机命名
RG-3760E (config)#vlan 10                ！创建 VLAN
RG-3760E (config)#vlan 20
RG-3760E (config)#vlan 100
RG-3760E (config)#service dhcp           ！启用 DHCP 服务
RG-3760E (config)#ip dhcp pool ap-pool
            ！创建地址池，为 AP 分配 IP 地址
RG-3760E (dhcp-config)#option 138 ip 9.9.9.9
            ！配置 DHCP138 选项，地址为 AC 的环回接口地址
RG-3760E (dhcp-config)#network 192.168.10.0 255.255.255.0
            ！指定地址池
RG-3760E (dhcp-config)#default-router 192.168.10.254
            ！指定默认网关
RG-3760E (config)#ip dhcp pool vlan100！创建地址池，为用户分配 IP 地址
RG-3760E (dhcp-config)#domain-name 202.106.0.20         ！指定 DNS 服务器
RG-3760E (dhcp-config)#network 192.168.100.0 255.255.255.0    ！指定地址池
RG-3760E (dhcp-config)#default-router 192.168.100.254       ！指定默认网关

RG-3760E (config)#interface VLAN 10     ！配置 VLAN10 地址
RG-3760E (config-VLAN 10)#ip address 192.168.10.254 255.255.255.0
RG-3760E (config)#interface VLAN 20
RG-3760E (config-VLAN 20)#ip address 192.168.11.2 255.255.255.0
```

```
RG-3760E (config)#interface VLAN 100
RG-3760E (config-VLAN 100)#ip address 192.168.100.254 255.255.255.0

RG-3760E (config)#interface FastEthernet 0/24
RG-3760E (config-if- FastEthernet 0/24)#switchport access vlan 10
RG-3760E (config)#interface GigabitEthernet 0/25
RG-3760E (config-if- GigabitEthernet 0/25)#switchport access vlan 10
RG-3760E (config)#interface GigabitEthernet 0/26
RG-3760E (config-if- GigabitEthernet 0/26)#switchport mode trunk
            ! 将接口设置为 trunk 模式
RG-3760E (config)#ip route 9.9.9.9 255.255.255.255 192.168.11.1  ! 配置
静态路由
```

（3）无线交换机配置。

```
Ruijie(config)#
Ruijie (config)#hostname AC                 ! 命名无线交换机
AC(config)#vlan 10                          ! 创建 VLAN
AC(config)#vlan 20
AC(config)#vlan 100
AC(config)#wlan-config 1  RUIJIE            ! 创建 WLAN，SSID 为 RUIJIE
AC(config-wlan)#enable-broad-ssid           ! 允许广播
AC(config)#ap-group default                 ! 提供 WLAN 服务
AC(config-ap-group)#interface-mapping 1 100
            ! 配置 AP 提供 WLAN 1 接入服务，配置用户的 VLAN 为 100

AC(config)#ap-config 001a.a979.40e8         ! 登录 AP
AC(config-AP)#ap-name  AP-1                 ! 命名 AP
AC(config)#ap-config 001a.a979.5fd2         ! 登录 AP
AC(config-AP)#ap-name  AP-2                 ! 命名 AP

AC(config)#interface GigabitEthernet 0/1
AC(config-if-GigabitEthernet 0/1)switchport mode trunk! 定义接口为trunk模式
AC(config)#interface Loopback 0             ! 为环回接口配置 IP 地址
AC(config-if- Loopback 0)#ip address 9.9.9.9 255.255.255.255
AC(config)#interface VLAN 10                ! 激活 VLAN10 接口
AC(config)#interface VLAN 20
AC(config-vlan 20)#ip address 192.168.11.1 255.255.255.252
            ! 配置 Vlan20 接口 IP 地址
AC(config)#interface VLAN 100               ! 激活 VLAN100 接口
AC(config)#ip route 0.0.0.0 0.0.0.0 192.168.11.2  ! 配置默认路由
```

（4）配置 WPA2 加密。

```
AC(config)#wlansec 1
```

```
AC(wlansec)#security rsn enable AC(wlansec)#security rsn ciphers aes enable
AC(wlansec)#security rsn akm psk enable AC(wlansec)#security rsn akm psk set-key
ascii 0123456789
```

（5）连接测试。

① 在 STA 上打开无线功能，这时会扫描到“RUIJIE”这个无线网络，如图 46-2 所示。

② 选择此无线网络，单击右键，并选择“属性”，如图 46-3 所示。

图 46-2　扫描“RUIJIE”无线网络

图 46-3　选择无线网络属性

③ 打开“属性”对话框，选择“安全”选项卡，如图 46-4 所示。

④ 选择此无线网络，单击“连接”按钮，如图 46-5 所示。

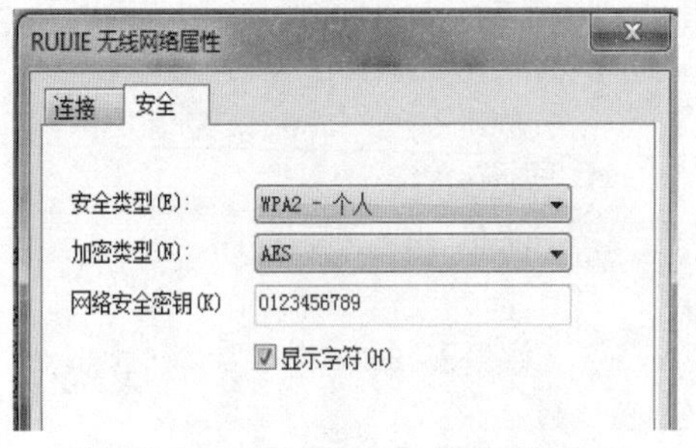

图 46-4　打开“安全”属性对话框

图 46-5　选择无线网络连接

⑤ 打开命令窗口，使用“ipconfig”命令查看其获取的 IP 地址，如图 46-6 所示。

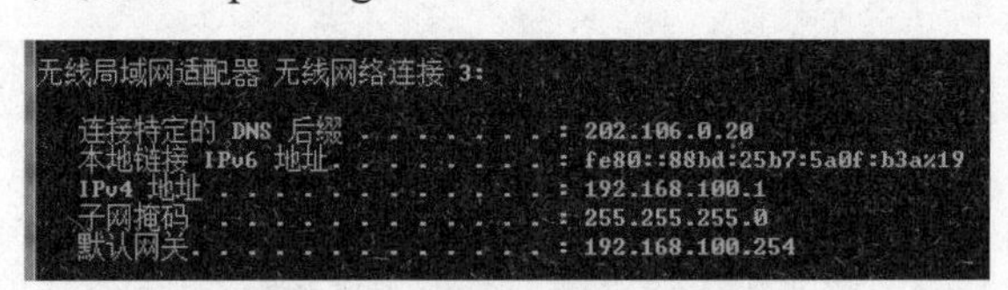

图 46-6　查看获取的 IP 地址

⑥ 在命令窗口，使用“ping”命令测试其与网关的连通性，如图 46-7 所示。

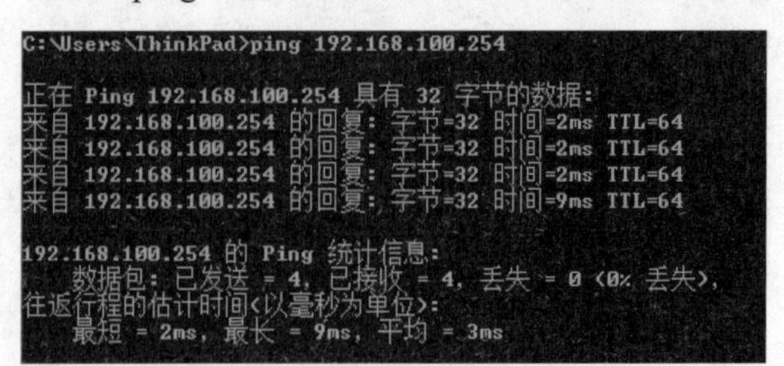

图 46-7　测试与网关的连通

（6）在无线交换机上查看状态信息。

```
AC#show ap-config summary
……

AC#show capwap state
……

AC#show wlan security 1
……

RG-3760E#show running-config
……
```

（7）漫游测试。

漫游可以通过以下几种方式测试。

① 将无线客户端关联上其中一台 AP，并测试 Ping 网关。然后，STA 从 AP1 移向 AP2。由于漫游是由 STA 主动发起，所以两台 AP 的间距需要在 20m 以上。

② 另外可以关闭该 AP 射频口（或者直接给该 AP 断电）来模拟漫游场景，STA 应该会丢 1 ~ 2 个 Ping 包，并且 IP 地址没有发生变化，即完成了漫游过程。

下面使用第二种方式，进行漫游测试。

① 在 STA 上打开命令窗口，使用“Ping”命令来与网关进行，控制报文协议（Internet Control Message Protocol Internet）测试。这时拔掉这台 AP 的电源，则丢弃 1~2 包后，就会正常通信。如图 46-8 所示。

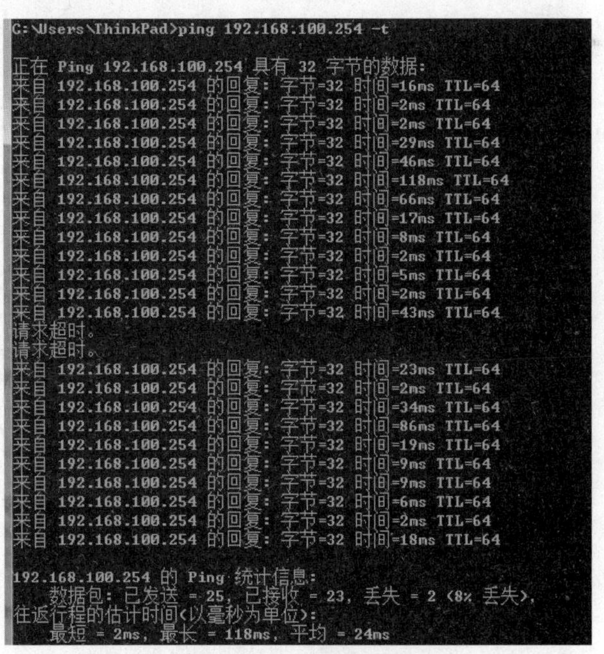

图 46-8　进行漫游测试

② 在无线交换机上，使用命令来查看其状态，如下所示。

```
C#show ac-config client summary by-ap-name
```

上述命令执行后的显示结果如下。

```
Total Sta Num : 1
Cnt STA MAC AP NAME Wlan Id Radio Id    Vlan Id Valid
------ ---------- -------------- ------- -------- ------- -----------
1  f07b.cb9f.3af4  AP-2    1   1   100 1
AC#*Mar - 24 -13:10:04: -%APMG-6-ROAM_STA_DEAL: -Client(f07b.cb9f.3af4) -
notify - : Roaming out AP (AP-2).
*Mar 24 13:10:07: %CAPWAP-7-ADDR: My address is 9.9.9.9.
*Mar 24 13:10:07: %APMG-6-STA_ADD_RESP: Client(f07b.cb9f.3af4) roaming to
ap(AP-1) success.
```

```
AC#show ac-config client summary by-ap-name
```

上述命令执行后的显示结果如下。

```
Total Sta Num : 1
Cnt STA MAC AP NAME Wlan Id Radio Id    Vlan Id Valid
------ ----------- -------------- --------- ----------- --- ----------
1  f07b.cb9f.3af4  AP-1    1   1   100 1
```

实验 47　搭建跨 AP 的三层漫游无线局域网络

【背景描述】

丰乐电子商务公司一直没有构建无线局域网，日常部门会议室开会、智能终端设备 Wi-Fi 接入，共享资源都很不方便，公司希望组建一个无线局域网。

公司内网的无线局域网构建完成后，由于公司办公区域很大，在同一个办公区域部署了很多 AP，但其用户都在不同的 VLAN 中；为了保障网络的稳定性，需要用户的笔记本电脑在办公区内移动时不会造成网络中断。

【实验目的】

搭建跨 AP 的三层漫游无线局域网络，掌握跨 AP 的三层漫游工作原理。

【实验拓扑】

按图 47-1 所示的网络拓扑，组建无线局域网，注意接口标识，保持后续配置一致。

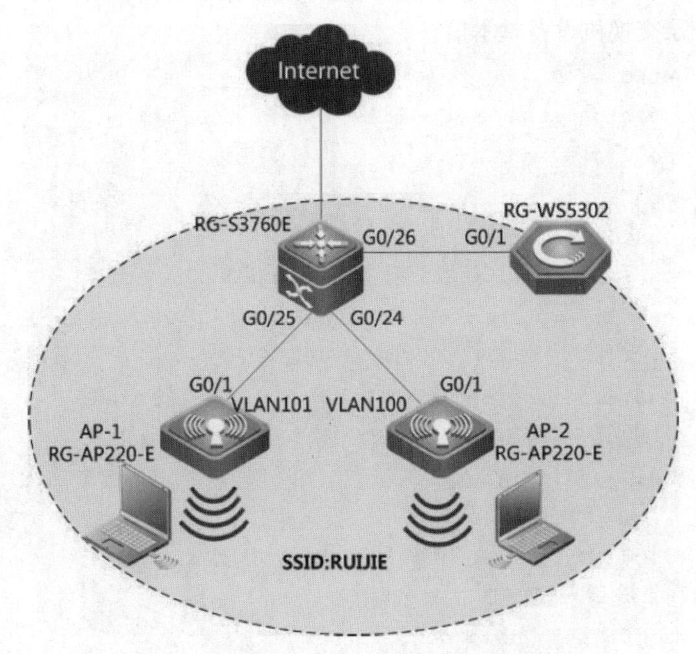

图 47-1　搭建跨 AP 的三层漫游无线局域网络

【实验设备】

无线控制器（1 台），无线 AP（1 台），三层交换机（1 台），POE 电源模块 RG-E-130（1 台），无线网卡（1 块，可选），测试笔记本或 PC（2 台），网络（若干）。

【实验原理】

（1）漫出 AC：又称 HA（Home-AC），一个无线终端（STA）首次向漫游组内的某个无线控制器进行关联，该无线控制器即为该无线终端（STA）的漫出 AC。

（2）漫入 AC：又称 FA（Foreign-AC），与无线终端（STA）正在连接且不是 HA 的无线控制器，该无线控制器即为该无线终端（STA）的漫入 AC。

（3）AC 内漫游：一个无线终端（STA）从无线控制器的一个 AP 漫游到同一个无线控制器内的另一个 AP 中，即称为 AC 内漫游。

（4）AC 间漫游：一个无线终端（STA）从无线控制器的 AP 漫游到另一个无线控制器内的 AP 中，即称为 AC 间漫游。

配置两台 AP 同时广播同一个 SSID，并且属于不同的 VLAN，将无线客户端关联上其中一个 AP，并 Ping 无线交换机的 IP 地址。然后，关闭该 AP 的射频口（或者直接给该 AP 断电）来模拟漫游场景，STA 应该会丢 1 ~ 2 个 Ping 包，并且 IP 地址没有发生变化，即完成了三层漫游过程。当用户断开同 AP 的连接，并重新关联上 AP 后，所获取的地址为新的网段的地址。

【实验步骤】

（1）基本拓扑连接。

根据图 47-1 所示的拓扑图，将设备连接起来，并注意设备状态灯是否正常。

（2）配置三层交换机设备基本信息。

```
Switch (config)#
Switch (config)#hostname RG-3760E        ！为交换机命名
RG-3760E (config)#vlan 10                ！创建 VLAN
RG-3760E (config)#vlan 20
RG-3760E (config)#vlan 100
RG-3760E (config)#service dhcp           ！启用 DHCP 服务
RG-3760E (config)#ip dhcp pool ap-pool
          ！创建地址池，为 AP 分配 IP 地址
RG-3760E (dhcp-config)#option 138 ip 9.9.9.9
          ！配置 DHCP138 选项，地址为 AC 的环回接口地址
RG-3760E (dhcp-config)#network 192.168.10.0 255.255.255.0
          ！指定地址池
RG-3760E (dhcp-config)#default-router 192.168.10.254
          ！指定默认网关
RG-3760E (config)#ip dhcp pool vlan100
          ！创建地址池，为用户分配 IP 地址
RG-3760E (dhcp-config)#domain-name 202.106.0.20     ！指定 DNS 服务器
RG-3760E (dhcp-config)#network 192.168.100.0 255.255.255.0     ！指定地址池
RG-3760E (dhcp-config)#default-router 192.168.100.254      ！指定默认网关

RG-3760E (config)#interface VLAN 10      ！配置 VLAN 10 地址
RG-3760E (config-VLAN 10)#ip address 192.168.10.254 255.255.255.0
RG-3760E (config)#interface VLAN 20
RG-3760E (config-VLAN 20)#ip address 192.168.11.2 255.255.255.0
```

```
RG-3760E (config)#interface VLAN 100
RG-3760E (config-VLAN 100)#ip address 192.168.100.254 255.255.255.0

RG-3760E (config)#interface FastEthernet 0/24
RG-3760E (config-if- FastEthernet 0/24)#switchport access vlan 100
RG-3760E (config)#interface GigabitEthernet 0/25
RG-3760E (config-if- GigabitEthernet 0/25)#switchport access vlan 101
RG-3760E (config)#interface GigabitEthernet 0/26
RG-3760E (config-if- GigabitEthernet 0/26)#switchport mode trunk
            ！将接口设置为 trunk 模式
RG-3760E (config)#ip route 9.9.9.9 255.255.255.255 192.168.11.1
            ！配置静态路由

RG-3760E (config)#vlan 101                  ！创建 VLAN 10
RG-3760E (config)#interface VLAN 101
RG-3760E (config-if-vlan 101)#ip address 192.168.101.254 255.255.255.0
```

（3）无线交换机配置。

```
Ruijie(config)#
Ruijie(config)#hostname AC                  ！命名无线交换机
AC(config)#vlan 10                          ！创建 VLAN
AC(config)#vlan 20
AC(config)#vlan 100
AC(config)#wlan-config 1  RUIJIE            ！创建 WLAN，SSID 为 RUIJIE
AC(config-wlan)#enable-broad-ssid           ！允许广播
AC(config)#ap-group default                 ！提供 WLAN 服务
AC(config-ap-group)#interface-mapping 1 100
            ！配置 AP 提供 WLAN 1 接入服务，配置用户的 VLAN 为 100

AC(config)#ap-config 001a.a979.40e8         ！登录 AP
AC(config-AP)#ap-name  AP-1                 ！命名 AP
AC(config)#ap-config 001a.a979.5fd2         ！登录 AP
AC(config-AP)#ap-name  AP-2                 ！命名 AP

AC(config)#interface GigabitEthernet 0/1
AC(config-if-GigabitEthernet 0/1)switchport mode trunk
            ！定义接口为 trunk 模式
AC(config)#interface Loopback 0             ！为环回接口配置 IP 地址
AC(config-if- Loopback 0)#ip address 9.9.9.9 255.255.255.255
AC(config)#interface VLAN 10                ！激活 VLAN10 接口
AC(config)#interface VLAN 20
```

```
AC(config-vlan 20)#ip address 192.168.11.1 255.255.255.252
              ! 配置 Vlan20 接口 IP 地址
AC(config)#interface VLAN 100            ! 激活 VLAN10 接口
AC(config)#ip route 0.0.0.0 0.0.0.0 192.168.11.2
              ! 配置默认路由
AC(config)#VLAN 101                      ! 创建 VLAN 101
AC(config)#interface VLAN 101            ! 激活 VLAN 101 接口
```

（4）连接测试。

① 在 STA 上打开无线功能，这时会扫描到“RUIJIE”这个无线网络，如图 47-2 所示。

② 选择此无线网络，单击“连接”按钮，如图 47-3 所示

③ 连接成功，如图 47-4 所示。

图 47-2　扫描“RUIJIE”无线网络

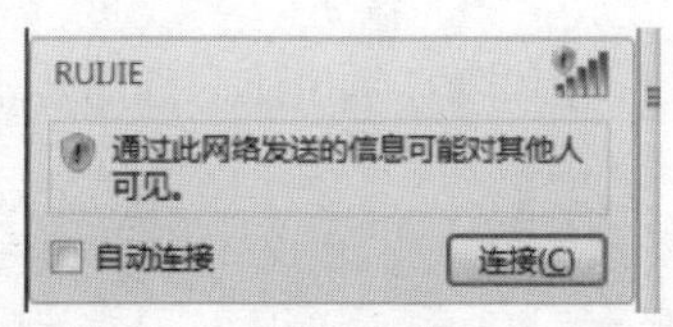

图 47-3　选择无线网络属性

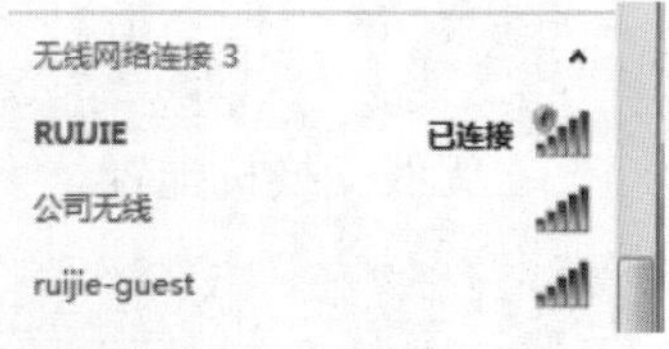

图 47-4　选择无线网络连接

④ 打开命令窗口，使用“ipconfig”命令查看其获取的 IP 地址，如图 47-5 所示。

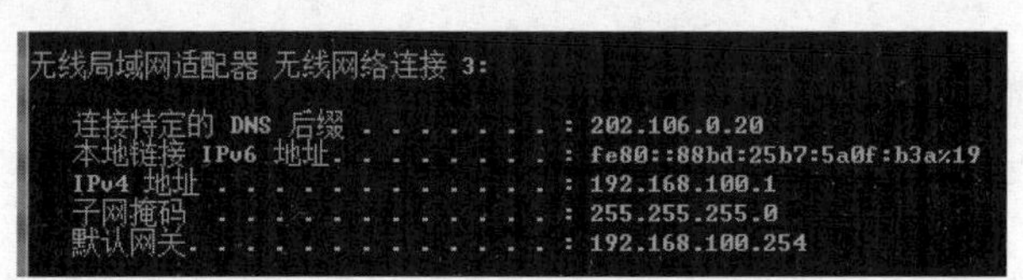

```
无线局域网适配器 无线网络连接 3:

   连接特定的 DNS 后缀 . . . . . . . : 202.106.0.20
   本地链接 IPv6 地址. . . . . . . . : fe80::88bd:25b7:5a0f:b3a%19
   IPv4 地址 . . . . . . . . . . . . : 192.168.100.1
   子网掩码  . . . . . . . . . . . . : 255.255.255.0
   默认网关. . . . . . . . . . . . . : 192.168.100.254
```

图 47-5　查看获取的 IP 地址

⑤ 在命令窗口，使用“ping”命令测试其与网关的连通性，如图 47-6 所示。

```
C:\Users\ThinkPad>ping 192.168.100.254

正在 Ping 192.168.100.254 具有 32 字节的数据:
来自 192.168.100.254 的回复: 字节=32 时间=2ms TTL=64
来自 192.168.100.254 的回复: 字节=32 时间=2ms TTL=64
来自 192.168.100.254 的回复: 字节=32 时间=2ms TTL=64
来自 192.168.100.254 的回复: 字节=32 时间=9ms TTL=64

192.168.100.254 的 Ping 统计信息:
    数据包: 已发送 = 4，已接收 = 4，丢失 = 0 (0% 丢失)，
往返行程的估计时间(以毫秒为单位):
    最短 = 2ms，最长 = 9ms，平均 = 3ms
```

图 47-6　测试其与网关的连通

（5）在无线交换机上查看状态信息。

```
AC#show ap-config summary
……
```

（6）漫游测试。

漫游可以通过以下几种方式测试。

① 将无线客户端关联上其中一台 AP，并测试 Ping 网关。然后，STA 从 AP1 移向 AP2。由于漫游是由 STA 主动发起，所以两台 AP 的间距需在 20m 以上。

② 可以关闭该 AP 射频口（或者直接给该 AP 断电）来模拟漫游场景，STA 应该会丢 1 ~ 2 个 Ping 包，并且 IP 地址没有发生变化，即完成了漫游过程。

下面使用第二种方式，进行漫游测试。

① 在 STA 上打开命令窗口，使用“ping”命令来与网关进行 ICMP 测试。这时拔掉这台 AP 的电源，则丢弃 1~2 包后，就会正常通信。如图 47-7 所示。

```
C:\Users\ThinkPad>ping 192.168.100.254 -t

正在 Ping 192.168.100.254 具有 32 字节的数据:
来自 192.168.100.254 的回复: 字节=32 时间=16ms TTL=64
来自 192.168.100.254 的回复: 字节=32 时间=2ms TTL=64
来自 192.168.100.254 的回复: 字节=32 时间=2ms TTL=64
来自 192.168.100.254 的回复: 字节=32 时间=29ms TTL=64
来自 192.168.100.254 的回复: 字节=32 时间=46ms TTL=64
来自 192.168.100.254 的回复: 字节=32 时间=118ms TTL=64
来自 192.168.100.254 的回复: 字节=32 时间=66ms TTL=64
来自 192.168.100.254 的回复: 字节=32 时间=17ms TTL=64
来自 192.168.100.254 的回复: 字节=32 时间=8ms TTL=64
来自 192.168.100.254 的回复: 字节=32 时间=2ms TTL=64
来自 192.168.100.254 的回复: 字节=32 时间=5ms TTL=64
来自 192.168.100.254 的回复: 字节=32 时间=2ms TTL=64
来自 192.168.100.254 的回复: 字节=32 时间=43ms TTL=64
请求超时。
请求超时。
来自 192.168.100.254 的回复: 字节=32 时间=23ms TTL=64
来自 192.168.100.254 的回复: 字节=32 时间=2ms TTL=64
来自 192.168.100.254 的回复: 字节=32 时间=34ms TTL=64
来自 192.168.100.254 的回复: 字节=32 时间=86ms TTL=64
来自 192.168.100.254 的回复: 字节=32 时间=19ms TTL=64
来自 192.168.100.254 的回复: 字节=32 时间=9ms TTL=64
来自 192.168.100.254 的回复: 字节=32 时间=9ms TTL=64
来自 192.168.100.254 的回复: 字节=32 时间=6ms TTL=64
来自 192.168.100.254 的回复: 字节=32 时间=2ms TTL=64
来自 192.168.100.254 的回复: 字节=32 时间=18ms TTL=64

192.168.100.254 的 Ping 统计信息:
    数据包: 已发送 = 25，已接收 = 23，丢失 = 2 (8% 丢失)，
往返行程的估计时间(以毫秒为单位):
    最短 = 2ms，最长 = 118ms，平均 = 24ms
```

图 47-7　进行漫游测试

② 然后在无线交换机上，使用命令来查看其状态，如下所示。

```
C#show ac-config client summary by-ap-name
……
AC#show ac-config client summary by-ap-name
……
RG-3760E#show running-config
……
```

实验 48 相同 SSID 提供不同接入服务

【背景描述】

丰乐电子商务公司一直没有构建无线局域网，日常部门会议室开会、智能终端设备 Wi-Fi 接入，共享资源都很不方便，公司希望组建一个无线局域网。

公司内网的无线局域网构建完成后，由于公司办公区域很大，在同一个办公区域部署了很多 AP。公司为了管理便捷，需要设置所有 AP 广播相同的 SSID。

【实验目的】

搭建三层漫游无线局域网络，掌握相同 SSID 提供不同接入服务的工作原理。

【实验拓扑】

按图 48-1 所示的网络拓扑，组建无线局域网，注意接口标识，保持后续配置一致。

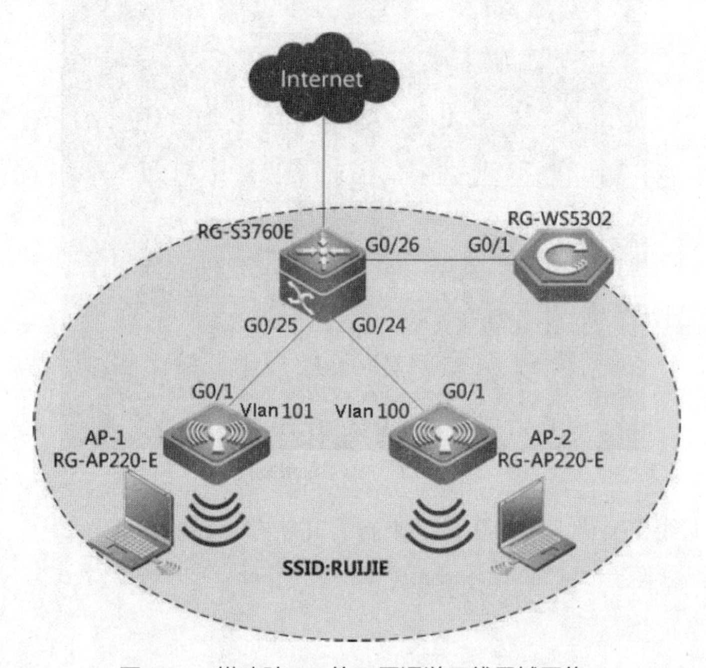

图 48-1 搭建跨 AP 的三层漫游无线局域网络

【实验设备】

无线控制器（1 台），无线 AP（1 台），三层交换机（1 台），POE 电源模块 RG-E-130（1 台），无线网卡（1 块，可选），测试笔记本或 PC（2 台），网络（若干）。

【实验原理】

配置两个不同的 WLAN，但是 SSID 相同；将 AP-1 关联到 default，AP-2 关联到 default1，配置两个不同的用户 VLAN；设置 deault 发射 WLAN1 的信号，用户属于 VLAN100；设置 default1 发射 WLAN2 的信号，用户属于 VLAN101。

【实验步骤】

（1）基本拓扑连接。

根据图 48-1 所示的拓扑图，将设备连接起来，并注意设备状态灯是否正常。

（2）配置三层交换机设备基本信息。

```
Switch (config)#
Switch (config)#hostname RG-3760E        ！为交换机命名
RG-3760E (config)#vlan 10                ！创建 VLAN
RG-3760E (config)#vlan 20
RG-3760E (config)#vlan 100
RG-3760E (config)#service dhcp           ！启用 DHCP 服务
RG-3760E (config)#ip dhcp pool ap-pool
         ！创建地址池，为 AP 分配 IP 地址
RG-3760E (dhcp-config)#option 138 ip 9.9.9.9
         ！配置 DHCP138 选项，地址为 AC 的环回接口地址
RG-3760E (dhcp-config)#network 192.168.10.0 255.255.255.0！指定地址池
RG-3760E (dhcp-config)#default-router 192.168.10.254  ！指定默认网关
RG-3760E (config)#ip dhcp pool vlan100！创建地址池，为用户分配 IP 地址
RG-3760E (dhcp-config)#domain-name 202.106.0.20   ！指定 DNS 服务器
RG-3760E (dhcp-config)#network 192.168.100.0 255.255.255.0   ！指定地址池
RG-3760E (dhcp-config)#default-router 192.168.100.254    ！指定默认网关
RG-3760E (config)#ip dhcp pool vlan101
         ！创建地址池，为 VLAN 101 用户分配 IP 地址
RG-3760E (dhcp-config)#domain-name 202.106.0.20   ！指定 DNS 服务器
RG-3760E (dhcp-config)#network 192.168.101.0 255.255.255.0   ！指定地址池
RG-3760E (dhcp-config)#default-router 192.168.101.254 ！指定默认网关

RG-3760E (config)#interface VLAN 10         ！配置 VLAN 10 地址
RG-3760E (config-VLAN 10)#ip address 192.168.10.254 255.255.255.0
RG-3760E (config)#interface VLAN 20
RG-3760E (config-VLAN 20)#ip address 192.168.11.2 255.255.255.0
RG-3760E (config)#interface VLAN 100
RG-3760E (config-VLAN 100)#ip address 192.168.100.254 255.255.255.0

RG-3760E (config)#interface VLAN 101
RG-3760E (config-VLAN 101)#ip address 192.168.101.254 255.255.255.0
         ！配置 VLAN101 地址
RG-3760E (config-VLAN 101)#no shutdown

RG-3760E (config)#interface FastEthernet 0/24
RG-3760E (config-if- FastEthernet 0/24)#switchport access vlan 100
```

```
RG-3760E (config)#interface GigabitEthernet 0/25
RG-3760E (config-if- GigabitEthernet 0/25)#switchport access vlan 101
RG-3760E (config)#interface GigabitEthernet 0/26
RG-3760E (config-if- GigabitEthernet 0/26)#switchport mode trunk
        ！将接口设置为 trunk 模式
RG-3760E (config)#ip route 9.9.9.9 255.255.255.255 192.168.11.1  ！配置
静态路由
```

（3）无线交换机配置。

```
Ruijie(config)#
Ruijie(config)#hostname AC                    ！命名无线交换机
AC(config)#vlan 10                            ！创建 VLAN
AC(config)#vlan 20
AC(config)#vlan 100
AC(config)#vlan 101

AC(config)#wlan-config 1  RUIJIE              ！创建 WLAN，SSID 为 RUIJIE
AC(config-wlan)#enable-broad-ssid             ！允许广播
AC(config)#wlan-config 2 <NULL> RUIJIE！创建 WLAN，SSID 为 RUIJIE
AC(config-wlan)#enable-broad-ssid

AC(config)#ap-group default                   ！提供 WLAN 服务
AC(config-ap-group)#interface-mapping 1 100
          ！配置 AP 提供 WLAN 1 接入服务，配置用户的 VLAN 为 100

AC(config)#ap-group default1    ！提供 WLAN 服务
AC(config-ap-group)#interface-mapping 2 101
          ！配置 AP 提供 WLAN 2 接入服务，配置用户的 VLAN 为 101

AC(config)#ap-config 001a.a979.40e8           ！登录 AP
AC(config-AP)#ap-name  AP-1                   ！命名 AP
AC(config-AP)#ap-group default!加入 default 组
AC(config)#ap-config 001a.a979.5fd2           ！登录 AP
AC(config-AP)#ap-name  AP-2                   ！命名 AP
AC(config-AP)#ap-group default1               !加入 default1 组

AC(config)#interface GigabitEthernet 0/1
AC(config-if-GigabitEthernet 0/1)switchport mode trunk！定义接口为 trunk 模式
AC(config)#interface Loopback 0               ！为环回接口配置 IP 地址
AC(config-if- Loopback 0)#ip address 9.9.9.9 255.255.255.255
AC(config)#interface VLAN 10                  ！激活 VLAN10 接口
```

```
AC(config)#interface VLAN 20
AC(config-vlan 20)#ip address 192.168.11.1 255.255.255.252
              ! 配置 Vlan20 接口 IP 地址
AC(config)#interface VLAN 100             ! 激活 VLAN10 接口
AC(config)#ip route 0.0.0.0 0.0.0.0 192.168.11.2  ! 配置默认路由
AC(config)#vlan 101                       ! 创建 VLAN101
AC(config)#interface VLAN 101             ! 激活 VLAN101 接口
```

（4）连接测试。

① 在 STA 上打开无线功能，这时会扫描到“RUIJIE”这个无线网络，如图 48-2 所示。

② 选择此无线网络，单击“连接”按钮，如图 48-3 所示

③ 连接成功，如图 48-4 所示。

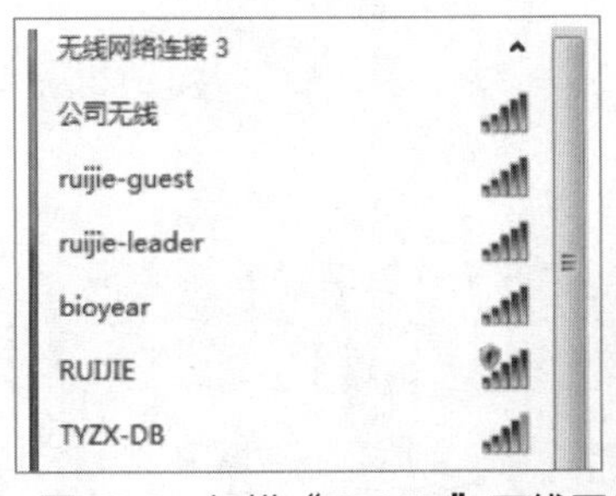

图 48-2　扫描“RUIJIE”无线网络

图 48-3　选择无线网络属性

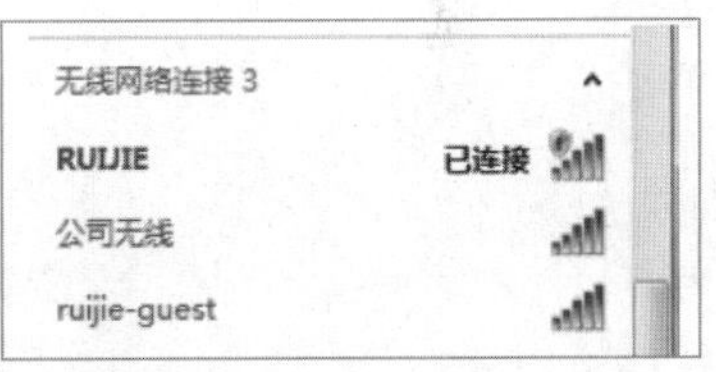

图 48-4　选择此无线网络连接

④ 打开命令窗口，使用“ipconfig”命令查看其获取的 IP 地址，如图 48-5 所示。

```
无线局域网适配器 无线网络连接 3:

   连接特定的 DNS 后缀 . . . . . . . : 202.106.0.20
   本地链接 IPv6 地址. . . . . . . . : fe80::88bd:25b7:5a0f:b3a%19
   IPv4 地址 . . . . . . . . . . . . : 192.168.100.1
   子网掩码  . . . . . . . . . . . . : 255.255.255.0
   默认网关. . . . . . . . . . . . . : 192.168.100.254
```

图 48-5　查看获取的 IP 地址

⑤ 在命令窗口，使用“ping”命令测试其与网关的连通性，如图 48-6 所示。

```
C:\Users\ThinkPad>ping 192.168.100.254

正在 Ping 192.168.100.254 具有 32 字节的数据:
来自 192.168.100.254 的回复: 字节=32 时间=2ms TTL=64
来自 192.168.100.254 的回复: 字节=32 时间=2ms TTL=64
来自 192.168.100.254 的回复: 字节=32 时间=2ms TTL=64
来自 192.168.100.254 的回复: 字节=32 时间=9ms TTL=64

192.168.100.254 的 Ping 统计信息:
    数据包: 已发送 = 4，已接收 = 4，丢失 = 0 (0% 丢失)，
往返行程的估计时间(以毫秒为单位):
    最短 = 2ms，最长 = 9ms，平均 = 3ms
```

图 48-6　测试其与网关的连通

（5）在无线交换机上查看状态信息。

```
AC#show ap-config summary
……
```

当用户连接 AP-1 时会获得 VLAN100 的 IP 地址，当用户连接 AP-2 时会获得 VLAN101 的 IP 地址。

设备升级和备份单元

单元导语

本单元主要介绍网络互联设备的系统升级和备份的 6 份工程文档，帮助读者了解交换机和路由器等网络互连设备系统，在日常工作过程中，需要进行系统升级和备份的操作实践过程。

本单元的项目实践内容作为全书的扩展部分，供学习者根据实际情况选做。

科技强国知识阅读

【扫码阅读】技术领先的神威·太湖之光超级计算机

实验 49 利用 TFTP 升级交换机操作系统

【背景描述】

网管小王发现公司有部分交换机的操作系统比较老，已经不能支持网络安全的新功能需要。为了满足网络需求，小王就从该交换机厂家的官网上，下载了最近的操作系统版本，升级交换机的操作系统，优化和改善企业网环境，提高网络工作效率。

【实验目的】

能够利用 TFTP（Trivial File Transfer Protocol，简单文件传输协议）简单文件传输软件，升级现有交换机操作系统。

【实验拓扑】

按图 49-1 组建交换机升级环境，其中，计算机 Com 口通过配置线缆与交换机的 Console 口连接在一起，同时，计算机网卡 RJ45 接口通过网线连接到交换机的以太网端口上。

在计算机上安装 TFTP 服务器，通过 TFTP 升级交换机的操作系统。

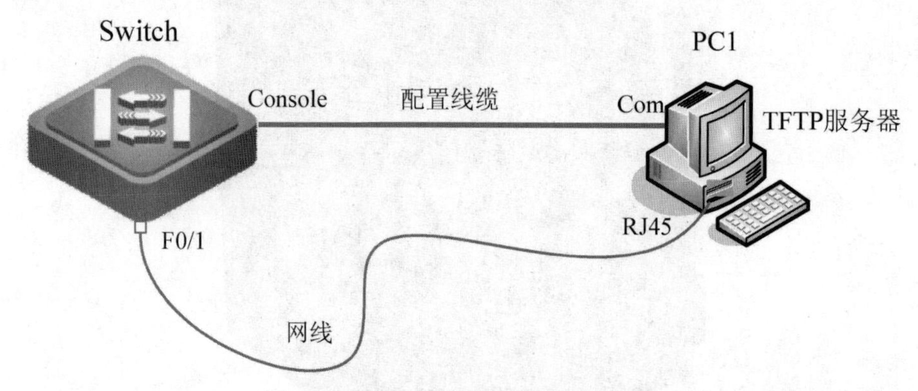

图 49-1 TFTP 升级交换机实验拓扑图

本实验中，办公网设备 IP 地址信息如表 49-1 所示。

表 49-1 办公网设备 IP 地址信息

设备	接口地址	网关	备注
Switch	192.168.1.10/24	\	交换机的管理地址
PC1	192.168.1.252/24	\	办公网升级 PC 设备

【实验设备】

交换机（1 台），TFTP 程序，配置线缆（1 根），网线（若干），计算机（1 台）。

【实验原理】

TFTP 为简单文件传输协议，是 TCP/IP 协议族中的一种协议，用来在客户机与服务器之间进行简单文件传输，协议端口号为 69。

TFTP 基于 UDP（User Datagram Protocol，用户数据报协议）协议，一般应用在配置网络设备、备份网络设备配置文件时使用到。TFTP 可以到网上免费下载安装，其大多是基于 DOS 字符界面的，需使用命令启动。

【实验步骤】

（1）检查交换机现有操作系统版本。

```
Switch# show version
```

本实验的检查结果如下。

```
System description       : Red-Giant Gigabit Intelligent Switch(S2126G) By
                          Ruijie Network
System uptime           : 0d:0h:1m:42s
System hardware version : 3.3
System software version : 1.66 Build Jun 29 2006 Release
System BOOT version      : RG-S2126G-BOOT  03-02-02
System CTRL version      : RG-S2126G-CTRL  03-11-02
Running Switching Image  : Layer2
```

从以上信息阅读中可以看到，现在的交换机操作系统版本为 1.66。

（2）运行 TFTP 服务器，并将升级文件存放在 TFTP 服务器目录下。

① 按表 49-1 的规划地址，配置 PC1 设备的 IP 地址信息。

② 在 PC1 设备上，安装 TFTP 程序，将 PC1 配置为 TFTP 服务器。

③ 配置 PC1 计算机的 IP 地址为 172.16.1.252/24。

④ 将升级文件“s2126g-v1.68.bin”放置在 TFTP 服务器的安装目录下，如图 49-2 所示。

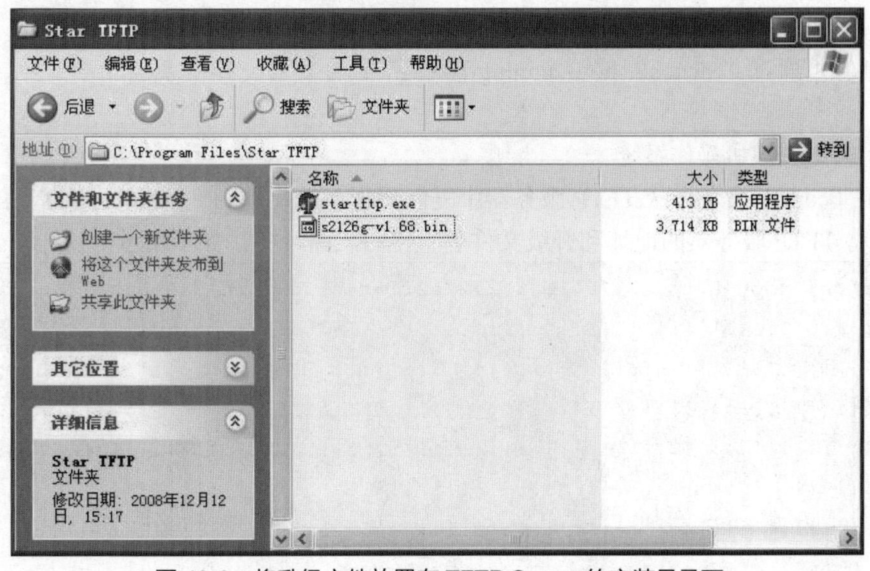

图 49-2　将升级文件放置在 TFTP Server 的安装目录下

⑤ 运行 TFTP Server，Star TFTP Server 的界面如图 49-3 所示。

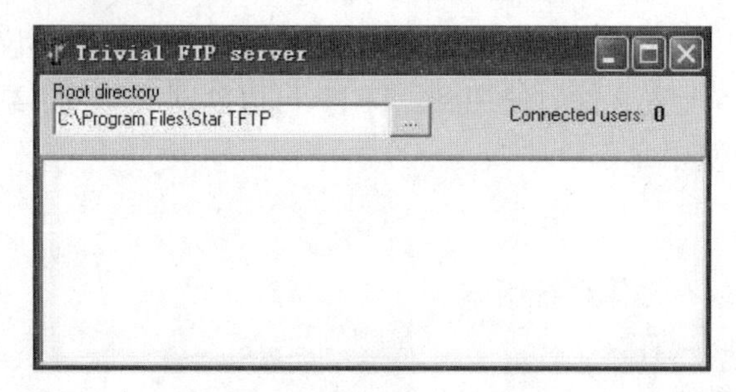

图 49-3　运行 TFTP Server

（3）配置交换机管理 IP 地址。

```
Switch# configure  terminal
Switch(config)# interface vlan 1
Switch(config-if)# ip address 172.16.1.10 255.255.255.0
Switch(config-if)# no shutdown
Switch(config-if)# end
```

（4）测试网络连通。

验证交换机的配置和 TFTP 服务器的连通性，命令代码如下。

```
Switch# ping 172.16.1.252          ! 测试交换机和 TFTP 服务器连通
```

上述命令执行后的显示结果如下。

```
Sending 5, 100-byte ICMP Echos to 172.16.1.252,
timeout is 2000 milliseconds.
!!!!!                              ! 由于是直连网络，所以网络实现连通
Success rate is 100 percent (5/5)
Minimum = 1ms Maximum = 5ms, Average = 2ms
```

另外，可通过“Switch# show running-config”命令查看交换机系统配置文件。

……

（5）升级交换机操作系统。

使用“copy”命令，从 TFTP 服务器中复制操作系统文件到 Flash 的方式有两种。

① 将 TFTP 服务器的地址和升级文件名直接写入命令中，如下所示。

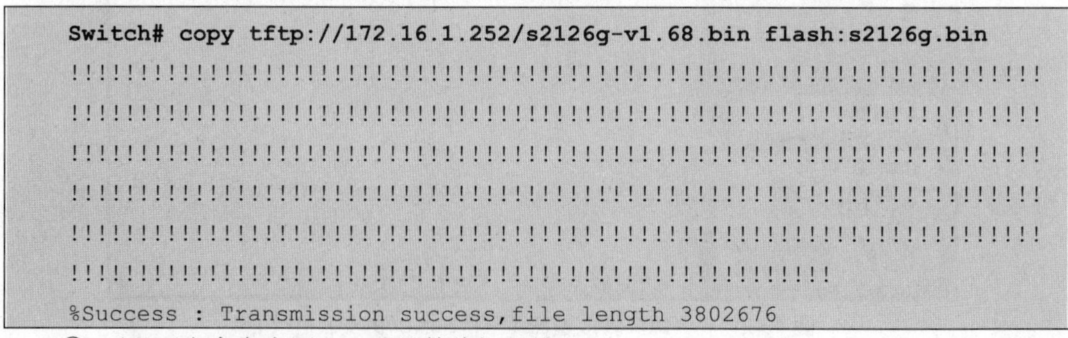

```
Switch# copy tftp://172.16.1.252/s2126g-v1.68.bin flash:s2126g.bin
!!!!!!!!!!!!!!!!!!!!!!!!!!!!!!!!!!!!!!!!!!!!!!!!!!!!!!!!!!!!!!!!!!!!!!
!!!!!!!!!!!!!!!!!!!!!!!!!!!!!!!!!!!!!!!!!!!!!!!!!!!!!!!!!!!!!!!!!!!!!!
!!!!!!!!!!!!!!!!!!!!!!!!!!!!!!!!!!!!!!!!!!!!!!!!!!!!!!!!!!!!!!!!!!!!!!
!!!!!!!!!!!!!!!!!!!!!!!!!!!!!!!!!!!!!!!!!!!!!!!!!!!!!!!!!!!!!!!!!!!!!!
!!!!!!!!!!!!!!!!!!!!!!!!!!!!!!!!!!!!!!!!!!!!!!!!!!!!!!!!!!!!!!!!!!!!!!
!!!!!!!!!!!!!!!!!!!!!!!!!!!!!!!!!!!!!!!!!!!!!!!!!!!!!!!
%Success : Transmission success,file length 3802676
```

② 可以不在命令中写入，而是等待提示输入。

```
Switch# copy tftp flash:s2126g.bin
Source filename []?s2126g-v1.68.bin
```

```
Address of remote host []172.16.1.252
!!!!!!!!!!!!!!!!!!!!!!!!!!!!!!!!!!!!!!!!!!!!!!!!!!!!!!!!!!!!!!!!!!!!!!
!!!!!!!!!!!!!!!!!!!!!!!!!!!!!!!!!!!!!!!!!!!!!!!!!!!!!!!!!!!!!!!!!!!!!!
!!!!!!!!!!!!!!!!!!!!!!!!!!!!!!!!!!!!!!!!!!!!!!!!!!!!!!!!!!!!!!!!!!!!!!
!!!!!!!!!!!!!!!!!!!!!!!!!!!!!!!!!!!!!!!!!!!!!!!!!!!!!!!!!!!!!!!!!!!!!!
!!!!!!!!!!!!!!!!!!!!!!!!!!!!!!!!!!!!!!!!!!!!!!!!!!!!!!!!!!!!!!!!!!!!!!
!!!!!!!!!!!!!!
%Success : Transmission success,file length 3802676
```

（6）重新启动交换机，验证结果。

```
Switch# reload
```

该命令执行后的显示结果如下。

```
System configuration has been modified. Save? [yes/no]:n
Proceed with reload? [confirm]
```

使用“reload”命令重新启动交换机，待启动完毕，可以验证操作系统版本。使用如下命令代码可以看到已经升级到了1.68版本。

```
Switch# show version     ! 查看升级后的版本信息
```

上述命令执行后的显示结果如下。

```
System description      : Red-Giant Gigabit Intelligent Switch(S2126G) By
                      Ruijie Network
System uptime          : 0d:0h:0m:33s
System hardware version : 3.3
System software version : 1.68 Build Apr 25 2007 Release
System BOOT version     : RG-S2126G-BOOT  03-02-02
System CTRL version     : RG-S2126G-CTRL  03-11-02
Running Switching Image : Layer2
```

【注意事项】

（1）保证交换机的管理IP地址和TFTP服务器的IP地址在同一个网段。

（2）确保在升级过程中不断电，否则可能造成操作系统被破坏。

实验 50　利用 TFTP 升级路由器操作系统

【背景描述】

网管小王发现公司有部分交换机的操作系统比较老，已经不能支持网络安全的新功能需要。为了满足网络需求，小王就从该交换机厂家的官网上，下载了最近的操作系统版本，升级交换机的操作系统，优化和改善企业网环境，提高网络工作效率。

【实验目的】

能够利用 TFTP 简单文件传输软件，升级现有路由器操作系统。

【实验拓扑】

按图 50-1 组建交换机升级环境，其中，计算机 Com 口通过配置线缆与路由器的 Console 口连接在一起，同时，计算机网卡 RJ45 接口，通过网线连接到路由器的以太网端口上。

在计算机上安装 TFTP 服务器，通过 TFTP 升级路由器的操作系统。

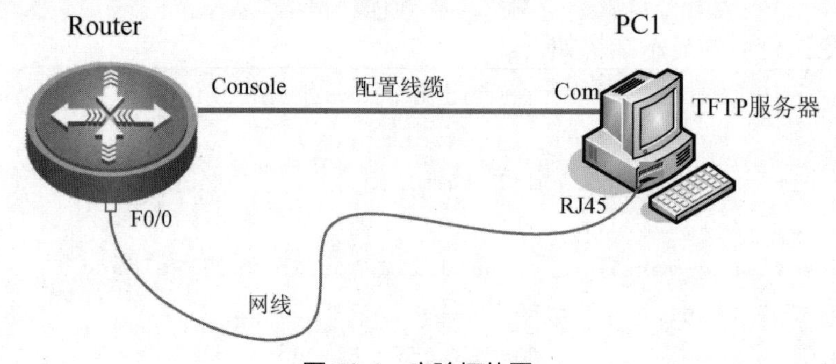

图 50-1　实验拓扑图

本实验的 IP 地址信息如表 50-1 所示。

表 50-1　办公网设备 IP 地址信息

设备	接口地址	网关	备注
Router	192.168.1.10/24	\	路由器设备 F0/0 接口 IP 地址
PC1	192.168.1.254/24	\	办公网升级 PC 设备

【实验设备】

路由器（1 台），TFTP 程序，配置线缆（1 根），网线（若干），计算机（1 台）。

【实验原理】

TFTP 是简单文件传输协议，是 TCP/IP 协议族中的一种协议，用来在客户机与服务器之间进行简单文件传输，协议端口号为 69。

TFTP 基于 UDP 协议，一般应用在配置网络设备及备份网络设备配置文件时使用到。TFTP 可以到网上免费下载安装，大多是基于 DOS 字符界面的，使用命令启动。

【实验步骤】

（1）检查现有路由器操作系统版本。

```
Router # show version
```

本实验执行该命令后的显示结果如下。

```
System description      : Ruijie Router(RSR20-04) by Ruijie Network
System start time       : 2009-8-18 1:29:17
System hardware version : 1.0
System software version : RGNOS 10.1.00(4), Release(18443)
System boot version     : 10.1.17980
System serial number    : 1234942570002
```

从中可以看到，现在路由器使用的操作系统 RGNOS 的版本为 10.1。

（2）运行 TFTP 服务器并将升级文件存放在 TFTP 服务器目录下。

① 如表 50-1 规划地址，配置 PC1 设备的 IP 地址信息。

② 在 PC1 设备上，安装 TFTP 程序，将 PC1 配置为 TFTP 服务器。

③ 配置 PC1 计算机的 IP 地址为 172.16.1.252/24。

④ 将升级文件“**RSR10_20_rgnos10.2(27335).bin**”放置在 TFTP 服务器的安装目录下，如图 50-2 所示。

⑤ 运行 TFTP 服务器，Star TFTP Server 的界面如图 50-3 所示。

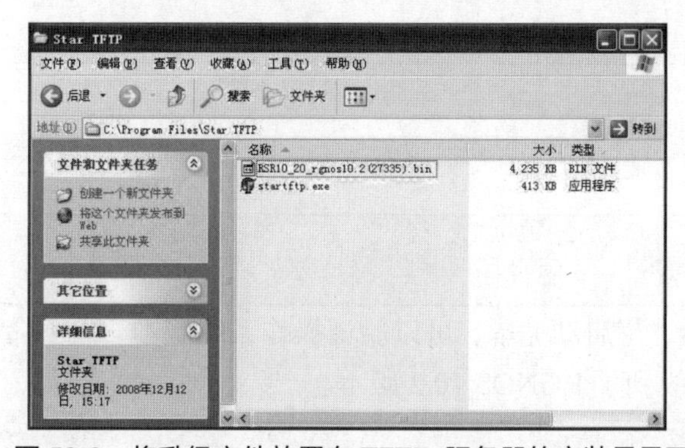

图 50-2　将升级文件放置在 TFTP 服务器的安装目录下

图 50-3　运行 TFTP Server

（3）配置路由器接口 IP 地址。

```
Router(config)#
Router(config)# interface fastEthernet 0/0
Router(config-if)# ip address 172.16.1.10 255.255.255.0
Router(config-if)# no shutdown
Router(config-if)# end
```

（4）测试网络连通。

验证路由器的配置和 TFTP 服务器的连通性，命令代码如下。

```
Router# ping 172.16.1.252    ! 测试路由器和 TFTP 服务器连通
```

上述命令执行后的显示结果如下。

```
Sending 5, 100-byte ICMP Echoes to 172.16.1.252, timeout is 2 seconds:
  < press Ctrl+C to break >
```

```
!!!!!              ! 由于是直连网络，网络实现连通
Success rate is 100 percent (5/5), round-trip min/avg/max = 1/2/10 ms
```

另外，可通过“Router# show running-config”命令查看系统配置文件。

（5）升级路由器操作系统。

本地带外方式登录在路由器的管理界面上，按照提示逐步输入TFTP 服务器的IP地址、升级文件名和保存在路由器Flash中的文件名之后，即开始从TFTP服务器中复制升级文件到路由器中。相关命令代码如下。

```
Router# copy tftp flash
```

上述命令代码执行后的显示结果如下。

```
Address of remote host []?172.16.1.252
Source filename []?RSR10_20_rgnos10.2(27335).bin
Extended commands [n]:
Destination filename [RSR10_20_rgnos10.2(27335).bin]?rgnos.bin
Accessing tftp://172.16.1.252/RSR10_20_rgnos10.2(27335).bin...
!!!!!!!!!!!!!!!!!!!!!!!!!!!!!!!!!!!!!!!!!!!!!!!!!!!!!!!!!!!!!!!!!!!!!!
!!!!!!!!!!!!!!!!!!!!!!!!!!!!!!!!!!!!!!!!!!!!!!!!!!!!!!!!!!!!!!!!!!!!!!
!!!!!!!!!!!!!!!!!!!!!!!!!!!!!!!!!!!!!!!!!!!!!!!!!!!!!!!!!!!!!!!!!!!!!!
!!!!!!!!!!!!!!!!!!!!!!!!!!!!!!!!!!!!!!!!!!!!!!!!!!!!!!!!!!!!!!!!!!!!!!
!!!!!!!!!!!!
Success : Transmission success,file length 4335680
```

（6）重新启动路由器，验证结果。

```
Router# reload
```

重新启动路由器后的验证结果如下。

```
Processed with reload ?  [no]
y
```

使用“reload”命令重新启动路由器，待启动完毕，可以验证操作系统版本。以下命令代码执行后，可以看到路由器版本已升级到了RGNOS 10.2版本。

```
Router# show version     ! 查看升级后的版本信息
```

上述命令代码执行后的显示结果如下。

```
System description      : Ruijie Router(RSR20-04) by Ruijie Network
System start time       : 2009-8-18 2:16:35
System hardware version : 1.0
System software version : RGNOS 10.2.00(2), Release(27335)
System boot version     : 10.2.24515
System serial number    : 1234942570002
```

【注意事项】

（1）要保证路由器和TFTP服务器的连通性。

（2）路由器如果和计算机直连，则要使用交叉线，除非路由器端口支持智能反转，即可以实现对直连线、交叉线的自适应。

（3）确保在升级过程中不断电，否则可能造成操作系统被破坏。

实验 51　利用 ROM 方式重写交换机操作系统

【背景描述】

网管小王在查看公司交换机时，发现有一台交换机的操作系统由于某种原因丢失了，交换机不能正常工作，小王就去厂商的官网上下载了最新的操作系统为交换机重新写入新的系统。

【实验目的】

当交换机操作系统丢失后，能够利用 ROM（Read-Only Memory，只读储存器）方式重写交换机操作系统。

【实验拓扑】

按图 51-1 组建交换机升级环境，其中，计算机 Com 口通过配置线缆与交换机的 Console 口连接在一起，同时，计算机网卡 RJ45 接口，通过网线连接到交换机的以太网端口上。

在计算机上安装 TFTP 服务器，通过 Xmodem（XMODEM Protocot，异步传输运输协议）方式重写交换机的操作系统。表 51-1 所示的为办公网设备 IP 地址信息。

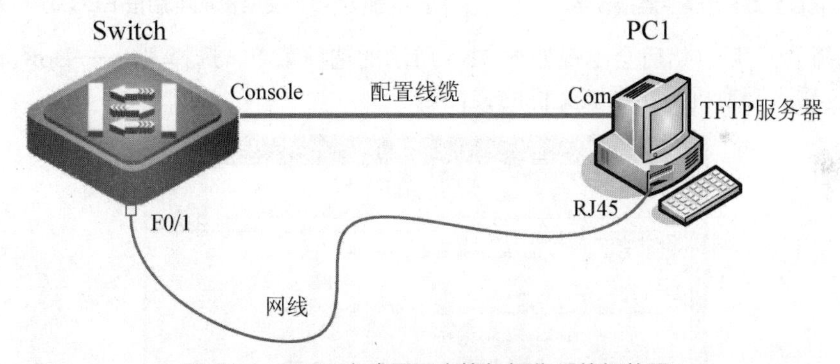

图 51-1　ROM 方式重写交换机操作系统拓扑图

表 51-1　办公网设备 IP 地址信息

设备	接口地址	网关	备注
Switch	192.168.1.10/24	VLAN1	交换机的管理地址
PC1	192.168.1.252/24	\	办公网升级 PC 设备

【实验设备】

交换机（1 台），TFTP 程序，配置线缆（1 根），网线（若干），计算机（1 台）。

【实验步骤】

（1）启动 TFTP 服务器。

启动 TFTP 服务器，保持 TFTP 服务器和交换机连接正常。

（2）设置超级终端的每秒位数为 57600。

启动配置 PC1 机（TFTP 服务器）上的超级终端程序，设置 Com 口属性的每秒位数为“57600”，数据位为“8”，奇偶校验为“无”，停止位为 1，数据流控制为“无”，如图 51-2 所示。

（3）交换机加电。

① 给交换机加电。交换机加电后，立刻有节奏地按“Esc”键，直到出现如图 51-3 所示的界面，此时输入“y”。

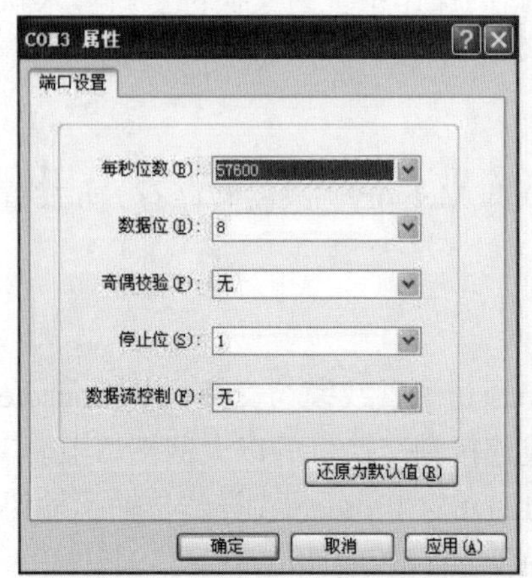

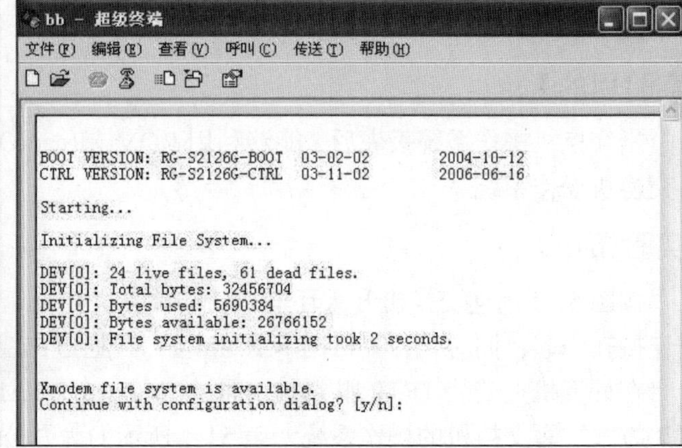

图 51-2 配置超级终端程序连接参数

图 51-3 交换机加电后按 ESC 键

② 选择“y”后，然后会出现如图 51-4 所示的选项菜单，选择“1——Download”，并按照提示，输入交换机操作系统文件的文件名。

图 51-4 选项菜单

③ 输入文件名后按“回车”键，超级终端开始传送文件，在看到出现一连串“┻”符号时，立刻在超级终端窗口的菜单中，选择“传送”→“发送文件”，如图 51-5 所示。

④ 上述操作后，会弹出“发送文件”对话框，在“文件名”框中，输入文件名和完整的路径（或通过“浏览”按钮找到），在“协议”下拉列表框中选择“XModem”，如图 51-6 所示：

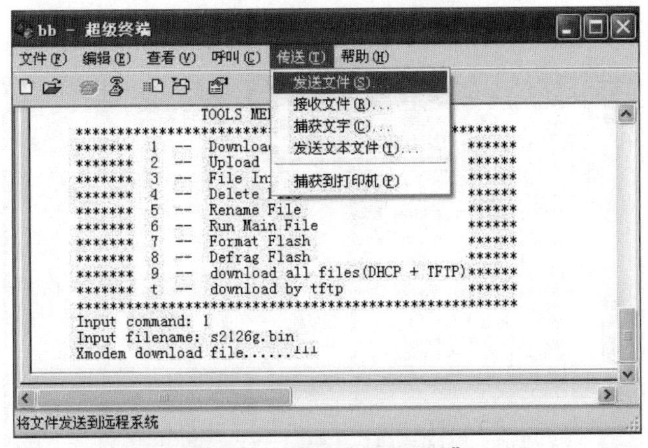

图 51-5 选择“发送文件”

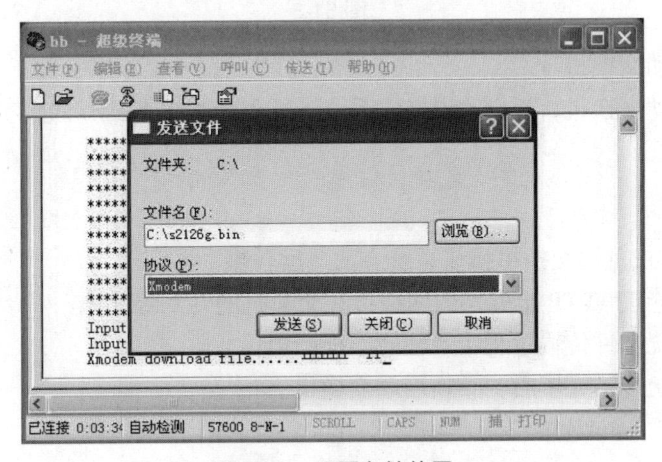

图 51-6 设置存储位置

⑤ 单击“发送”按钮后，开始传送文件，其界面如图 51-7 所示。整个传送过程用时较长，可以看到提示需要 37 分钟左右。

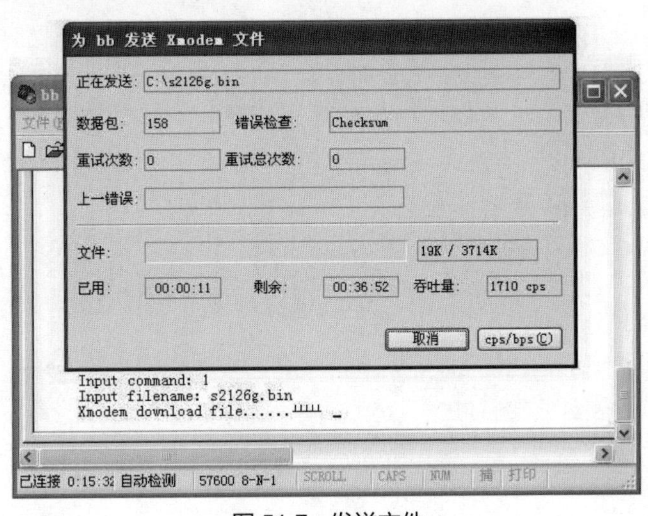

图 51-7 发送文件

⑥ 传输完成后，会显示“Download OK”的提示，如图 51-8 所示。

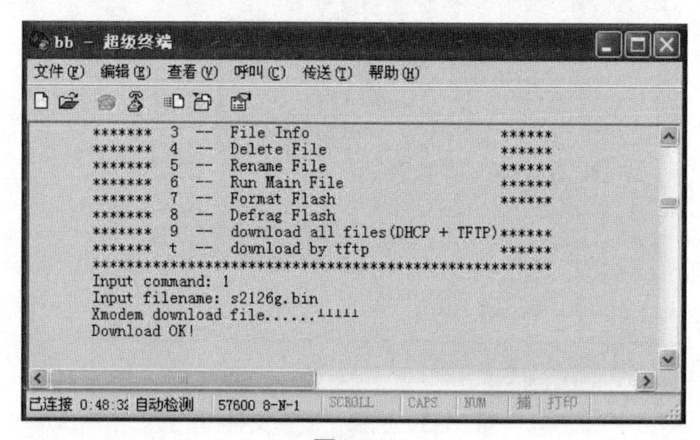

图 51-8

（4）重新启动交换机。

此时重新启动交换机，就会发现操作系统已经重新写入 Flash，能够正常启动和引导交换机了。

【注意事项】

（1）ROM 方式重写交换机操作系统方法速度较慢。

（2）建议将连接 TFTP 服务器的网线接在交换机的 0/1 端口。

（3）操作系统文件传输过程中，注意不能断电。

（4）操作系统传输完毕后，重新启动交换机。

实验 52　利用 ROM 方式重写路由器操作系统

【背景描述】

网管小王在查看公司路由器时，发现有一台路由器的操作系统由于某种原因丢失了，路由器不能正常工作，小王就去厂商的官网上下载了最新的操作系统，为路由器重新写入新的系统。

【实验目的】

当路由器操作系统丢失后，能够利用 ROM 方式重写路由器操作系统。

【实验拓扑】

按图 52-1 所示的网络拓扑组建路由器升级环境，其中，计算机 Com 口通过配置线缆与路由器的 Console 口连接在一起，同时，计算机网卡 RJ45 接口，通过网线连接到路由器的以太网端口上。

在计算机上安装 TFTP 服务器，通过 XModem 方式重写路由器的操作系统。

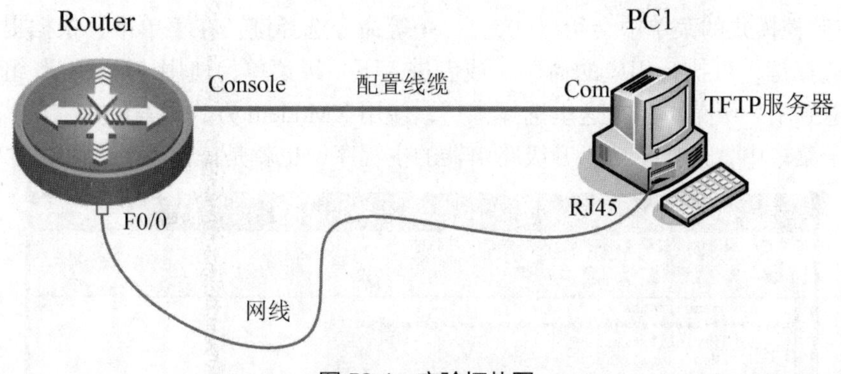

图 52-1　实验拓扑图

【实验设备】

路由器（1 台），TFTP 程序，配置线缆（1 根），网线（若干），计算机（1 台）。

【实验步骤】

（1）启动 TFTP 服务器。

启动 TFTP 服务器，保持 TFTP 服务器和路由器正常连接。

（2）设置超级终端中 Com 口属性。

启动 TFTP 服务器上的超级终端，设置 Com 口属性的每秒位数为 9600，数据位为 8，奇偶校验为无，停止位为 1，数据流控制为无（或者单击“还原为默认值”按钮即可），如图 52-2 所示。

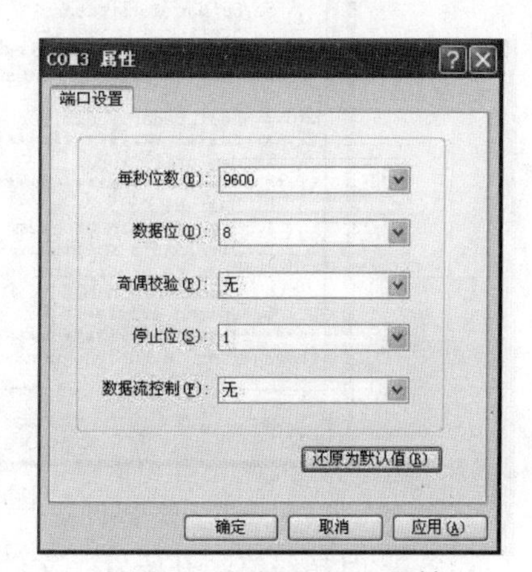

图 52-2　设置 COMD 属性

（3）路由器加电。

① 路由器加电后立刻按“Ctrl+C”组合键，可进入路由器的监控模式，如图 52-3 所示。

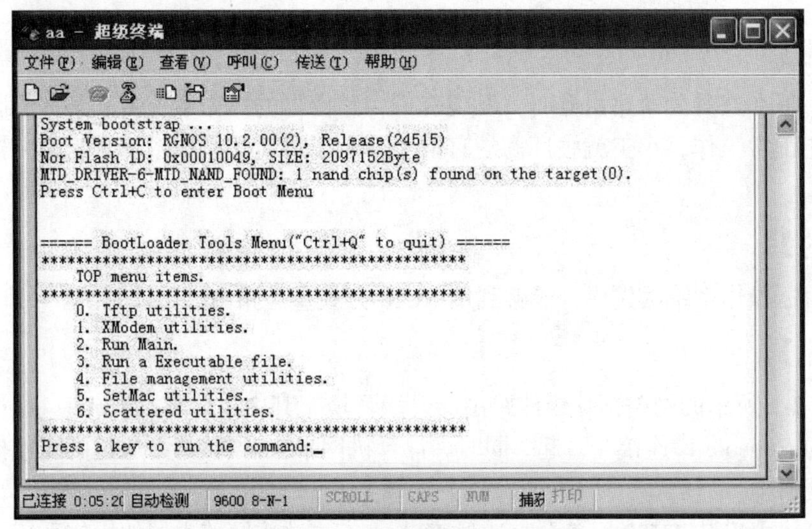

图 52-3 路由器进入监控模式

② 在监控模式的菜单中会给出 0，1……等命令选择键，在菜单中，根据提示输入相应的命令选择键，可执行相应的命令，或者进入下一级菜单，使用“Ctrl+Z”组合键，可从子菜单退到上一级菜单。在这里选择“1”，使用 XModem 方式重写路由器的操作系统。在出现的子菜单中，选择“1”，升级路由器的主程序，也就是操作系统，如图 52-4 所示。

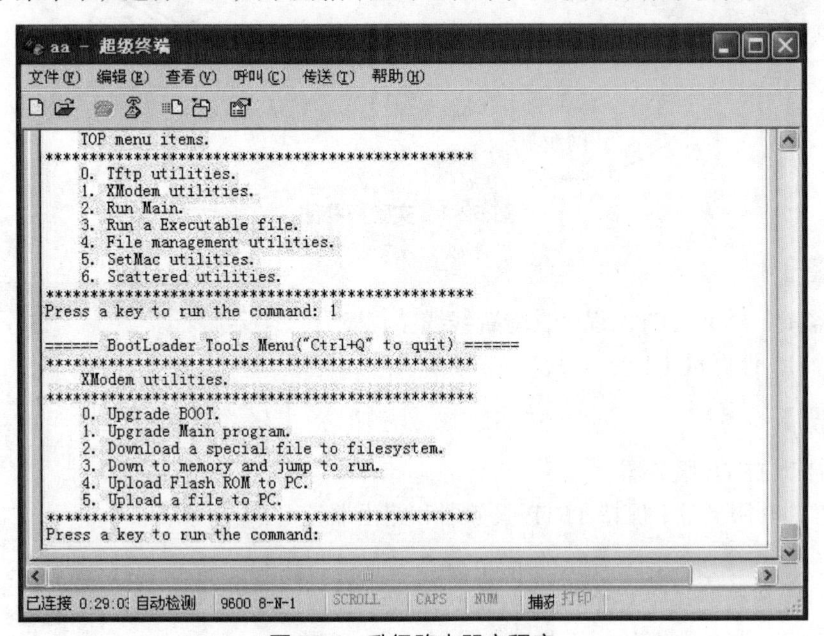

图 52-4 升级路由器主程序

③ 此时超级终端开始发送文件。在界面中出现一连串的“C”提示符后，立刻在超级终端的菜单中选择“传送”→“发送文件”，如图 52-5 所示。

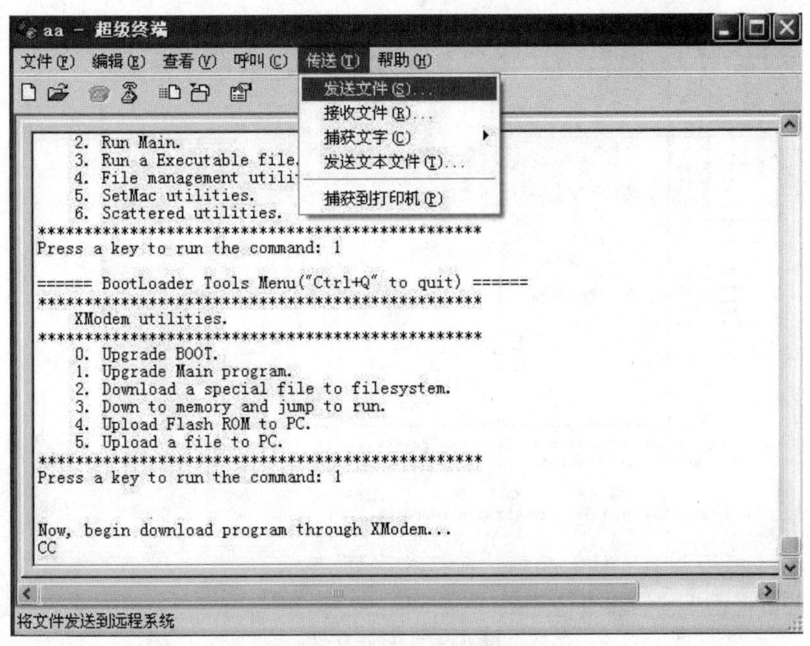

图 52-5　选择“发送文件”

④ 在弹出的“发送文件”对话框中的文件名框中输入文件名和完整的路径(或通过“浏览”找到)，在协议下拉列表框中选择“Xmodem”，如图 52-6 所示。

图 52-6　设置存储位置

⑤ 单击“发送”按钮后，开始传送文件，其界面如图 52-7 所示。整个传送过程用时较长，可以看到提示需要 1 小时 40 分钟左右。

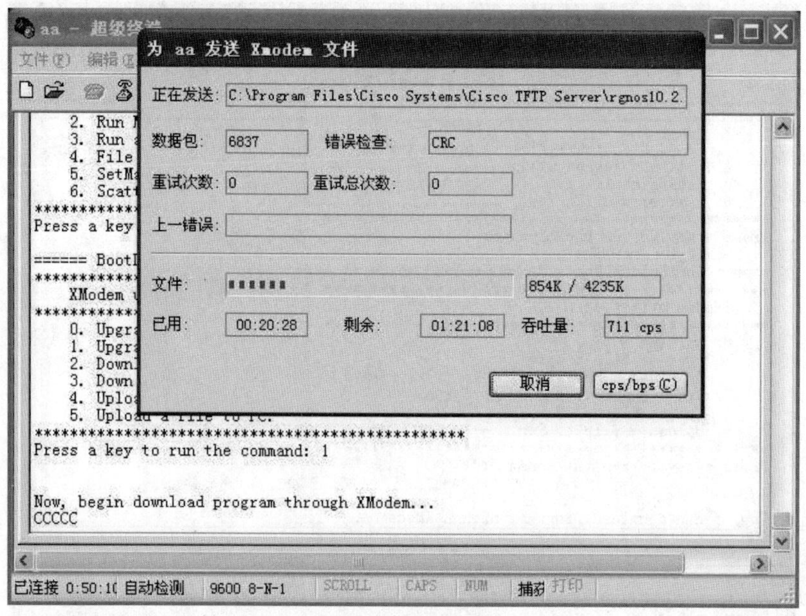

图 52-7　发送文件

⑥ 文件传输完毕后，会显示操作系统文件的版本、大小等信息，然后询问是否要升级操作系统（路由器中，旧的操作系统为 10.1 版本，新传进去的为 10.2 版本），默认是“Y”，如图 52-8 所示。

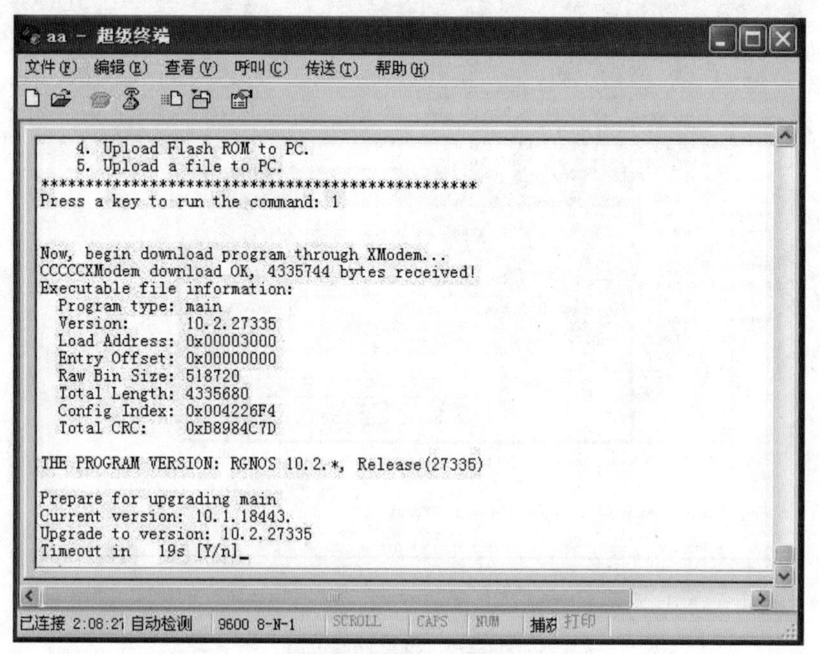

图 52-8　发送文件成功

⑦ 随后会开始一个写入新操作系统的过程，结束后返回菜单界面，如图 52-9 所示。

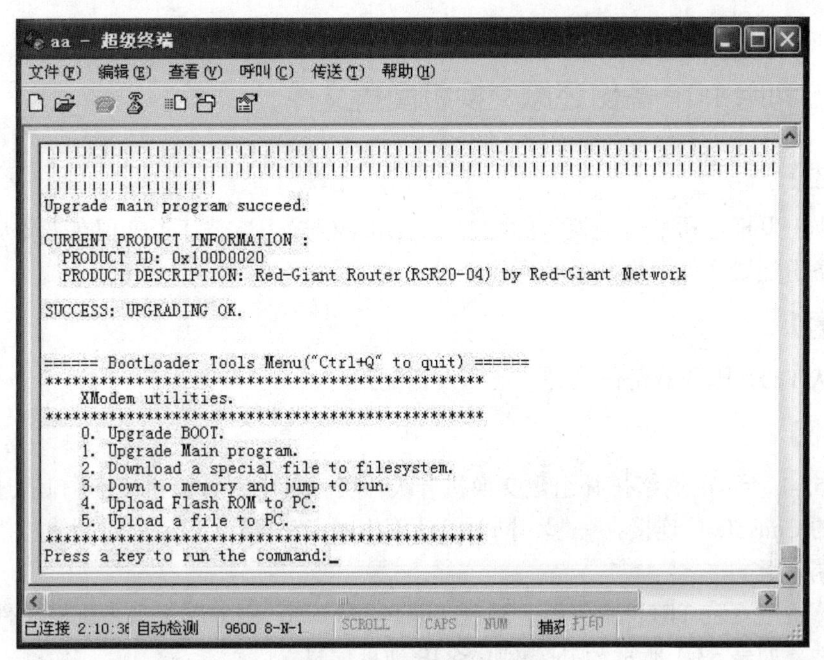

图 52-9 返回菜单界面

（4）重新启动路由器。

此时重新启动路由器，就会发现操作系统已经重新写入 Flash，能够正常启动和引导路由器了。

【注意事项】

（1）这种方法速度较慢。

（2）议将连接 TFTP 服务器的网线接在路由器集成的第一个以太网口。

（3）升级完毕后，重新启动路由器。

（4）不同的路由器型号，采用 ROM 方式升级的方法不同，详见操作系统的升级说明。

实验 53 利用 TFTP 备份还原交换机配置文件

【背景描述】

网管小王发现公司某台交换机的配置文件,由于误操作被破坏了，现在需要从 TFTP 服务器上的备份配置文件中恢复系统配置文件。

【实验目的】

能够从 TFTP 服务器备份文件，还原设备配置。

【实验拓扑】

按图 53-1 所示的网络拓扑组建交换机升级环境，其中，计算机 Com 口通过配置线缆与交换机的 Console 口连接在一起，同时，计算机网卡 RJ45 接口，通过网线连接到交换机的以太网端口上。

在计算机上安装 TFTP 服务器，通过 TFTP，从 TFTP 服务器上备份配置文件中恢复系统配置文件。如表 53-1 所示为办公网设备 IP 地址信息。

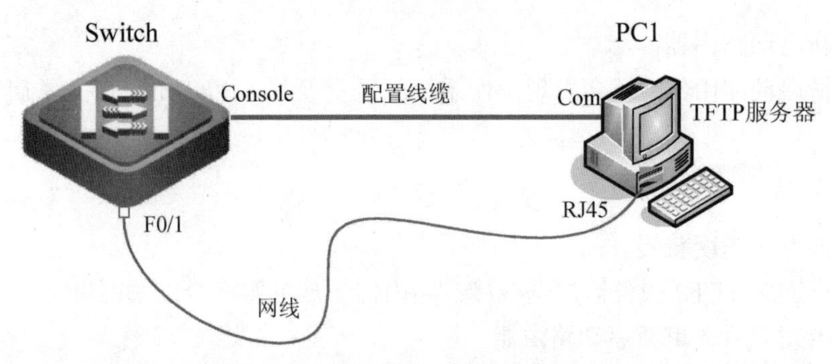

图 53-1 TFTP 升级交换机实验拓扑图

表 53-1 办公网设备 IP 地址信息

设备	接口地址	网关	备注
Switch	192.168.1.10/24	\	交换机的管理地址
PC1	192.168.1.252/24	\	办公网升级 PC 设备

【实验设备】

交换机（1 台），TFTP 程序，配置线缆（1 根），网线（若干），计算机（1 台）。

【实验步骤】

（1）配置交换机的基本信息。

```
Switch# configure terminal
Switch(config)# hostname SW-A
SW-A (config)# interface vlan 1
SW-A (config-if)# ip address 172.16.1.10 255.255.255.0
```

```
SW-A (config-if)# no shutdown
SW-A (config-if)# end

SW-A# copy running-config startup-config
```

上述命令执行后的显示结果如下。

```
Building configuration...
[OK]
SW-A#
```

（2）打开 TFTP 服务器，验证和 TFTP 服务器的连通性。

① 在 PC1 机器上安装 TFTP 程序，配置该机器为 TFTP 服务器。

② 配置 PC1 计算机的 IP 地址为 172.16.1.252/24。

③ 打开 TFTP Server，验证交换机和 TFTP 服务器的连通性。

```
SW-A# ping 172.16.1.252
```

执行后的结果如下。

```
Sending 5, 100-byte ICMP Echos to 172.16.1.252,
timeout is 2000 milliseconds.
!!!!!
Success rate is 100 percent (5/5)
Minimum = 1ms Maximum = 5ms, Average = 2ms
```

（3）备份交换机配置文件并验证。

```
SW-A# copy startup-config tftp
```

执行后的显示结果如下。

```
Address of remote host [ ] 172.16.1.252
Destination filename [config.text] ?
s2126g-config.text
!
%Success : Transmission success,file length 129
```

此时，在 TFTP Server 安装目录下，可以看到文件“s2126g-config.text”，如图 53-2 所示。

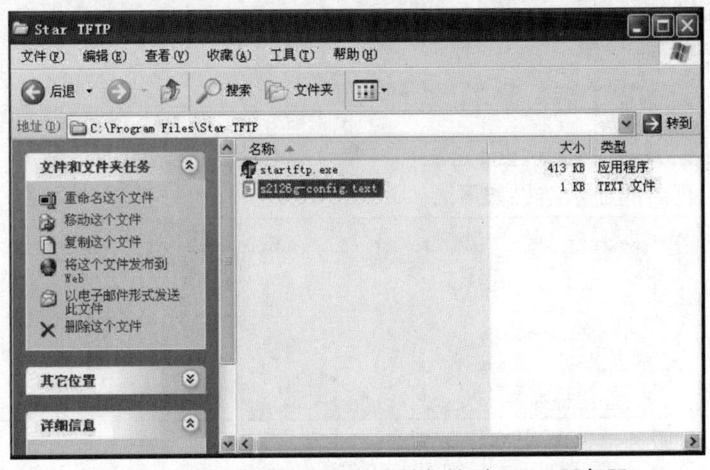

图 53-2　已经将交换机配置文件备份到 TFTP 服务器

文件“s2126g-config.text”的内容，如图 53-3 所示。

```
s2126g-config.text - 记事本
文件(F) 编辑(E) 格式(O) 查看(V) 帮助(H)
!
version 1.0
!
hostname SW-A
vlan 1
!
interface vlan 1
 no shutdown
 ip address 172.16.1.10 255.255.255.0
!
end
```

图 53-3　文件“s2126g-config.text”的内容

（4）删除交换机配置文件并重新启动。

```
SW-A# delete flash:config.text
SW-A# reload
```

上述命令执行后的显示结果如下。

```
System configuration has been modified. Save? [yes/no]:n
Proceed with reload? [confirm]
```

交换机重新启动后失去配置文件，会提示是否进入对话模式，选择“n”进入命令行模式配置交换机的管理 IP 地址，保证和 TFTP 服务器的连通性，具体如下。

```
At any point you may enter a question mark '?' for help.
Use ctrl-c to abort configuration dialog at any prompt.
Default settings are in square brackets '[]'.
Continue with configuration dialog? [yes/no]:n
```

```

Switch>enable
Switch# configure terminal
Switch(config)# interface vlan 1
Switch(config-if)# ip address 172.16.1.1 255.255.255.0
Switch(config-if)# no shutdown
Switch(config-if)# end
Switch#

Switch# ping 172.16.1.252
```

上述命令执行后的显示结果如下。

```
Sending 5, 100-byte ICMP Echos to 172.16.1.252,
timeout is 2000 milliseconds.
!!!!!
Success rate is 100 percent (5/5)
Minimum = 1ms Maximum = 12ms, Average = 3ms
```

（5）从 TFTP 服务器恢复交换机配置。

```
Switch# copy tftp://172.16.1.252/s2126g-config.text startup-config
```

执行后的结果如下。

```
!
%Success : Transmission success,file length 129
```

将配置文件的备份复制到“startup-config”之后，用“show configure”查看结果，可以看到已经成功恢复配置文件，命令代码格式如下。

```
Switch# show configure
```

上述命令执行后的显示结果如下。

```
Using 129 out of 6291456 bytes
!
version 1.0
!
hostname SW-A
vlan 1
!
interface vlan 1
 no shutdown
 ip address 172.16.1.10 255.255.255.0
!
end
```

不过，用“show running-config”可以看到此时内存中生效的配置却是当前的配置，命令代码格式如下。

```
Switch# show running-config
```

上述命令执行后的显示结果如下。

```
System software version : 1.68 Build Apr 25 2007 Release
Building configuration...
Current configuration : 130 bytes
!
version 1.0
!
hostname Switch
vlan 1
!
interface vlan 1
 no shutdown
 ip address 172.16.1.1 255.255.255.0
!
end
```

（6）重新启动交换机使新的配置生效。

```
Switch# reload
```

重新启动交换机后的显示结果如下。

```
System configuration has been modified. Save? [yes/no]:n
Proceed with reload? [confirm]
RG21 Ctrl Loader Version 03-11-02
Base ethernet MAC Address: 00:D0:F8:8B:CA:33
Initializing File System...
DEV[0]: 25 live files, 59 dead files.
DEV[0]: Total bytes: 32456704
DEV[0]: Bytes used: 5690681
DEV[0]: Bytes available: 26765855
DEV[0]: File system initializing took 7 seconds.

Executing file: flash:s2126g.bin CRC ok
Loading "flash:s2126g.bin"..................................OK
Entry point: 0x00014000
executing...

RuiJie Internetwork Operating System Software
S2126G(50G26S) Software (RGiant-21-CODE) Version 1.68
Copyright (c) 2001-2005 by RuiJie Network Inc.
Compiled Apr 25 2007, 14:51:50.

Entry point: 0x00014000
Initializing File System...
DEV[1]: 25 live files, 59 dead files.
DEV[1]: Total bytes: 32456704
DEV[1]: Bytes used: 5690681
DEV[1]: Bytes available: 26765855
Initializing...
Done
2008-12-12 10:25:04  @5-WARMSTART:System warmstart
2008-12-12 10:25:05  @5-LINKUPDOWN:Fa0/1 changed state to up
2008-12-12 10:25:05  @5-LINKUPDOWN:VL1 changed state to up
```

【注意事项】

保证交换机的管理 IP 地址和 TFTP 服务器的 IP 地址在同一个网段。

实验 54　利用 TFTP 备份还原路由器配置文件

【背景描述】

网管小王发现公司某台路由器的配置文件由于误操作被破坏了，现在需要从 TFTP 服务器上的备份配置文件中恢复系统配置文件。

【实验目的】

能够从 TFTP 服务器备份，并恢复路由器配置文件。

【实验拓扑】

按图 54-1 所示的网络拓扑组建路由器升级环境，其中，计算机 Com 口通过配置线缆与路由器的 Console 口连接在一起，同时，计算机网卡 RJ45 接口，通过网线连接到路由器的以太网端口上。

在计算机上安装 TFTP 服务器，通过 TFTP，从 TFTP 服务器上备份配置文件中恢复系统配置文件。

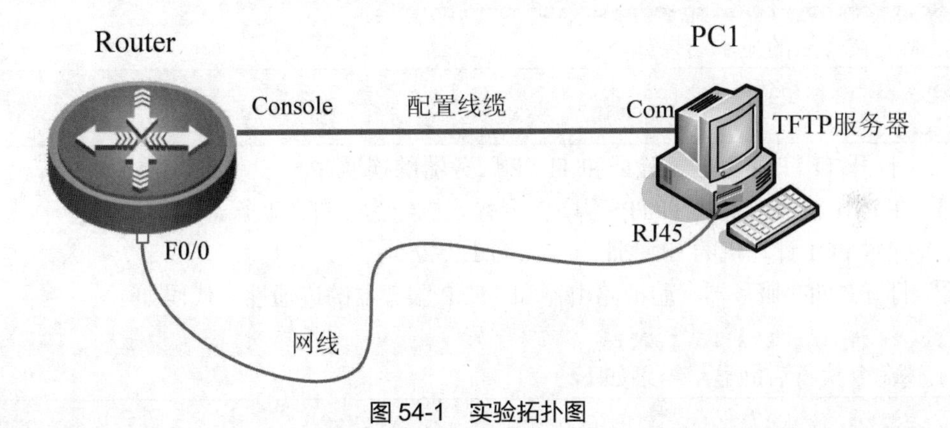

图 54-1　实验拓扑图

【实验设备】

路由器（1 台），TFTP 程序，配置线缆（1 根），网线（若干），计算机（1 台）。

【实验步骤】

（1）配置路由器的主机名和接口 IP 地址。

```
RSR20#configure terminal
RSR20(config)#hostname Router
Router(config)#interface fastEthernet 0/0
Router(config-if)#ip address 172.16.1.10 255.255.255.0
Router(config-if)#no shutdown
Router(config-if)#end

Router#show ip interface fastEthernet 0/0
```

上述命令执行后的显示结果如下。

```
FastEthernet 0/0
  IP interface state is: UP
  IP interface type is: BROADCAST
  IP interface MTU is: 1500
  IP address is:
   172.16.1.10/24 (primary)
  IP address negotiate is: OFF
  Forward direct-boardcast is: OFF
  ICMP mask reply is: ON
  Send ICMP redirect is: ON
  Send ICMP unreachabled is: ON
  DHCP relay is: OFF
  Fast switch is: ON
  Help address is:
  Proxy ARP is: ON
```

```
Router#copy running-config startup-config
```

复制完文件后的显示结果如下。

```
Building configuration...
[OK]
```

（2）打开 TFTP 服务器，验证和 TFTP 服务器的连通性。

① 在 PC1 机器上安装 TFTP 程序，配置该机器为 TFTP 服务器。

② 配置 PC1 计算机的 IP 地址为 172.16.1.252/24。

③ 打开 TFTP 服务器，验证路由器和 TFTP 服务器的连通性，代码如下。

```
Router#ping 172.16.1.252
```

上述命令执行后的显示结果如下。

```
Sending 5, 100-byte ICMP Echoes to 172.16.1.252, timeout is 2 seconds:
  < press Ctrl+C to break >
!!!!!
Success rate is 100 percent (5/5), round-trip min/avg/max = 1/1/1 ms
```

（3）备份路由器配置文件并验证。

```
Router#copy running-config tftp
```

备份路由器配置文件后的验证结果如下。

```
Address of remote host []?172.16.1.252
Destination filename []?running-config.text
Building configuration...
Accessing running-config...
Success : Transmission success,file length 427
```

或使用如下命令：

```
Router#copy startup-config tftp
```

备份路由器配置文件后的验证结果如下。

```
Address of remote host []?172.16.1.252
Destination filename [config.text]?startup-config.text
Accessing startup-config...
Success : Transmission success,file length 427
```

此时在 TFTP Server 的安装目录下,可以看到文件“running-config.text”或者文件“startup-config.text”，如图 54-2 所示。

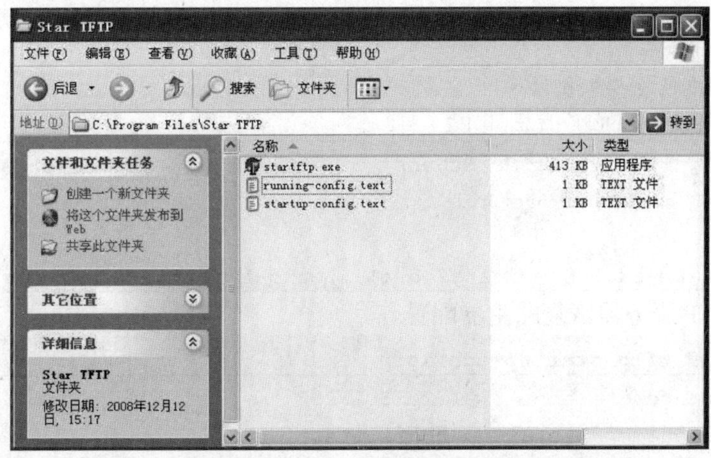

图 54-2　已经将路由器配置文件备份到 TFTP 服务器

文件“startup-config.text”的内容如图 54-3 所示。

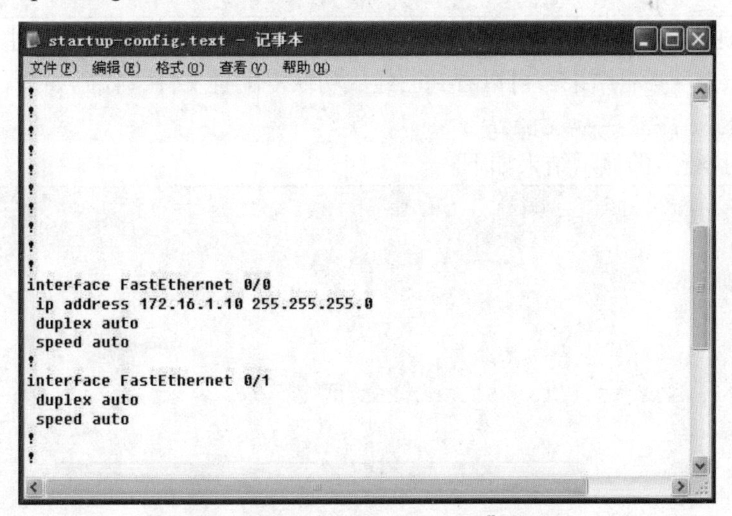

图 54-3　文件“start-config.text”的内容

（4）删除路由器配置文件并重新启动。

```
Router#del config.text
Router#
Router#reload
Processed with reload? [no]y
```

路由器重新启动后丢失配置文件，需要重新配置接口 IP 地址以实现和 TFTP Server 的连通性，代码如下。

```
RSR20#configure terminal
Enter configuration commands, one per line.  End with CNTL/Z.
RSR20(config)#interface fastEthernet 0/0
RSR20(config-if)#ip address 172.16.1.1 255.255.255.0
RSR20(config-if)#no shutdown
RSR20(config-if)#end
RSR20#

RSR20#ping 172.16.1.252
```

上述命令执行后的显示信息如下。

```
Sending 5, 100-byte ICMP Echoes to 172.16.1.252, timeout is 2 seconds:
  < press Ctrl+C to break >
!!!!!
Success rate is 100 percent (5/5), round-trip min/avg/max = 1/2/10 ms
```

（5）从 TFTP 服务器恢复路由器配置。

```
RSR20#copy tftp startup-config
```

```
Address of remote host []?172.16.1.252
Source filename []?startup-config.text
Extended commands [n]:
Accessing tftp://172.16.1.252/startup-config.text...
Success : Transmission success,file length 427
```

利用 TFTP 服务器将备份的“startup-config.text”文件恢复到路由器中后，用“show startup-config.text”查看结果，可以看到已经成功恢复配置文件，代码如下。

```
RSR20#show startup-config
```

上述命令执行后的显示结果如下。

```
version RGNOS 10.1.00(4), Release(18443)(Tue Jul 17 20:50:30 CST 2007
-ubu1server)
hostname Router
!
interface FastEthernet 0/0
ip address 172.16.1.10 255.255.255.0
duplex auto
speed auto
!
interface FastEthernet 0/1
duplex auto
speed auto
!
line con 0
line aux 0
login
```

```
!
end
```

不过，用“RSR20#show running-config”可以看到此时内存中生效的配置却是当前的配置。

```
RSR20#show running-config
Building configuration...
Current configuration : 409 bytes
!
version RGNOS 10.1.00(4), Release(18443)(Tue Jul 17 20:50:30 CST 2007 -ubu1server)
!
interface FastEthernet 0/0
ip address 172.16.1.1 255.255.255.0
duplex auto
speed auto
!
interface FastEthernet 0/1
duplex auto
speed auto
!
line con 0
line aux 0
line vty 0 4
login
!
end
```

（6）重新启动路由器使新的配置生效。

```
RSR20#reload
```

重启路由器，执行后的显示结果如下。

```
Processed with reload? [no]  y

System Reload Now......
Reload Reason:
System bootstrap ...
Boot Version: RGNOS 10.2.00(2), Release(24515)
Nor Flash ID: 0x00010049, SIZE: 2097152Byte
MTD_DRIVER-6-MTD_NAND_FOUND: 1 nand chip(s) found on the target(0).
Press Ctrl+C to enter Boot Menu ......
Main Program File Name rgnos.bin, Load Main Program ...

Executing program, launch at: 0x00010000
Ruijie Network Operating System Software
```

```
    Release Software (tm), RGNOS 10.1.00(4), Release(18443), Compiled Tue Jul
17 20:50:30 CST 2007 by ubu1server
    Copyright (c) 1998-2007 by Ruijie Networks.
    All Rights Reserved.
    Neither Decompiling Nor Reverse Engineering Shall Be Allowed.
    Aug 18 02:31:16 RSR20 %7:1 nand chip(s) found on the target(0).
    Aug 18 02:31:42 RSR20 %7:%LINK CHANGED: Interface FastEthernet 0/0, changed
state to up
    Aug 18 02:31:42 RSR20 %7:%LINE PROTOCOL CHANGE: Interface FastEthernet 0/0,
changed state to UP
```

Router#show running-config

查看路由器的配置文件，具体如下。

```
    Building configuration...
    Current configuration : 427 bytes
    !
    version RGNOS 10.1.00(4), Release(18443)(Tue Jul 17 20:50:30 CST 2007
-ubu1server)
    hostname Router
    !
    !
    interface FastEthernet 0/0
     ip address 172.16.1.10 255.255.255.0
     duplex auto
     speed auto
    !
    interface FastEthernet 0/1
     duplex auto
     speed auto
    !
    line con 0
    line aux 0
    line vty 0 4
     login
    !
    end
    Router#
```

【注意事项】

（1）要保证路由器和 TFTP 服务器的连通性。

（2）路由器如果和计算机直连，则要使用交叉线，除非路由器端口支持智能反转，即可以实现对直连线、交叉线的自适应。